战略前沿新技术
——太赫兹出版工程
丛书总主编／曹俊诚

上海出版资金项目
Shanghai Publishing Funds

常胜江 范飞／编著

太赫兹微结构功能器件

Research on Tunable Microstructure Functional Devices for Terahertz Wave

华東理工大學出版社
EAST CHINA UNIVERSITY OF SCIENCE AND TECHNOLOGY PRESS
·上海·

图书在版编目(CIP)数据

太赫兹微结构功能器件 / 常胜江,范飞编著. —上海：华东理工大学出版社,2021.2

战略前沿新技术：太赫兹出版工程 / 曹俊诚总主编

ISBN 978 - 7 - 5628 - 6075 - 4

Ⅰ. ①太… Ⅱ. ①常… ②范… Ⅲ. ①超极高频-研究 Ⅳ. ①TN015

中国版本图书馆 CIP 数据核字(2021)第 009694 号

内 容 提 要

本书从理论和实验两个方面对太赫兹波段常用功能材料的光学性质和亚波长微结构功能器件的谐振及传输特性进行了详细的介绍。在功能材料方面,主要介绍了液晶双折射材料、二氧化钒相变材料、石墨烯、二硫化钼和碳纳米管等二维纳米材料、磁光材料。在人工微结构电磁材料方面,介绍了亚波长介质光栅、光子晶体、表面等离子体、超材料、超表面等。按照实现的功能划分,主要介绍了太赫兹调制器、偏振控制器、相移器、传感器、单向传输的环形器和隔离器、定向发射器等。

本书适用于从事太赫兹功能材料、太赫兹微结构功能器件等研究领域的工程技术人员,以及科研院所和大中专高校相关专业的学生和科研人员。

项目统筹 / 马夫娇　韩　婷

责任编辑 / 陈婉毓

装帧设计 / 陈　楠

出版发行 / 华东理工大学出版社有限公司

地址：上海市梅陇路 130 号,200237

电话：021 - 64250306

网址：www.ecustpress.cn

邮箱：zongbianban@ecustpress.cn

印　　刷 / 上海雅昌艺术印刷有限公司

开　　本 / 710mm×1000mm　1/16

印　　张 / 22.25

字　　数 / 369 千字

版　　次 / 2021 年 2 月第 1 版

印　　次 / 2021 年 2 月第 1 次

定　　价 / 298.00 元

太赫兹是频率在红外光与毫米波之间、尚有待全面深入研究与开发的电磁波段。沿用红外光和毫米波领域已有的技术,太赫兹频段电磁波的研究已获得较快发展。不过,现有的技术大多处于红外光或毫米波区域的末端,实现的过程相当困难。随着半导体、激光和能带工程的发展,人们开始寻找研究太赫兹频段电磁波的独特技术,掀起了太赫兹研究的热潮。美国、日本和欧洲等国家和地区已将太赫兹技术列为重点发展领域,资助了一系列重大研究计划。尽管如此,在太赫兹频段,仍然有许多瓶颈需要突破。

作为信息传输中的一种可用载波,太赫兹是未来超宽带无线通信应用的首选频段,其频带资源具有重要的战略意义。掌握太赫兹的关键核心技术,有利于我国抢占该频段的频带资源,形成自主可控的系统,并在未来 6G 和空-天-地-海一体化体系中发挥重要作用。此外,太赫兹成像的分辨率比毫米波更高,利用其良好的穿透性有望在安检成像和生物医学诊断等方面获得重大突破。总之,太赫兹频段的有效利用,将极大地促进我国信息技术、国防安全和人类健康等领域的发展。

目前,国内外对太赫兹频段的基础研究主要集中在高效辐射的产生、高灵敏度探测方法、功能性材料和器件等方面,应用研究则集中于安检成像、无线通信、生物效应、生物医学成像及光谱数据库建立等。总体说来,太赫兹技术是我国与世界发达国家差距相对较小的一个领域,某些方面我国还处于领先地位。因此,进一步发展太赫兹技术,掌握领先的关键核心技术具有重要的战略意义。

当前太赫兹产业发展还处于创新萌芽期向成熟期的过渡阶段,诸多技术正处于在蓄势待发状态,需要国家和资本市场增加投入以加快其产业化进程,并在一些新兴战略性行业形成自主可控的核心技术、得到重要的系统应用。

"战略前沿新技术——太赫兹出版工程"是我国太赫兹领域第一套较为完整

的丛书。这套丛书内容丰富，涉及领域广泛。在理论研究层面，丛书包含太赫兹场与物质相互作用、自旋电子学、表面等离激元现象等基础研究以及太赫兹固态电子器件与电路、光导天线、二维电子气器件、微结构功能器件等核心器件研制；技术应用方面则包括太赫兹雷达技术、超导接收技术、成谱技术、光电测试技术、光纤技术、通信和成像以及天文探测等。丛书较全面地概括了我国在太赫兹领域的发展状况和最新研究成果。通过对这些内容的系统介绍，可以清晰地透视太赫兹领域研究与应用的全貌，把握太赫兹技术发展的来龙去脉，展望太赫兹领域未来的发展趋势。这套丛书的出版将为我国太赫兹领域的研究提供专业的发展视角与技术参考，提升我国在太赫兹领域的研究水平，进而推动太赫兹技术的发展与产业化。

我国在太赫兹领域的研究总体上仍处于发展中阶段。该领域的技术特性决定了其存在诸多的研究难点和发展瓶颈，在发展的过程中难免会遇到各种各样的困难，但只要我们以专业的态度和科学的精神去面对这些难点、突破这些瓶颈，就一定能将太赫兹技术的研究与应用推向新的高度。

中国科学院院士

2020 年 8 月

  太赫兹频段介于毫米波与红外光之间,频率覆盖 0.1～10 THz,对应波长 3 mm～30 μm。长期以来,由于缺乏有效的太赫兹辐射源和探测手段,该频段被称为电磁波谱中的"太赫兹空隙"。早期人们对太赫兹辐射的研究主要集中在天文学和材料科学等。自 20 世纪 90 年代开始,随着半导体技术和能带工程的发展,人们对太赫兹频段的研究逐步深入。2004 年,美国将太赫兹技术评为"改变未来世界的十大技术"之一;2005 年,日本更是将太赫兹技术列为"国家支柱十大重点战略方向"之首。由此世界范围内掀起了对太赫兹科学与技术的研究热潮,展现出一片未来发展可期的宏伟图画。中国也较早地制定了太赫兹科学与技术的发展规划,并取得了长足的进步。同时,中国成功主办了国际红外毫米波-太赫兹会议(IRMMW‐THz)、超快现象与太赫兹波国际研讨会(ISUPTW)等有重要影响力的国际会议。

  太赫兹频段的研究融合了微波技术和光学技术,在公共安全、人类健康和信息技术等诸多领域有重要的应用前景。从时域光谱技术应用于航天飞机泡沫检测到太赫兹通信应用于多路高清实时视频的传输,太赫兹频段在众多非常成熟的技术应用面前不甘示弱。不过,随着研究的不断深入以及应用领域要求的不断提高,研究者发现,太赫兹频段还存在很多难点和瓶颈等待着后来者逐步去突破,尤其是在高效太赫兹辐射源和高灵敏度常温太赫兹探测手段等方面。

  当前太赫兹频段的产业发展还处于初期阶段,诸多产业技术还需要不断革新和完善,尤其是在系统应用的核心器件方面,还需要进一步发展,以形成自主可控的关键技术。

  这套丛书涉及的内容丰富、全面,覆盖的技术领域广泛,主要内容包括太赫兹半导体物理、固态电子器件与电路、太赫兹核心器件的研制、太赫兹雷达技术、超导接收技术、成谱技术以及光电测试技术等。丛书从理论计算、器件研制、系统研发到实际应用等多方面、全方位地介绍了我国太赫兹领域的研究状况和最新成果,清晰地展现了太赫兹技术和系统应用的全景,并预测了太赫兹技术未来的发展趋势。总之,这套丛书的出版将为我国太赫兹领域的科研工作者和工程技术人员等从专业的技术视角提供知识参考,并推动我国太赫兹领域的蓬勃发展。

太赫兹领域的发展还有很多难点和瓶颈有待突破和解决,希望该领域的研究者们能继续发扬一鼓作气、精益求精的精神,在太赫兹领域展现我国家科研工作者的良好风采,通过解决这些难点和瓶颈,实现我国太赫兹技术的跨越式发展。

中国工程院院士

2020 年 8 月

　　太赫兹领域的发展经历了多个阶段,从最初为人们所知到现在部分技术服务于国民经济和国家战略,逐渐显现出其前沿性和战略性。作为电磁波谱中最后有待深入研究和发展的电磁波段,太赫兹技术给予了人们极大的愿景和期望。作为信息技术中的一种可用载波,太赫兹频段是未来超宽带无线通信应用的首选频段,是世界各国都在抢占的频带资源。未来 6G、空-天-地-海一体化应用、公共安全等重要领域,都将在很大程度上朝着太赫兹频段方向发展。该频段电磁波的有效利用,将极大地促进我国信息技术和国防安全等领域的发展。

　　与国际上太赫兹技术发展相比,我国在太赫兹领域的研究起步略晚。自 2005 年香山科学会议探讨太赫兹技术发展之后,我国的太赫兹科学与技术研究如火如荼,获得了国家、部委和地方政府的大力支持。当前我国的太赫兹基础研究主要集中在太赫兹物理、高性能辐射源、高灵敏探测手段及性能优异的功能器件等领域,应用研究则主要包括太赫兹安检成像、物质的太赫兹"指纹谱"分析、无线通信、生物医学诊断及天文学应用等。近几年,我国在太赫兹辐射与物质相互作用研究、大功率太赫兹激光源、高灵敏探测器、超宽带太赫兹无线通信技术、安检成像应用以及近场光学显微成像技术等方面取得了重要进展,部分技术已达到国际先进水平。

　　这套太赫兹战略前沿新技术丛书及时响应国家在信息技术领域的中长期规划,从基础理论、关键器件设计与制备、器件模块开发、系统集成与应用等方面,全方位系统地总结了我国在太赫兹源、探测器、功能器件、通信技术、成像技术等领域的研究进展和最新成果,给出了上述领域未来的发展前景和技术发展趋势,将为解决太赫兹领域面临的新问题和新技术提供参考依据,并将对太赫兹技术的产业发展提供有价值的参考。

本人很荣幸应邀主编这套我国太赫兹领域分量极大的战略前沿新技术丛书。丛书的出版离不开各位作者和出版社的辛勤劳动与付出,他们用实际行动表达了对太赫兹领域的热爱和对太赫兹产业蓬勃发展的追求。特别要说的是,三位丛书顾问在丛书架构、设计、编撰和出版等环节中给予了悉心指导和大力支持。

这套该丛书的作者团队长期在太赫兹领域教学和科研第一线,他们身体力行、不断探索,将太赫兹领域的概念、理论和技术广泛传播于国内外主流期刊和媒体上;他们对在太赫兹领域遇到的难题和瓶颈大胆假设,提出可行的方案,并逐步实践和突破;他们以太赫兹技术应用为主线,在太赫兹领域默默耕耘、奋力摸索前行,提出了各种颇具新意的发展建议,有效促进了我国太赫兹领域的健康发展。感谢我们的丛书编委,一支非常有责任心且专业的太赫兹研究队伍。

丛书共分 14 册,包括太赫兹场与物质相互作用、自旋电子学、表面等离激元现象等基础研究,太赫兹固态电子器件与电路、光导天线、二维电子气器件、微结构功能器件等核心器件研制,以及太赫兹雷达技术、超导接收技术、成谱技术、光电测试技术、光纤技术及其在通信和成像领域的应用研究等。丛书从理论、器件、技术以及应用等四个方面,系统梳理和概括了太赫兹领域主流技术的发展状况和最新科研成果。通过这套丛书的编撰,我们希望能为太赫兹领域的科研人员提供一套完整的专业技术知识体系,促进太赫兹理论与实践的长足发展,为太赫兹领域的理论研究、技术突破及教学培训等提供参考资料,为进一步解决该领域的理论难点和技术瓶颈提供帮助。

中国太赫兹领域的研究仍然需要后来者加倍努力,围绕国家科技强国的战略,从"需求牵引"和"技术推动"两个方面推动太赫兹领域的创新发展。这套丛书的出版必将对我国太赫兹领域的基础和应用研究产生积极推动作用。

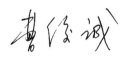

2020 年 8 月于上海

太赫兹波是指频率在 0.1~10 THz 的电磁辐射。过去由于缺乏太赫兹波产生及探测的有效技术手段,该频段成为电磁波谱中没有开发利用的一段空白。自 20 世纪 80 年代中期利用超快光电子技术成功地产生和探测太赫兹波以来,太赫兹波独特的性质被发现并显示出巨大的应用前景,逐步成为科学、经济和国家安全方面非常具有应用前景且十分活跃的研究领域,特别是在宽带无线通信、生物医学成像、材料的无损检测、高分辨雷达和安全检查等方面的应用研究受到了广泛关注。可以说太赫兹技术科学不仅是科学技术发展中的重要基础问题,而且是国家新一代信息产业、国家安全和基础科学发展的重大需求,对国民经济及国防建设具有重要的意义。

太赫兹技术的广泛应用离不开满足不同应用领域要求的实用化功能器件的支撑,包括低损耗波导、开关、调制/解调器、滤波器、耦合器、偏振控制器、传感器以及非互易单向传输隔离器等。由于自然界中缺乏对太赫兹波强电磁响应的自然材料,因此,利用人工电磁材料的强谐振与场局域效应以实现太赫兹波振幅、相位、频率和偏振的高效调控是获取高性能器件的有效途径和方法。

本书从理论和实验两个方面对太赫兹波段常用功能材料的光学性质和亚波长微结构功能器件的谐振及传输特性进行了详细的介绍。在功能材料方面,主要介绍了液晶双折射材料、二氧化钒相变材料、石墨烯、二硫化钼和碳纳米管等二维纳米材料、磁光材料。在人工微结构电磁材料方面,介绍了亚波长介质光栅、光子晶体、表面等离子体、超材料、超表面等。按照实现的功能划分,主要介绍了太赫兹调制器、偏振控制器、相移器、传感器、单向传输的环形器和隔离器、定向发射器等。

本书共分为9章,第1章在简单介绍太赫兹技术发展现状的基础上,对太赫兹功能器件的研究进展进行了重点介绍。第2章介绍了常用的金属和介质材料在太赫兹波段的性质及理论计算模型,同时详细介绍了光子晶体、表面等离子体、亚波长介质光栅、超材料和超表面等人工电磁材料的性质、特点及理论模型。第3章介绍了太赫兹微结构器件的数值仿真计算方法以及太赫兹时域光谱系统的工作原理、特点和数据处理方法。第4章至第6章分别介绍了太赫兹调制器件、偏振控制器件、传感器件的最新研究成果。第7章是具有鲜明特色的一章,主要介绍我们课题组在单向传输环形器、隔离器和偏振转换器件方面的研究成果。第8章和第9章聚焦于太赫兹主动调控器件的研究进展。

我们感谢所有曾经在一起工作和正在一起工作的合作者,书中大量引用了他们的工作,包括在课题组工作和已经毕业的学生:杨磊、陈赛、许士通、冀允允、李吉宁、陈猛等。

太赫兹的基础和应用研究日新月异,新方法、新技术不断涌现,由于编著者水平有限,书中难免会有疏漏之处,恳请各位读者批评指正。

常胜江、范飞

Contents

目 录

太赫兹
技术及其功能
器件概述

1.1　太赫兹技术概述

太赫兹(Terahertz，THz)波是对一个特定波段的电磁波的统称，通常是指振荡频率在 0.1~10 THz 的电磁波[1]，其在电磁波谱中的位置如图 1.1 所示。1 THz 等于 10^{12} Hz，对应波长为 300 μm，光子能量为 4.14 meV，特征温度为48 K。自然界中存在大量的 THz 辐射，我们生活中许多物体的热辐射都在 THz 波段。尽管如此，由于该波段处在微波波段和红外波段交汇处，传统的电子学和光子学技术无论是从理论机制还是从器件制备工艺上均很难直接地应用到 THz 波段，这导致了"THz 空隙"的存在。近年来，随着 THz 高效辐射源和高灵敏度探测器的发展成熟，THz 波独特的电磁性质和广泛的应用前景逐渐被人们发现，围绕 THz 波的研究与应用形成了新的前沿研究领域，即 THz 科学与技术。THz 技术由于在安检领域应用中的显著优势而受到了各国政府的广泛关注。美国将 THz 技术列入"改变未来世界的十大技术"，日本将 THz 技术列为"国家支柱技术十大重点战略目标"之首[2]。2005 年，我国政府召开"香山科学会议"，通过专家研讨制定了我国 THz 技术的发展规划。总之，THz 科学与技术既是重要的基础科学问题，又是新一代信息产业和国防安全的重大需求，对提高国家科技创新能力、促进社会发展和国家安全具有重要的战略意义。

图 1.1
THz 波 在 电 磁
波谱中的位置

1.1.1　THz 波的特性

THz 波的性质是由其在电磁波谱中的位置决定的，其特殊的位置赋予了 THz 波独特的性质和广阔的应用前景。下面将分别介绍 THz 波的几个重要特性。

（1）THz 波段包含了丰富的光谱信息

许多大分子的振动和转动能级、超导体的能隙、半导体在磁场中的朗道能级都处在这一波段，因此 THz 波可作为有效的探针，提供关于物质的理化性质、光谱特性、分子动力学过程等重要信息，同时又能对物质进行特征识别和传感检测，在材料科学和生物医学研究领域获得了广泛的应用。

（2）THz 波对多数介电材料和非极性物质具有非常好的穿透性

通常，电磁波入射时与物质的相互作用主要由物质界面的反射、物质的吸收和微小结构散射三部分组成。物质界面处电磁波的反射率主要由折射率决定，一般而言，折射率越大，反射率越高，这可以由菲涅尔反射公式推得。物质的吸收是由物质的能级结构和电磁辐射的光子能量之间的关系决定的。THz 波的光子能量低于大多数化学键的键能，因此其在多数介电材料中的吸收损耗非常小。物质对电磁波的散射使得电磁波在物质中的实际传播距离远大于其进入物质的深度，进而会引起极大的损耗。THz 波的波长普遍在几百微米量级，远远大于 $PM_{2.5}$、PM_{10} 等常见空气污染物的尺寸，这使得 THz 波在大气中散射引起的损耗远小于可见光和红外线。总之，THz 波对很多介电材料与非极性物质具有良好的穿透性，从而被广泛应用于对光波段不透明物体的透视成像。

（3）THz 波具有非常低的光子能量

光子能量是由频率决定的，相比于 X 射线上千电子伏特的光子能量，THz 波的光子能量非常低，只有几毫电子伏特。这一能量低于大多数化学键的键能，因此不会引起有害的生物、化学电离反应，这一特性在人体安检和生物样品无损检测方面尤其可贵。此外，由于水分子对 THz 波有非常强烈的吸收，THz 波在高效地透过衣物之后，只能停留在人体皮肤表层，而无法穿透到人体内部，因此 THz 波可以作为人体安检的理想光源。

（4）THz 波的带宽特性

与微波和无线电波相比，THz 波的波长更短、频率更高、单位时间内承载的信息更多，而且信号发射的方向性更好，适用于短程无线宽带局域网通信和卫星间通信。

1.1.2　THz 技术的应用

　　随着 THz 辐射源和检测技术的发展，THz 波的特性逐渐被人们认识，从而使得 THz 技术在军事、通信、安检、医学、材料、天文等多个领域获得了广泛的应用，如图 1.2 所示。

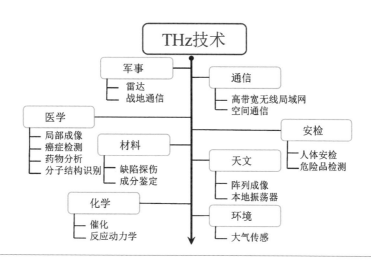

图 1.2
THz 技术的应用

　　（1）在雷达技术领域的应用

　　THz 雷达具有频带宽、波长短、波束窄、体积小、功耗低和穿透性强等特点。相比于激光红外探测，利用其穿透性强的特点可以保证系统能够在硝烟弥漫的战场或沙尘环境中稳定工作。相比于微波波段的雷达，利用其波长短的特点可以有效减小系统的体积和质量，并提高分辨率。这些特点使得 THz 雷达在敌机预警、直升机避障、云探测、导弹导引等方面具有重要的应用。

　　（2）在通信领域的应用

　　目前，6 GHz 以下的传统通信频段已经很难得到较宽的连续频谱，这严重制约了通信产业的发展。相比之下，THz 频段却仍有海量未充分利用的频谱资源。其波长更短，可以有效减小通信器件及系统的尺寸；其频率更高，可以满足未来超高速通信的需求，比如 100 Gbps 甚至更高。

　　（3）在安检领域的应用

　　利用高穿透性、高安全性等优点，THz 成像可以有效地对被测物体进行检测，这使其在国家安全、机场安检、大气遥感等方面得到了广泛的应用。此外，由于硝基及许多有机大分子的分子振动能级位于 THz 波段,使用 THz 技术可以有效地对爆炸物、毒品、汽油等危险品进行光谱和传感检测。

(4)在医学领域的应用

由于 THz 波对人体无害,其可以用于人体局部成像和疾病的医疗诊断,比如对癌变组织的成像及光谱检测。此外,许多生物大分子在 THz 波段都具有强烈的色散和吸收特性,因此 THz 波可以用于分子特性的检测和识别,比如测定 DNA 的形态、生物组织的特征和蛋白质复合物的成分等。

(5)在材料检测领域的应用

THz 波的光子能量低,对穿透物不会造成损伤,并且可以穿过大多数介电物质。这一特点对于检测非导体材料中的缺陷或者特殊标记具有重要的意义,比如 THz 波可以用于检测油画、航天器绝热层和半导体器件的缺陷等,一般认为其是无损检测。此外,THz 脉冲的典型脉宽在皮秒量级,因此可以得到高信噪比的 THz 时域光谱,易于实现对各种材料的光谱分析。

(6)在天文探测领域的应用

宇宙背景辐射在 THz 波段存在丰富的信息,THz 波可以对宇宙中大量的物质进行探测,如气态碳、水、氧气、氮气、臭氧、一氧化碳等分子和 OH^-、H_2D^+ 等离子,而这些物质通过其他手段难以探测。此外,THz 波广泛地存在于宇宙空间,可为天文学研究提供宇宙起源、星体形成、星系演化等方面的天文信息。

1.1.3 THz 源与探测技术的发展

如上所述,THz 技术在诸多领域展现出广泛的应用前景,要实现如此广泛的应用,即搭建多样化、实用性的 THz 应用系统,高性能的 THz 功能器件是必不可少的。THz 功能器件以及用这些核心器件构建光谱、成像、通信等各种应用系统是目前热点的研究领域。这里我们将首先介绍 THz 辐射源和 THz 探测器,下一节将分类介绍其他功能器件。

(1)THz 辐射源

自 THz 技术诞生伊始,研发成本低、功率高、室温下稳定的 THz 辐射源就一直是人们重点关注的焦点。广义上来讲,THz 辐射的来源非常广泛,自然界中就存在大量的 THz 辐射源，人体也可以辐射出微弱的 THz 波。随着 THz 技术的发展，THz 辐射源的研究也获得了巨大的进步，各种类型的辐射源如雨后春笋般出现。根据 THz 波产生的机理，THz 辐射源可以分为基于光子学的 THz 辐射源、基于固态电子学的 THz 辐射源和基于真空电子学的 THz 辐射源等。根据所产生的 THz 辐射的脉宽，THz 辐射源又可以分为宽带 THz 脉冲辐射源和窄带 THz 连续波源。这里按照后一种分类方法对 THz 辐射源进行简单的介绍。

宽带 THz 脉冲辐射源目前主要应用于 THz 光谱技术中，其带宽可以高达几十太赫兹。光电导天线是一种常见的宽带 THz 脉冲辐射源，通常由在半导体材料(如低温生长的半绝缘 GaAs)中制备的两条间隙为几十微米到几百微米量级的金属电极构成。飞秒激光聚焦到金属电极中间的空隙上，激发的光生载流子在外电场的作用下向金属两极迁移，从而辐射出 THz 波。光电导天线可以产生较高能量的 THz 脉冲，因此近年来获得了广泛的研究和应用。光整流法是一种常见的产生宽带 THz 脉冲辐射的方法，通过两个光束或者一个高强度的单色光束在非线性晶体中传播时产生的差频或和频振荡来产生 THz 辐射。这种方法可以实现超宽带的 THz 脉冲辐射输出，但是输出能量相对较低。空气等离子体法是通过激光聚焦击穿空气生成空气等离子体，从而利用其非线性效应来产生 THz 辐射，这是目前 THz 辐射源理论研究的热点之一。半导体的表面电场效应和光致丹培效应也可以用于产生宽带 THz 脉冲辐射，其基本原理是利用半导体表面和内部的费米能级差引起光生载流子的瞬态迁移，从而产生 THz 辐射，但 THz 辐射强度比较低。

研制窄带 THz 连续波源的目标是产生连续性强、带宽窄、方向性好、强度高的 THz 波，从而满足 THz 成像、通信、雷达等领域的应用。以微波电子振荡器为基础，利用倍频技术来提高其工作频率，但其工作频率往往低于 250 GHz。真空电子学技术是目前实现高功率 THz 辐射源最有效的手段，输出功率可达千瓦量级，一般通过回旋管自由电子激光器来实现。其工作原理是将在磁场中运动的电子束的动能转换为光子能量，从而产生激光。这类辐射源的优点在于能量高、相干性好、可调谐范围大，缺点是功耗高、体积大、费用昂贵。相比之下，基于固态电子学的 THz 量子级联激光器的结构非常紧凑,已成为极具前景的小型化 THz 辐射源。其通过导带电子能级间跃迁和声子共振辅助隧穿实现粒子数反转,输出频谱覆盖 $1.7\sim5.3$ THz,功率可达 100 mW 量级。目前,研究的重点是如何优化 THz 量子级联激光器的结构,进一步改善器件温度特性和光束质量以及提高输出功率等。此外,通过光泵极性分子形成转动能级的集居数反转、多光束泵浦非线性晶体实现差频放大等手段也能产生窄带 THz 连续波。

(2) THz 探测器

类似于 THz 辐射源,THz 探测也可分为对宽带 THz 脉冲的探测和对连续 THz 波的探测。对于宽带 THz 脉冲,一般通过 THz 时域光谱系统来进行探测。这种探测方法不仅可以获得 THz 脉冲的强度信息,还可以完整地记录其相位信息,且其信噪比高、易于实现,将在第 3 章对其进行重点介绍。

而对连续 THz 波的探测可以分为非相干探测和相干探测。非相干探测,即直接检测,是指利用检波器将检波信号直接转化为电流或电压信号,得到被测信号的幅度信息。一般而言,用于非相干探测的检波器大多是量热式的探测器,如半导体测辐射热计、半导体热电子测辐射热计、超导热电子测辐射热计、超导转变边缘传感器(Transition-Edge Sensor, TES)等。这类检波器可以探测各种光源发出的 THz 波,而且其光谱探测范围非常宽,可以涵盖整个 THz 波段。但是,由于相位信息缺失,这类探测方法容易受到外界环境的影响,而且无法获得超高的探测灵敏度。相比而言,TES 的探测灵敏度较高,且已经制备成大规模的检波阵列,目前最大规模的 TES 检波阵列是安装在美国的 JCMT 望远镜上的 SCUBA2 探测器阵列,其探测灵敏度可以达到 2×10^{-21} W/Hz$^{1/2}$。

相干探测通常采用类似于传统通信系统中的超外差结构实现频谱红移,即将 THz 信号变换到较低的微波-毫米波频段,再采用传统的方式提取信号的幅度和相位。由于采用了变频方式,相干探测系统较为复杂,需要混频器等关键元器件,同时对混频器及 THz 本振源提出了较高的要求,比如较高的输出功率和较低的噪声等。混频器的核心器件是混频管,在 THz 波段常用的有肖特基二极管、热电子测辐射热计式混频管、超导体-绝缘体-超导体混频管等。值得一提的是,由于可检测到相位信息,相干探测可以获得较高的空间分辨率,此外,还可进行信号放大,从而可获得较高的探测灵敏度。这类探测方法被广泛应用于各种需要高空间分辨率、高探测灵敏度的场景,比如深空探测等。南京大学和中国科学院紫金山天文台已具备了从薄膜制备到器件设计、加工和测试的一整套技术能力,在 500 GHz 和 800 GHz 频段已成功研制了超导混频器,并应用于射电天文探测[3]。

1.2　THz 微结构功能器件概述

从上一小节可以看到,高性能的 THz 辐射源和 THz 探测器是推动 THz 科学与技术发展的首要条件,而 THz 技术的广泛应用离不开实用化功能器件的支撑。在 THz 通信、雷达、安检和光谱分析等众多应用系统中,迫切需要组成系统的功能器件。然而,传统微波和光电子器件在 THz 波段的实现和应用受到了限制。因此,在进一步认识 THz 波段电磁场与物质相互作用机理和特点的基础上,探索新材料和新原理,突破传统功能器件实现的技术瓶颈,研制能满足实际应用需求的功能器件是 THz 技术发展所面临的挑战之一。

近年来,人工电磁微结构材料的研究为发展 THz 功能器件提供了新的机遇。典型的人工电磁微结构包括光子晶体、超材料(超表面)、表面等离子体等,它们的电磁性质主要由设计的结构和尺寸决定。由于自然界缺乏与 THz 波有较强电磁作用的材料,因此很多 THz 功能器件是利用人工微结构材料的能带和谐振响应来实现对 THz 波的操控,其典型结构的单元尺寸在微米量级,加工制备可以使用成熟的集成电路(IC)工艺,通过结构设计有效地调控 THz 波的传输行为,并实现器件的集成和小型化。目前,THz 微结构功能器件已成为 THz 功能器件的主要发展趋势,并成为 THz 领域的重要研究前沿之一。

1.2.1　关键 THz 功能器件研究进展

THz 功能器件的种类繁多,包括 THz 波导、THz 耦合器、THz 分束器、THz 透镜、THz 开关、THz 调制器、THz 滤波器、THz 吸收器、THz 隔离器、THz 起偏器、THz 波片等,这些器件可以对 THz 波的波束形状、波前分布、振幅大小、谱线形状、偏振状态和相位延迟等各种电磁特性进行主动或被动调控,以实现各种功能及其应用。这里主要对几种重要的 THz 功能器件的研究现状和发展趋势进行概述。

(1) THz 透镜

普通 THz 透镜是由高阻硅或聚合物球面镜制成的,其透过率在 90% 左右,焦斑尺寸都在毫米量级,这是由 THz 波的波长和衍射极限决定的。利用普通 THz 透镜很难将 THz 波高效地耦合到亚毫米量级的光电系统中,这势必会影响系统的空间分辨率和探测灵敏度等关键性能,因此,如何实现波长甚至亚波长量级 THz 波的聚焦和高效耦合是一个亟待解决的问题。

利用表面等离子体狭缝或孔阵列等衍射光学元件构成的人工微结构平板透镜,已经可以实现波长量级 THz 波的聚焦。利用微结构 THz 光纤进行近场亚波长量级 THz 波的聚焦和成像在近期也有报道。然而由于反射和欧姆损耗,现有表面等离子体透镜的透过率只有 20%,且其焦距随入射波频率变化而变化,即具有很大的色差,因此,如何制备高透过率、宽带、消色差的 THz 人工微结构透镜是一个值得深入探索的课题。

(2) THz 偏振控制器

常用的偏振控制器包括偏振片和波片,前者用于实现光束的线偏振起振和检偏滤波,后者用于光束的偏振转换和相位延迟。在 THz 波段,金属可以被视为完美的电导体,金属线栅可以完美实现 THz 偏振片的功能。其带宽可以覆盖 0.1~10 THz,偏振度大于 99%,偏振方向的透过率可以达到 95% 以上,这是少有的已成熟且广泛应用的 THz 功能器件。目前,THz 偏振控制器的研究主要集中在波片类器件,主要考虑的性能参数包括偏振转化效率、带宽、插入损耗、成本等。

传统的波片一般由具有双折射效应的天然晶体加工而成,通过调节晶体的厚度,使得寻常光和非寻常光产生特定的相位差,从而实现偏振转换的功能。考虑到器件的可集成和小型化需求,要求材料的双折射系数尽量大,以减小器件的厚度。然而在 THz 波段,传统天然材料的双折射系数往往不够大,如石英晶体的双折射系数为 0.05,常用的液晶材料如 E7 的双折射系数为 0.12,蓝宝石晶体的双折射系数约为 0.35，但其吸收系数很大，在 10 cm^{-1} 量级以上。此外，石英晶体等波片只能实现单频工作，液晶材料虽然具备可调谐特性，但其吸收损耗却较大。要拓展传统天然材料制备而成的波片的带宽并非不可能，但其结构设计非常复杂，如需要采用多层膜、菲涅耳菱形棱镜等复杂结构。

近年来，人工电磁微结构的研究引起了人们广泛关注，诸如超材料、超表面、亚波长介质光栅等结构广泛应用于 THz 偏振控制器的设计中。2013 年，Chen 等提出了一种由三层金属栅构成的超表面结构，其利用法布里-珀罗谐振效应增强了金属栅的偏振旋转效应，实现了正交偏振转换功能[4]。2015 年，Liu 等提出了一种基于巴比涅超材料的 THz 偏振控制器，其通过打破结构的空间旋转对称性，实现了四分之一波片的功能[5]。同年，Wang 等提出了一种内嵌 VO$_2$ 的十字形超材料结构，其通过温控使 VO$_2$ 产生相变，进而实现可调谐 THz 四分之一波片功能[6]，如图 1.3(a)所示。但是这种巴比涅超材料普遍存在插入损耗大的问题，其表征透过率的斯托克斯(Stokes)量 S_0 不到 0.4，主要原因在于其表面金属覆盖面积过大。不依靠金属材料，通过多层介质堆栈人工超表面也可以实现 THz 波片的功能。2015 年，Zhu 等提出了基于双曲超表面的 THz 波片，其利用不同介质多层堆栈的慢光效应增加了 THz 波与结构相互作用的有效光程，在 2~4.8 THz 内的双折射系数达到 0.8~2[7]，如图 1.3(b)所示。但是这种多层堆栈结构过于复杂，加工非常困难。总体而言，THz 波片正向着小型化、宽带、低损耗、易加工的方向发展。

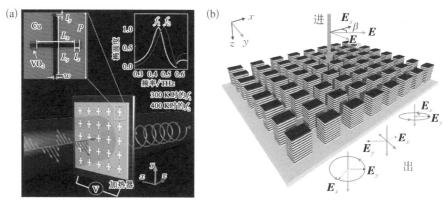

图 1.3　　(a) 基于温控内嵌 VO$_2$ 的十字形超材料的 THz 波片[6]；(b) 基于双曲超表面的 THz 波片[7]

（3）THz 滤波器

滤波器是对特定波段通过、其他波段吸收或反射的器件，是 THz 通信和雷达系统中的重要器件。基于人工微结构的各类 THz 滤波器已被广泛报道，例如基于金属孔阵列的带通滤波器、超材料带阻滤波器、光子晶体波导宽带滤波器和微腔窄带滤波器等。人们更感兴趣的是如何实现滤波器工作频率的带宽可调谐，因为可调谐滤波器的实现不仅扩展了滤波器的工作范围，还可以直接实现 THz 开关和强度调制的功能。

（4）THz 调制器

THz 调制器是 THz 宽带无线通信系统中的核心器件，1 THz 载波所能携带的信息量至少为 10 Gbps，然而现有 THz 调制器(这里指工作在大于 0.3 THz 的频段，而非毫米波段)的调制速率和调制深度还远未达到这一指标，这是目前制约 THz 宽带无线通信应用发展的主要器件瓶颈之一。因此，高性能 THz 调制器多年来一直是 THz 功能器件研究关注的焦点，基于不同材料和结构的 THz 调制器的研究被广泛报道。一般用电控或者光控方式进行调制，调制方式主要是调幅和调相，即对 THz 波的振幅(或强度)和相位进行两个状态下的高速转换。

2006 年，Chen 等通过在超材料谐振环开口处构造肖特基二极管实现了对超材料谐振强度的调制，器件的调制电压为 0~16 V，工作带宽为 300 GHz，最大调制深度为 50%，调制频率约为 2 MHz[8]。2009 年，他们又提出了一种类似的相位调制器，其工作带宽达 800 GHz，但平均调制深度只有约 20%。此外，他们还提出了调制深度达 50%、工作带宽达 200 GHz 的光控超材料 THz 调制器，其响应时间在微秒量级[9]，如图 1.4 所示。同年，Kadlec 等提出利用 $SrTiO_3/DyScO_3$ 材料的超晶格结构来实现 THz 波的调制，通过外电场实现了工作带宽为 500 GHz 的强度调制，其调制深度为 33%，但外加电场高达 67 kV/cm[10]。2010 年，Manceau 等利用以 GaAs 为基底的超材料结构实现了光控相位调制，其相位调制为 0.4 rad，工作带宽为 250 GHz[11]。2011 年，Choi 等使用 VO_2 薄膜作为基底制成狭缝阵列 THz 天线，利用光泵浦下 VO_2 的金属-绝缘体相变性质实现了对 THz 波皮秒量级的开关控制[12]。2011 年，Shrekenhamer 等将高速晶体管与二维电子气的半导体结构相结合,并置于超材料的开口环下方,将器件的调制频率提高到 10 MHz,调制深度为 30%[13]。2012 年以来,大量文献报道了基于石墨烯的表面等离子体或超材料的 THz 调制器,如 Rodriguez 等提出了基于单层石墨烯带间跃迁机理的 THz 调制器,需要使用 50 V 电压才能实现约为 10% 的调制深度,其工作带宽仅为 50 GHz[14];如图 1.5 所示,Lee 等将石墨烯与平面超材料结构相结合,实现了超过 1 THz 工作带宽的调制,但需要 600 V 电压才能实现 10% 的调制深度[15];Lu 等利用周期性石墨烯光栅结构的超材料实现了 THz 波宽带调制,虽然器件所需的偏置电压只有几伏,但其调制深度仅有 5%[16]。

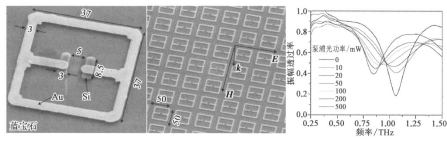

图 1.4
光控超材料
THz 调制器[9]

图 1.5
电控石墨烯
THz 调制器[15]

现有的 THz 调制器的结构集中于超材料、亚波长孔阵列等平面结构,由于它们在传播方向上没有周期性结构,因此很难获得高品质因数的谐振,也就很难实现较大的调制深度和器件灵敏度,从而存在工作带宽窄、调制速率低和插入损耗大等问题,且无法满足构建 THz 宽带通信系统的实际需求。因此,探索新的 THz 波调制机理、设计新的器件结构是目前高性能 THz 调制器研究中的关键科学问题。

(5) THz 波前调控器

波前调控是指在空域上调控电磁波的等相位面,以实现会聚、发散、偏转、定向发射等功能。目前,在 THz 波段研究比较多的是光束聚焦和定向发射。光束聚焦主要应用在场增强、成像、器件耦合等方面,主要的器件为 THz 透镜。另外,常用的手段是利用亚波长的衍射光栅和衍射孔径阵列。图 1.6(a)为 Yasuaki 等研制的可编程的衍射光栅式 THz 透镜,其可以实现 0.15~0.9 THz 的波前调控[17]。由空间相位调控方法得到的焦斑尺寸都在毫米量级,这是由 THz 波的波长和衍射极限决定的,因而无法获得足够小的局域场和足够大的场强度。利用波导结构的表面等离子体透镜可以实现更小的局域场增强,这源于表面等离子体波的高局域特性。然而表面等离子体波的高效耦合本身就是一个难题,往往会带来很大的能量损耗,而且这类透镜焦距随入射波频率变化很大,即具有很大的色差。因此,实现高透过率、小光斑尺寸、宽带的 THz 透镜是该类器件需要突破的问题。

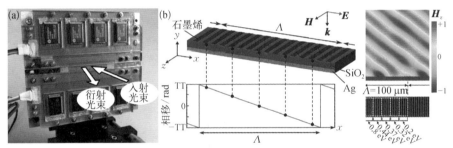

(a) 可编程的衍射光栅式 THz 透镜[17];(b) 基于石墨烯的 THz 定向发射器[19]　　图 1.6

定向发射即调控 THz 波的波前,使其朝向某一个特定方向发射,在 THz 雷达、通信、成像等领域具有广泛的应用前景。2011 年,Yu 等提出了一种"V"字形超材料结构,通过改变"V"字的夹角和臂长可以调控该单元引起的相位延迟,通过周期渐变排列可以在空间上实现相位的连续变化,从而引起入射电磁波的定向偏转[18]。这种超材料制作简单、灵活性强,因此获得了广泛的关注和研究。其设计思路是首先设计可微调的单元结构,选择 4 种或 8 种相位差依次差 $\pi/2$ rad 或 $\pi/4$ rad 的单元结构,并保证这些单元结构的透过率大致相等,就可以实现相位在 0~2π rad 内的连续变化;再将这些单元结构依次排列,并按周期循环,就可以实现入射电磁波的定向发射。其角度的偏转量取决于单元结构的相位差和尺寸大小。2015 年,Yatooshi 等在理论上提出了一种基于石墨烯的 THz

定向发射器[19],如图 1.6(b)所示。在相邻的石墨烯栅上施加渐变的电压,引起石墨烯费米能级的梯度变化,从而在空间上实现透射波的相位变化,其本质与利用结构渐变来实现相位变化的器件是一致的。值得注意的是,这类器件都是针对某个特定频率的电磁波来设计的,因此只能应用在连续波 THz 系统中。此外,还有一类 THz 定向发射器是利用表面等离子体波的耦合来实现波矢匹配的,本书将在第 9 章进行详细的介绍。

(6) THz 放大器

放大器独立于种子光源之外,是完成辐射源功率放大的器件。目前,在 THz 波段常见的有基于光学参量放大技术的、基于行波管和返波管的和基于量子级联系统的放大器。光学参量放大技术是利用晶体的差频效应来实现对信号光的放大,在 THz 波段常用的非线性晶体是 MgO∶LiNbO$_3$。2014 年,Tripathi 等报道了该课题组使用 MgO∶LiNbO$_3$ 晶体实现的 THz 放大器,其在 2.01 THz 处将脉冲能量为 0.1 pJ 的入射 THz 波放大到脉冲能量为 0.4 nJ,放大倍率超过 30 dB[20]。然而,由于晶体存在可饱和吸收效应,该 THz 放大器无法对脉冲能量大于 1 nJ 的 THz 波进行有效放大[21]。行波管和返波管在微波波段的技术已经非常成熟,在低频 THz 波产生方面也有广泛应用。2015 年,Feng 等提出了一种基于行波管结构的 THz 放大器,其在 0.17~0.19 THz 内获得了最高 39 dB 的放大输出,然而这种基于微波器件的倍频技术难以实现对更高频率 THz 波的有效放大。基于量子级联系统的放大器也是一种比较常见的 THz 放大器,其基本原理和量子级联激光器类似,其工作频率一般位于 2 THz 以上。2014 年,Ritchie 等使用聚对二甲苯作为量子级联放大器的端面反射镜材料,其降低了系统的反射损耗,在 2.9 THz 处获得了 30 dB 的增益放大[22]。2015 年,Darmo 等提出了一种宽带的量子级联放大器,其在 2.14~2.68 THz 内实现了 THz 波的可调谐放大,增益倍率超过 21 dB[23]。总之,THz 放大器的发展状况与 THz 光源较为一致,在低频波段有较为成熟的真空电子学技术,在高频波段则依赖于固态电子学技术,但在 0.3~2 THz 频段仍然缺乏有效的放大器件。

(7) THz 隔离器

THz 应用系统中存在大量元件的反射回波和散射,这就要求将高性能的单向隔离传输器件(如隔离器、环形器等)引入 THz 系统中来消除这些噪声。由于在 THz 波段具有旋磁或旋电响应的磁光材料十分有限,长期以来在 THz 波段缺乏低损耗、宽带非互易器件,从而限制了现有 THz 应用系统的性能。已有的非互易器件按工作原理可以分为以下三类。① 基于传统的法拉第旋光效应,通过磁光材料本身的法拉第效应实现 THz 波偏振态的旋转,再经过检偏器后实现隔离器功能。2013 年,Shalaby 等利用 $SrFe_{12}O_{19}$ 新型永磁材料首次实现了 THz 隔离器的功能[24],如图 1.7 所示。这一方案具有结构简单、便于耦合等优点,缺点是多数磁光材料对 THz 波的吸收较强,导致器件的隔离度较低,插入损耗也很大。② 通过在波导结构中引入磁光材料,使得波导正负传播方向上表现出非对称的色散关系,从而实现单向传输。2005 年,麻省理工学院的 Wang 等首次提出磁光子晶体环形器[25]。2010 年,Śmigaj 发展了这一理论,使隔离度提高到 40 dB[26]。2009 年,斯坦福大学的 Fan 等提出了非互易相移型器件[27]。他们将磁光材料引入波导干涉仪的一臂中,正反向传输时器件产生正负相反的相位差,引起非互易的干涉效应,在某些频率点上实现了高隔离度单向传输,但器件工作带宽小于 100 MHz。2012 年,Hu 等提出了金属-空气-InSb 波导结构的 THz 隔离器,当磁场强度小于 1 T 时,InSb 的回旋共振频率位于 THz 频段,因此器件对外加磁场的强度要求较低[28]。虽然该器件结构简单,但隔离度较小,只有 30 dB 左右,且存在很大的耦合损耗。③ 基于非线性效应的光学二极管,它像电子二极管一样具有单向导通功能,故而受到广泛关注,但受限于 THz 非线性材料和 THz 辐射源的强度,THz 波段还没有该类器件的报道。近年来也有不利用磁光

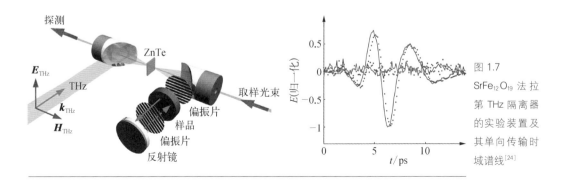

图 1.7 $SrFe_{12}O_{19}$ 法拉第 THz 隔离器的实验装置及其单向传输时域谱线[24]

效应或非线性效应实现光隔离功能的 THz 隔离器,其具有非常诱人的前景,但它们的工作机理尚存争议。

与其他 THz 器件不同,国内外对 THz 非互易器件的理论和应用研究尚处于起步阶段。因此,研究 THz 单向隔离传输器件的电磁非互易特性,不仅具有非常重要的科学意义,也对高隔离度、宽带、低损耗 THz 隔离器和环形器的研制具有十分重要的促进作用。

(8) THz 传感器

作为 THz 传感与检测系统中的核心器件,THz 传感器的研究一直受到人们的关注。传统 THz 光谱系统无法满足极微量样品的定性甚至定量检测的要求,这就急需将高灵敏度 THz 传感器应用于 THz 传感与检测系统中。而人工微结构器件的兴起恰恰为新型 THz 传感器的研制提供了新的手段,它们的强电磁场局域特性增强了 THz 波与被检测物质的相互作用,显著地提高了被检测物质的探测灵敏度,有助于降低被检测物质的体积和质量,从而实现微量物质的高灵敏度检测。例如,2006 年,Miyamaru 等采用金属孔阵列进行了 THz 微量样品检测实验研究[29];2007 年,Yoshida 等采用金属网栅进行了蛋白质探测,证明其可以应用于 THz 生物传感[30],同年,Debus 等采用频率选择表面实现了高灵敏度 THz 传感[31];2008 年,中国科学院物理研究所的汪力教授课题组利用开口谐振环的谐振特性对微量液体种类进行了检测[32];2009 年,Mittleman 课题组采用平行平板波导(Parallel-Plate Waveguide, PPWG)谐振腔实现了微流体传感,灵敏度高达 3.7×10^5 纳米/折射率单元,同时具有实时在线监测的优点[33];2012 年,他们将单个谐振窗口增加到两个,可以同时对两种微流体样品进行在线监测[34]。

现有 THz 传感器主要采用超材料或金属孔阵列等平面结构,其在 THz 波传播方向上没有周期性的谐振单元,因此很难具有强谐振。同时,其平面几何结构也很难精确控制附着于传感器上样品的数量,难以实现对样品的定量检测,因此尚需进一步利用三维或准三维人工微结构进行高灵敏度、定量 THz 传感器的研究。除了对物质类型和数量的检测外,利用 THz 微结构功能器件实现对其他物理量的检测也将具有广阔的应用前景,例如,Li 等在柔性有机薄膜基底上制作了超材料,其谐振谱线随外力作用下的形变而移动,通过太赫兹时域光谱

(Terahertz Time-Domain Spectroscopy，THz－TDS)系统进行微应力的传感实验研究。

1.2.2　THz 微结构功能器件的主动调控

　　人工微结构器件存在的共同问题是通常只能在单一频率点上实现某种功能，一旦偏离中心工作频率，器件的性能就大大降低。通过外加激励的主动调控可以大大扩展器件的功能，如对于 THz 透镜、THz 滤波器、THz 隔离器等来说，实现工作中心频率和工作带宽的可调谐可以扩宽器件的工作频率范围，也可改变 THz 透镜的焦距、THz 滤波器工作频率的带宽和 THz 隔离器的隔离度；对于 THz 偏振控制器，它可以实现对 THz 波偏振态的主动调控；按照 THz 调制器的功能要求，它必须是主动器件，需要通过外加激励使器件对 THz 波的振幅、相位或偏振态进行高速调控；对于 THz 传感器，它本质上也是一种可调控器件，当外加物质或外界物理量发生变化时，器件对 THz 波的响应发生变化，就可以实现对不同物质或某一物理量大小的传感检测。因此，通过对 THz 微结构功能器件的调控实现对 THz 波的动态控制具有非常重要的意义。

　　目前，主要的外加激励包括电场、光场、磁场、温度和机械应力等方式，其中具体的物理机制包括利用电场、光辐射和温度改变半导体或超导体中的载流子浓度，或改变相变晶体的晶格状态，导致材料的电导率变化；利用电场或光场引起材料的非线性效应，从而改变材料的折射率；利用磁场引起磁光材料的磁光效应，从而改变材料的磁导率或介电张量；利用温度和机械应力改变人工微结构的几何尺寸或结构，从而改变器件的谐振频率。研究新型、高效的 THz 波调控机制及其物理过程也是 THz 科学与技术中的重要前沿领域。

参考文献

［1］　许景周，张希成.太赫兹科学技术与应用.北京：北京大学出版社，2007.
［2］　刘盛纲.太赫兹科学技术的新发展.中国基础科学，2006，8(1)：7－12.

[3] Shan W L, Yang J, Shi S C, et al. Development of superconducting spectroscopic array receiver: A multibeam 2SB SIS receiver for millimeter-wave radio astronomy. IEEE Transactions on Terahertz Science and Technology, 2012, 2(6): 593 – 604.

[4] Grady N K, Heyes J E, Chowdhury D R, et al. Terahertz metamaterials for linear polarization conversion and anomalous refraction. Science, 2013, 340 (6138): 1304 – 1307.

[5] Liu W W, Chen S Q, Li Z C, et al. Realization of broadband cross-polarization conversion in transmission mode in the terahertz region using a single-layer metasurface. Optics Letters, 2015, 40(13): 3185 – 3188.

[6] Wang D C, Zhang L C, Gu Y H, et al. Switchable ultrathin quarter-wave plate in terahertz using active phase-change metasurface. Scientific Reports, 2015, 5: 15020.

[7] Zhu H, Yin X, Chen L, et al. Manipulating light polarizations with a hyperbolic metamaterial waveguide. Optics Letters, 2015, 40(20): 4595 – 4598.

[8] Chen H T, Padilla W J, Zide J M O, et al. Active terahertz metamaterial devices. Nature, 2006, 444: 597 – 600.

[9] Chen H T, O'Hara J F, Azad A K, et al. Experimental demonstration of frequency-agile terahertz metamaterials. Nature Photonics, 2008, 2(5): 295 – 298.

[10] Kadlec C, Skoromets V, Kadlec F, et al. Temperature and electric field tuning of the ferroelectric soft mode in a strained $SrTiO_3/DyScO_3$ heterostructure. Physical Review B, 2009, 80(17): 174116.

[11] Manceau J M, Shen N H, Kafesaki M, et al. Dynamic response of metamaterials in the terahertz regime: Blueshift tunability and broadband phase modulation. Applied Physics Letters, 2010, 96(2): 021111.

[12] Choi S B, Kyoung J S, Kim H S, et al. Nanopattern enabled terahertz all-optical switching on vanadium dioxide thin film. Applied Physics Letters, 2011, 98 (7): 071105.

[13] Shrekenhamer D, Rout S, Strikwerda A C, et al. High speed terahertz modulation from metamaterials with embedded high electron mobility transistors. Optics Express, 2011, 19(10): 9968 – 9975.

[14] Sensale-Rodriguez B, Fang T, Yan R S, et al. Unique prospects for graphene-based terahertz modulators. Applied Physics Letters, 2011, 99(11): 113104.

[15] Lee S H, Choi M, Kim T T, et al. Switching terahertz waves with gate-controlled active graphene metamaterials. Nature Materials, 2012, 11(11): 936 – 941.

[16] Ju L, Geng B S, Horng J, et al. Graphene plasmonics for tunable terahertz metamaterials. Nature Nanotechnology, 2011, 6(10): 630 – 634.

[17] Monnai Y, Altmann K, Jansen C, et al. Terahertz beam steering and variable focusing using programmable diffraction gratings. Optics Express, 2013, 21(2): 2347 – 2354.

[18] Yu N, Genevet P, Kats M A, et al. Light propagation with phase discontinuities:

Generalized laws of reflection and refraction. Science, 2011, 334(6054): 333 – 337.

[19] Yatooshi T, Ishikawa A, Tsuruta K. Terahertz wavefront control by tunable metasurface made of graphene ribbons. Applied Physics Letters, 2015, 107 (5): 053105.

[20] Tripathi S R, Taira Y, Hayashi S, et al. Terahertz wave parametric amplifier. Optics Letters, 2014, 39(6): 1649 – 1652.

[21] Cai J, Wu X P, Feng J J. Traveling-wave tube harmonic amplifier in terahertz and experimental demonstration. IEEE Transactions on Electron Devices, 2015, 62(2): 648 – 651.

[22] Ren Y, Wallis R, Shah Y D, et al. Single mode terahertz quantum cascade amplifier. Applied Physics Letters, 2014, 105(14): 141102.

[23] Bachmann D, Leder N, Rösch M, et al. Broadband terahertz amplification in a heterogeneous quantum cascade laser. Optics Express, 2015, 23(3): 3117 – 3125.

[24] Shalaby M, Peccianti M, Ozturk Y, et al. A magnetic non-reciprocal isolator for broadband terahertz operation. Nature Communications, 2013, 4: 1558.

[25] Wang Z, Fan S H. Optical circulators in two-dimensional magneto-optical photonic crystals. Optics Letters, 2005, 30(15): 1989 – 1991.

[26] Śmigaj W, Romero-Vivas J, Gralak B, et al. Magneto-optical circulator designed for operation in a uniform external magnetic field. Optics Letters, 2010, 35(4): 568 – 570.

[27] Yu Z F, Fan S H. Optical isolation based on nonreciprocal phase shift induced by interband photonic transitions. Applied Physics Letters, 2009, 94(17): 171116.

[28] Hu B, Wang Q J, Zhang Y. Broadly tunable one-way terahertz plasmonic waveguide based on nonreciprocal surface magneto plasmons. Optics Letters, 2012, 37(11): 1895 – 1897.

[29] Miyamaru F, Hayashi S, Otani C, et al. Terahertz surface-wave resonant sensor with a metal hole array. Optics Letters, 2006, 31(8): 1118 – 1120.

[30] Yoshida H, Ogawa Y, Kawai Y, et al. Terahertz sensing method for protein detection using a thin metallic mesh. Applied Physics Letters, 2007, 91(25): 253901.

[31] Debus C, Bolivar P H. Frequency selective surfaces for high sensitivity terahertz sensing. Applied Physics Letters, 2007, 91(18): 184102.

[32] Sun Y M, Xia X X, Feng H, et al. Modulated terahertz responses of split ring resonators by nanometer thick liquid layers. Applied Physics Letters, 2008, 92(22): 221101.

[33] Mendis R, Astley V, Liu J B, et al. Terahertz microfluidic sensor based on a parallel-plate waveguide resonant cavity. Applied Physics Letters, 2009, 95 (17): 171113.

[34] Astley V, Reichel K S, Jones J, et al. Terahertz multichannel microfluidic sensor based on parallel-plate waveguide resonant cavities. Applied Physics Letters, 2012, 100(23): 231108.

2

太赫兹
人工微结构与
功能材料基础

2.1　常见 THz 材料的性质

THz 微结构功能器件离不开构成这些器件的材料的支撑,这些材料或者作为器件的基底和波导材料,如电介质、聚合物、金属等;或者作为对器件起核心调控作用的功能材料,如半导体、磁光材料、相变材料和双折射材料等。研究材料在 THz 波段的性质和外场对功能材料性质的影响是探究 THz 功能器件的基础,器件结构的设计需要以材料特性为基础展开。

2.1.1　材料在 THz 波段的介电模型

材料的电磁性质由介电常数 $\varepsilon(\omega) = \varepsilon_1(\omega) + \mathrm{i}\varepsilon_2(\omega)$ 和磁导率 $\mu(\omega) = \mu_1(\omega) + \mathrm{i}\mu_2(\omega)$ 来描述,其中 ω 为入射波的圆频率。实验上可以测量的是材料的复折射率 $\tilde{n}(\omega) = \sqrt{\varepsilon\mu} = n(\omega) + \mathrm{i}\kappa(\omega)$,其中 n 为折射率,反映电磁波在材料中传播时相位的变化;κ 为消光系数,反映电磁波在材料中传播时吸收的大小。在非磁性材料对应 $\mu = 1$ 的情况下,$\tilde{n}$ 与 ε 的关系为

$$\varepsilon_1 = n^2 - \kappa^2, \ \varepsilon_2 = 2n\kappa \tag{2.1}$$

电磁波在材料中的吸收损耗通过 $I(x) = I_0 \mathrm{e}^{-\alpha x}$ 来描述,其中吸收系数 α 表示为

$$\alpha(\omega) = 2\kappa(\omega)\omega/c \tag{2.2}$$

式中,c 为真空中的光速。

材料的色散关系可以用多种物理模型描述,其中德鲁德(Drude)模型将材料中的自由载流子看作等离子体,即自由电子气体,只考虑自由载流子的输运性质,而不考虑晶格势、电子-电子相互作用以及电子与晶格间的碰撞。大多数非谐振材料在 THz 波段的介电性质都可用该模型加以描述:

$$\varepsilon(\omega) = \varepsilon_\mathrm{b} - \omega_\mathrm{p}^2/(\omega^2 + \mathrm{i}\gamma\omega) \tag{2.3}$$

式中，ε_b 为极高频下内带束缚电子的介电常数；γ 为自由电子的碰撞频率，$\gamma = 1/\tau$，其中 τ 为碰撞弛豫时间，其典型值为 10^{-14} s；ω_p 为等离子体频率，表示为

$$\omega_p^2 = \frac{ne^2}{\varepsilon_0 m^*} \tag{2.4}$$

式中，n 为载流子浓度；ε_0 为真空中的介电常数；e 为电子电荷量；m^* 为载流子有效质量。当 $\omega > \omega_p$ 时，材料表现出介质特性，电磁波可以低损耗地透过；当 $\omega < \omega_p$ 时，材料表现出金属性，明显地吸收或反射电磁波。

这一模型下的电导率表示为

$$\sigma(\omega) = \sigma_0 / (1 - \mathrm{i}\omega\tau) \tag{2.5}$$

式中，直流电导率 σ_0 表示为

$$\sigma_0 = ne^2\tau/m^* = \omega_p^2\tau\varepsilon_0 \tag{2.6}$$

因此式(2.3)也可等价表示为

$$\varepsilon(\omega) = \varepsilon_b + \mathrm{i}\,\frac{\sigma_0}{\omega(1 - \mathrm{i}\omega\tau)\varepsilon_0} \tag{2.7}$$

本书涉及的大多数天然材料的 THz 响应都遵循 Drude 模型，即这样的材料在 THz 波段不存在明显的共振吸收峰。而具有明显的共振或强介电弛豫的材料（如水蒸气和乙醇）需要使用洛伦兹（Lorenz）模型或德拜（Debye）模型加以描述。人工电磁微结构的 THz 谐振响应往往遵循 Lorenz 模型或法诺（Fano）模型，后面涉及时将做详细描述。

2.1.2 常见金属在 THz 波段的性质

金属在 THz 波段的电磁性质可用 Drude 模型进行描述。常见金属的直流电导率都在 10^7 S/m 量级，由式(2.6)可知其满足 $\omega_p \gg \omega$，落在远大于 THz 频率的可见和紫外波段，且 $\omega \ll \tau^{-1}$，因此式(2.5)和式(2.7)分别简化为

$$\sigma(\omega) \approx \sigma_0 \tag{2.8}$$

$$\varepsilon(\omega) \approx -\frac{\sigma_0 \tau}{\varepsilon_0} + i\frac{\sigma_0}{\varepsilon_0 \omega} \tag{2.9}$$

例如对于铜，$\sigma_0 = 6.7 \times 10^7$ S/m，$\tau = 25$ fs，则其在 THz 波段的介电函数表示为

$$\varepsilon(f) = -1.7 \times 10^5 + i1.1 \times 10^6 f^{-1} \tag{2.10}$$

式中，频率 $f = \omega/2\pi$。因此，金属在 THz 波段满足 $\varepsilon_1 \ll \varepsilon_2$，且 ε_1 是与频率无关的负常数，故也可将式(2.7)简化为 $\varepsilon(\omega) \approx i\sigma_0/(\varepsilon_0 \omega)$，而 $n \approx \kappa = \sqrt{\varepsilon_2/2}$。THz 波在材料中的趋肤深度 δ 表示为

$$\delta = c/\kappa\omega = \sqrt{2/\omega\mu_0\sigma_0} \tag{2.11}$$

式中，μ_0 为真空中的磁导率。

金属在 THz 波段的反射率表示为

$$R(\omega) = \left|\frac{\sqrt{\varepsilon(\omega)} - 1}{\sqrt{\varepsilon(\omega)} + 1}\right|^2 \approx 1 - \sqrt{\frac{8\varepsilon_0\omega}{\sigma_0}} \tag{2.12}$$

因此，金属在 THz 波段的电磁性质仅与其直流电导率有关。常见金属在 1 THz 的趋肤深度小于 100 nm，而反射率高于 99%，接近于理想金属的电磁性质，这使得由金属构成的反射和波导结构器件具有很低的损耗。

2.1.3 常见介质材料在 THz 波段的性质

基本的 THz 元件如窗口、基底和透镜等通常需要由对 THz 波透明的介质材料构成，这些材料主要包括聚合物、电介质和半导体。高密度聚乙烯 (HDPE)、聚四氟乙烯(PTFE)等聚合物在 THz 波段都是低损耗和低色散材料，其在 1 THz 的吸收系数小于 0.5 cm^{-1}，并随频率呈二次方增长，折射率一般在 $1.4 \sim 1.5$。常用的 THz 电介质材料是熔融石英、石英晶体和蓝宝石晶体，其中后两种材料在 THz 波段表现出一定的双折射特性。Si、Ge、GaAs 等常用的半导体材料对 THz 波也是低损耗的。高阻硅(载流子浓度小于 4×10^{11} cm^{-3}，电阻率大于 10 kΩ·cm)是 THz 波段最重要的无损和非色散材料，其载流子效应和晶格振动都远小于上述其他材料，在小于 3 THz 内的吸收系数小于 0.1 cm^{-1}，折射

率为 3.417 5,色散不大于 0.000 1。

在 THz 功能器件设计中仅有高阻硅可视为无损材料,而对上述其他透明 THz 材料来说,当器件在传播方向的尺度为亚毫米或毫米量级时可忽略材料损耗,但当尺度超过厘米量级时就应当考虑材料对 THz 波的吸收。

半导体与聚合物、电介质的重要区别在于半导体具有载流子效应,即当热、光、电激励时或通过化学掺杂时,半导体中的自由载流子浓度会发生变化。Drude 模型下,可以认为聚合物和电介质的电导率为 0,而半导体的电导率是可调控的,满足式(2.3)~式(2.7)。因此在 THz 功能器件设计中,半导体材料也常作为功能材料,而当要避免外场对器件基底产生影响时,常用电介质或聚合物作为器件的基底。

除了金属和介质材料外,本书涉及多种 THz 功能材料,包括液晶双折射材料,InSb 和 GaAs 半导体材料,铁氧体、InSb 和磁流体等磁光材料,VO$_2$ 相变材料。这些功能材料在外场激励下对 THz 波的电磁响应会发生变化,对器件的可调控特性起重要作用。这些材料的介电响应均以 Drude 模型为基础,又各有特点,需要在后面章节中结合器件的功能展开专门介绍。

2.2 THz 微结构功能器件的理论基础

THz 功能器件主要由人工电磁微结构构成,它们的结构决定了器件的基本性能,需要通过物理推导和数值模拟来对器件进行结构设计、性能预测和优化。因此,THz 微结构功能器件的理论分析与设计将是本书重点介绍的内容,本节主要介绍 THz 光子晶体、THz 表面等离子体、THz 亚波长介质光栅及 THz 超材料的理论基础和数值模拟方法。

2.2.1 THz 光子器件的电磁理论基础

研究 THz 波导和亚波长光子器件的物理特性需要利用麦克斯韦(Maxwell)方程。为了更清楚地展示这一部分的讨论,首先采用波动方程来描述电磁波的传播过程,对于空间坐标 r 和时间坐标 t 描述的电场矢量 $\boldsymbol{E}(\boldsymbol{r}, t)$,波动方程可以表示为

$$\nabla \left(-\frac{1}{\varepsilon} \boldsymbol{E} \cdot \nabla \varepsilon \right) - \nabla^2 \boldsymbol{E} = -\mu_0 \varepsilon_0 \varepsilon \frac{\partial^2 \boldsymbol{E}}{\partial t^2} \qquad (2.13)$$

对于介电函数 $\varepsilon = \varepsilon(\boldsymbol{r})$ 来说,其在一个光学波长量级距离内的变化是可以忽略的,此时式(2.13)可以简化为电磁波理论的中心方程:

$$\nabla^2 \boldsymbol{E} - \frac{\varepsilon}{c^2} \frac{\partial^2 \boldsymbol{E}}{\partial t^2} = 0 \qquad (2.14)$$

实际上,这个方程需要在 ε 为常数的区域内单独计算,而且得到的解必须和适当的边界条件相匹配。为了使式(2.14)更直接地描述受限传播波束,可以执行以下两个步骤。

第一,假设电磁场的谐波与时间的关系为 $\boldsymbol{E}(\boldsymbol{r}, t) = \boldsymbol{E}(\boldsymbol{r}) e^{-i\omega t}$,代入式(2.14)可以得到

$$\nabla^2 \boldsymbol{E} + k_0 \varepsilon \boldsymbol{E} = 0 \qquad (2.15)$$

式中,$k_0 = \omega/c$,为真空中传播波束的波矢。式(2.15)即为著名的亥姆霍兹(Helmholtz)方程。

第二,为简单起见,假设一个一维问题为 $\boldsymbol{E}(x, y, z) = \boldsymbol{E}(z) e^{i\beta x}$,其中复参数 $\beta = k_0 x$ 为波的传播常数,对应于波矢在传播方向上的分量,$k_0 = 2\pi/\lambda_0$ 为真空中的波数,λ_0 为入射波在真空中的波长。将此式代入式(2.15)可以得到所需要的波动方程形式:

$$\frac{\partial^2 \boldsymbol{E}}{\partial t^2} + (k_0^2 \varepsilon - \beta^2) \boldsymbol{E} = 0 \qquad (2.16)$$

自然也存在一个类似的有关磁场 $\boldsymbol{H}$ 的方程。式(2.16)是对波导中电磁导模进行一般性分析的起点。

可以很容易地看出,该系统针对传播波束的不同偏振态存在两组自洽解。第一组是横磁(TM 或 p)模,其中只有 E_x、E_z 和 H_y 不为零,第二组是横电(TE 或 s)模,其中只有 H_x、H_z 和 E_y 不为零,本书后面的所有坐标系统和入射光偏振态都将参照以上定义。

TM 模的波动方程为

$$\frac{\partial^2 \boldsymbol{H}_y}{\partial z^2} + (k_0^2 \varepsilon - \beta^2) \boldsymbol{H}_y = 0 \tag{2.17}$$

TE 模的波动方程为

$$\frac{\partial^2 \boldsymbol{E}_y}{\partial z^2} + (k_0^2 - \beta^2) \boldsymbol{E}_y = 0 \tag{2.18}$$

列出以上公式后,我们可以着手介绍具有不同几何结构和边界条件的 THz 光子晶体、THz 表面等离子体、THz 亚波长介质光栅及 THz 超材料的性质。

2.2.2　THz 光子晶体

1. 光子晶体的理论基础

光子晶体是波长量级的介质或金属材料在空间周期性排布形成的人工微结构,这使得此波长附近的电磁波在光子晶体中的波传播行为类似于固体物理中电子在晶体中的行为,并具有一系列相似的物理概念。光子晶体可由布洛赫(Bloch)函数 $\boldsymbol{H}_k(\boldsymbol{r})$ 描述:

$$\boldsymbol{H}_k(\boldsymbol{r}) = \mathrm{e}^{\mathrm{i}\boldsymbol{k}\cdot\boldsymbol{r}} \boldsymbol{u}_k(\boldsymbol{r}) \tag{2.19}$$

式中,$\boldsymbol{u}_k(\boldsymbol{r})$ 满足 Bloch 周期性边界条件 $\boldsymbol{u}_k(\boldsymbol{r}) = \boldsymbol{u}_k(\boldsymbol{r}+\boldsymbol{R})$,其中 $\boldsymbol{R}$ 为晶格矢量,$\boldsymbol{k}$ 为 Bloch 波矢,即 $\boldsymbol{R}$ 的倒格矢。$\boldsymbol{H}_k(\boldsymbol{r})$ 由波动方程决定:

$$\nabla \times \left[\frac{1}{\varepsilon_r(\boldsymbol{r})} \nabla \times \boldsymbol{H}(\boldsymbol{r}) \right] = \frac{\omega^2}{c^2} \boldsymbol{H}(\boldsymbol{r}) \tag{2.20}$$

式中,介电函数 $\varepsilon_r(\boldsymbol{r}) = \varepsilon_r(\boldsymbol{r}+\boldsymbol{R})$。结合 Bloch 周期性边界条件求解该波动方程,可以获得本征值 $\omega(\boldsymbol{k})$ 和本征函数 $\boldsymbol{H}_k(\boldsymbol{r})$。如图 2.1 所示,二维光子晶体带隙结构图就是本征值 $\omega(\boldsymbol{k})$ 与波矢 $\boldsymbol{k}$ 的色散关系曲线。

光子晶体具有有别于许多天然材料的特性,也为其带来了诸多应用。

(1)光子带隙特性。与晶体中的电子具有能带性质一样,光子晶体也具有传导模式和光子禁带,频率处在光子禁带频率范围内的光波将不能在光子晶体中传输,而是被完全反射和吸收。这一特性是光子晶体的根本属性,使得光子晶体可实现光开关、滤波等功能。

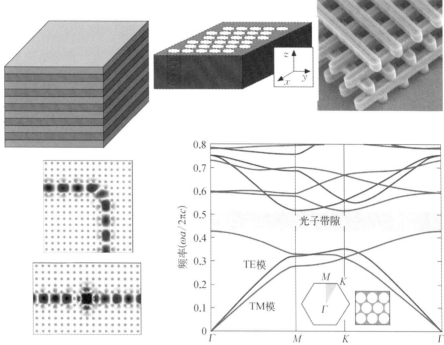

图 2.1
典型光子晶体
结构及二维光
子晶体带隙图[1]

（2）光子局域特性。与晶体存在缺陷一样，光子晶体也可以具有图 2.1 所示
的线缺陷和点缺陷：线缺陷形成光子晶体波导，使光局域在线缺陷中传播；点缺
陷形成光子晶体微腔，使光高度局域在谐振腔中。这些特性使得光子晶体可用
于波导、分束器和激光器谐振腔的设计。

（3）色散特性。光子晶体及其波导中传输的光波模式具有由器件结构和光
子带隙决定的时间和空间色散，其使得光子晶体的群速度变得很小，可以用作慢
光器件和调制器件，甚至可以使群折射率为负，对空间光束波前进行调控，典型
的应用是作为亚波长平板透镜。

（4）导模谐振特性。对于有限高度二维光子晶体，光子晶体平面外的电磁
波耦合到光子晶体内后在光子带隙作用下发生干涉和共振，这被称为导模谐振
效应，可以用于高灵敏传感。

2. THz 光子晶体的特点

近些年，随着 THz 科学与技术的兴起，THz 光子晶体的研究得到快速发

展,对其传输性质和相关功能器件的研究报道较多,涉及分束器、滤波器、开关、调制、传感、超透镜、超棱镜等,但大多都是理论模拟,对材料选择、器件加工和实验技术的研究比较缺乏。由于式(2.19)和式(2.20)适用于所有波段的电磁波,THz波段的光子晶体的基本结构和性质与光学波段没有本质区别。抛开所使用材料在THz波段的性质,仅仅把器件的几何尺度扩展到THz波段来设计器件,将大大限制光子晶体在THz波段的研究和应用。只有将THz材料、器件加工和实验技术等因素综合起来考虑,才能反映THz光子晶体的特点。

THz光子晶体的晶格周期与THz波长相当,在几十到几百微米量级。二维光子晶体需要一定的柱高度或孔高度,实际是准三维结构,加工深度需要在$100\ \mu m$以上。普通半导体刻蚀工艺无法达到此深度,而对其加工的精度要求一般在微米量级,与微纳米光刻相比是很低的精度要求,因此普通半导体刻蚀工艺并不适合THz光子晶体的加工。而现代微机电系统(Micro-Electro-Mechanical System,MEMS)技术中的深度反应离子刻蚀、激光烧蚀、金刚石刀具微机械加工等工艺能够满足这种亚毫米尺度、微米精度的加工要求。

Grischkowsky等对二维光子晶体的THz波传输性质的研究做出了重要贡献[2-4]。他们实验研究了二维聚合物介质光子晶体柱、金属光子晶体柱、线缺陷和多种点缺陷光子晶体柱波导中THz波的传输性质。在垂直于二维光子晶体周期平面方向上对光没有限制,因此要求柱高度或孔高度远大于波长,在THz波段就要求柱高度达到几个毫米,现有加工手段十分困难。如图2.2所示,他们首次将THz光子晶体置于金属PPWG中传输,PPWG支持TEM模式,不仅不受板间隙宽度的限制,同时也是非色散的。他们在理论和实验上证明无间隙地将有限高光子晶体柱夹于PPWG间可等效于无限高二维光子晶体,解决了THz光子晶体的高度问题,使得THz光子晶体的高度可以减小到几十微米。PPWG的使用是THz光子晶体有别于可见与近红外光子晶体的重要特点,也成为解决其他THz平板波导器件高效耦合和传输问题的重要途径。

Grischkowsky等在介质柱表面镀大于$100\ nm$厚的金属膜,就形成了THz金属光子晶体。由于高欧姆损耗,金属光子晶体在光波波段无法实际应用,但理论和实验证明金属光子晶体在THz波段的传输性能是非常优良的,并表现出完

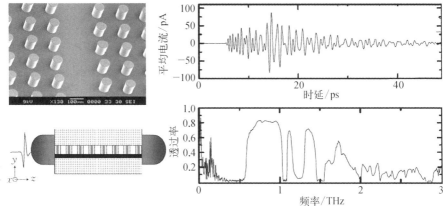

图 2.2

THz 光子晶体、
PPWG 耦合波
导系统及其时
域、频域光谱[2]

全不同于介质光子晶体的带隙特性,这也是 THz 光子晶体的一个重要特点。

Yee 等在 THz 光子晶体平板耦合和传输方面也开展了重要的实验研究工作[5]。他们采用集成高阻硅透镜的方式将 THz 波耦合到光子晶体线缺陷波导中,并测量了光子晶体微腔的谐振谱线和 Q 值,如图 2.3 所示。Mittleman 等在 THz 光子晶体平板的导模谐振效应和超棱镜效应方面开展了大量的理论和实验研究工作[6]。此外,可以将导模谐振效应由光子晶体平板推广至光子晶体柱阵列,并基于这种效应开展 THz 传感研究[7]。

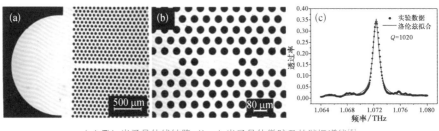

图 2.3
(a) THz 光子晶体线缺陷;(b,c) 光子晶体微腔及其谐振谱线[5]

2.2.3　THz 表面等离子体

1. 表面等离子体的理论基础

表面等离子体(Surface Plasma, SP)是由导体和介质分界面上的自由电子集体振荡产生的一种准静态电磁场模式,它强烈地局域在导体-介质表面并沿表面传播。如图 2.4(a)所示,金属和介质的介电常数分别为 ε_m 和 ε_d,电磁波沿无限宽金属-介质表面的 x 轴方向传播。电磁波有 TM 和 TE 两种偏振模式,将那些非零分量代入求解时谐电磁场的 Helmholtz 方程,并引入金属-介质界面上的连续性边界条件,可以得到 TM 波存在有意义的解:

$$\beta = \frac{\omega}{c}\sqrt{\frac{\varepsilon_d \varepsilon_m}{\varepsilon_d + \varepsilon_m}} \tag{2.21}$$

因此,式(2.21)就是无限宽金属-介质上 SP 波的色散关系,而对 TE 波不存在物理上有意义的解,TE 波不能激发 SP 波,SP 波均为 TM 偏振波。

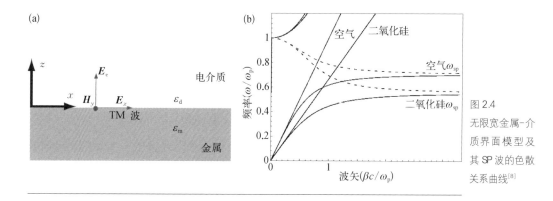

图 2.4
无限宽金属-介质界面模型及其 SP 波的色散关系曲线[8]

图 2.4(b)显示了在不考虑 Drude 模型中金属碰撞频率的情况下式(2.21)所描述的色散关系。当电磁波频率接近表面等离子频率($\omega_{sp} = \omega_p / \sqrt{1+\varepsilon_d}$)时,传播常数 β 趋于无穷大,电磁波的群速度接近于 0,这表明 SP 波强烈地局域在界面上成为强电磁谐振,这是 SP 波的根本特性。图中实线对应着 β 的实部,表示导模,而虚线对应着 β 的虚部,表示束缚和损耗模式,对应的频段也就是 SP 光子禁带。实际中金属都存在碰撞频率,即 ε_m 的虚部不为 0,因此 β 不可能无限大,SP 波沿界面向前传播并存在衰减。传播长度 $L = (2\mathrm{Im}[\beta])^{-1}$ 描述 SP 波的有效传播距离,特征波长 $\lambda_{sp} = 2\pi / \mathrm{Re}[\beta]$ 描述 SP 波在空间中的大小。

SP 的重要应用是以金属材料和微纳米结构为基础的 SP 波导、透镜和传感器等。它可以形成亚波长结构的光子线路,并具有极高的灵敏度。此外,亚波长金属孔阵列的异常透射效应也与 SP 密切相关。

2. 光学异常透射效应

1998 年，Ebbesen 等在研究电磁波与亚波长银膜圆孔阵列相互作用时得到了异常的透射光谱[9]，如图 2.5（b）所示。实验测试的圆孔阵列周期为 900 nm，圆孔直径为 150 nm，在稍大于周期尺寸的波长处，透射光谱中出现了明显的透过率峰。这些透过率峰的强度不仅大于圆孔相对于周期单元的归一化面积，甚至比 Bethe 等在 1944 年提出的经典小孔透射理论所求出的透过率高出若干个数量级。后者提出的经典小孔透射理论认为，光在透过无限薄金属板上的小孔时，其透过率可以由式（2.22）得到。

$$T = \left(\frac{64}{27}\pi^2\right)\left(\frac{D}{\lambda}\right)^4 \tag{2.22}$$

式中，T 为透射率；D 为小孔直径；λ 为电磁波波长。透过率与这两者比值的四次方成反比，如图 2.5（a）所示。然而，图 2.5（b）给出的透射光谱在一些特定的波长处出现了和理论预期不相符的结果，金属孔阵列似乎起到了增强电磁波透射的作用，这种现象被称为光学异常透射（Extraordinary Optical Transmission，EOT）。

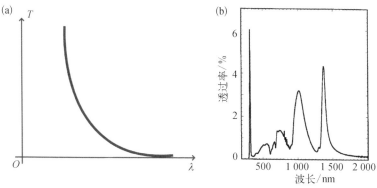

图 2.5　（a）Bethe 等提出的小孔直径与透过率的关系；（b）Ebbesen 等获得的亚波长银膜圆孔阵列透射光谱[9,10]

EOT 现象的发现极大地推动了亚波长人工微结构器件的发展。这是因为受制于传统的小孔透射理论，科研工作者在设计包含金属材料的亚波长微结构时往往会遇到透过率过低的困扰，而 EOT 现象则为这种困扰提供了解决的方法。随后，人们在红外、THz、微波波段都发现了 EOT 现象，并将其广泛地应用到了滤波、传感等领域。

在开发 EOT 现象潜在应用的同时，人们也对这种现象背后蕴藏的物理机理产生了浓厚的兴趣。目前对 EOT 现象较主流的解释有两种，分别是宏观 Bloch 模式和微观表面波模式。宏观 Bloch 模式将金属孔阵列结构看成一个整体，研究这个结构的表面模式对透射波的影响；微观表面波模式研究的结构单位是仅沿一个方向周期排布的单个孔链结构，考虑的是这个孔链结构激发的平整金属表面支持的表面波模式对透射波的影响。对于 THz 波段的 EOT 现象，前一种解释认为赝表面等离子体波增强了金属板结构表面的电场强度，从而提高了整体的透射率，而后一种解释则认为复合衍射倏逝波的存在导致了 EOT 现象。关于这两种解释的争论至今仍无定论。此外，还有人提出了基于复合波模式的解释，认为 EOT 现象是 SP 波和准柱面波共同作用的结果。综上所述，EOT 是一种非常有趣而奇特的现象，对其深层次物理机理的研究更是意义非凡。

3. THz 表面等离子体的特点

由上面的讨论可知，SP 的共振频率 ω_{sp} 与导体的等离子体频率 ω_p 在同一数量级，由式 (2.4) 可知，ω_p^2 正比于导体中的载流子浓度 n。如图 2.6 所示，常见金属的载流子浓度在 10^{23} cm^{-3} 量级，使得 ω_{sp} 位于近红外与可见光波段，而 THz 波远低于这一频率，这就使得 THz 频率下 $\beta \to k_0 n$，即 THz SP 波无法局域在金属-介质表面传播，其与自由空间中的 THz 波性质无异，因此简单金属-介质平面无法支持 THz SP 波。但是比金属载流子浓度低很多的半导体材料能够满足 ω_{sp} 落在 THz 波段的要求。如图 2.6 所示，InSb 的载流子浓度为 1×10^{17} cm^{-3}，它的表面可以支持 THz SP 波。

更重要的是，可以通过设计具有周期性人工微结构的金属或半导体表面，使它的有效介电常数所对应的 ω_{sp} 落在 THz 波段，形成赝表面等离子体。它与无人工微结构的导体-介质表面的 SP 色散关系是相同的，在本书中不加以区别，统称为"表面等离子体结构"。如图 2.7 所示，它的 THz 传输及谐振性质与几何结构有关，而与金属材料性质无关，因此微结构表面等离子体波导成为重要的 THz 人工微结构器件。

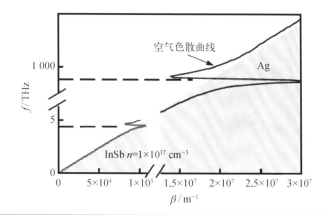

图 2.6
THz 波段 SP 的
色散关系曲线[8]

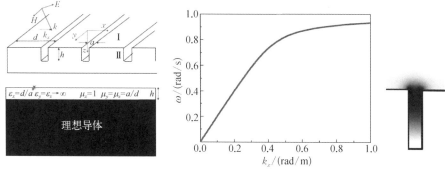

图 2.7
周期结构 SP
波导结构模型
和等效参数、
色散关系,以
及模场分布[8]

THz 波段同样存在亚波长金属孔阵列的异常透射效应,当满足相位匹配条件时,一定频率的入射 THz 波能与 SP 波耦合形成谐振和增强传输,这一相位匹配条件为

$$\boldsymbol{k}_{sp} = \boldsymbol{k}_{/\!/} + \boldsymbol{q} \tag{2.23}$$

式中,$\boldsymbol{k}_{sp}$ 是 SP 波波矢;$\boldsymbol{k}_{/\!/}$ 为入射 THz 波波矢在平行于周期阵列表面的分量;$\boldsymbol{q}$ 为周期阵列提供的附加晶格矢量。若晶格周期为 d,$|\boldsymbol{q}| = 2\pi/d$。图 2.8 所示为 THz 亚波长金属孔阵列结构及其振幅透射光谱线,它在 1.46 THz 处发生强烈的传输增强效应,其正入射振幅透过率远大于 1。

2.2.4 THz 亚波长介质光栅

1. 亚波长介质光栅的传输与各向异性理论基础

广义上的光栅包含二维的周期性柱阵列或孔阵列结构,是一类具有上百年

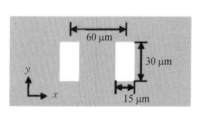

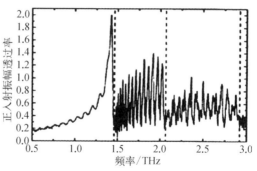

图 2.8
THz 亚波长金属孔阵列结构及其振幅透射光谱线[8]

研究历史的光学器件,其在衍射分光、色散补偿、全息变换等众多领域均有非常重要且历久弥新的应用。图 2.9(a)为传统的衍射光栅,其栅格周期 d 大于入射光的波长 λ。宽带入射光在经过衍射光栅之后会发生衍射,展现出显著的多级色散效应,其衍射场分布可以通过经典的基尔霍夫(Kirchhoff)衍射理论进行分

析。亚波长光栅的栅格周期 d 小于或与入射光的波长 λ 相当。光在透过亚波长光栅传输时可能会出现多种光学异常效应,产生强烈的谐振和偏振相关响应,从而无法用经典的 Kirchhoff 衍射理论进行计算。如图 2.9(b)所示,这些光学异常效应还导致亚波长光栅一般不产生像传统的衍射光栅那样的多级色散效应,对其透射场分布的计算应使用严格耦合波法。

图 2.10 为亚波长介质光栅结构示意图。其主要由基底层和介质光栅层组成。基底层的折射率为 n_0,介质光栅层由折射率高低不同的两种介质构成,其折射率分别为 n_1 和 n_2。一般情况下,基底层材料与高折射率介质光栅层材料相同,即 $n_0 = n_1$。 介质光栅栅

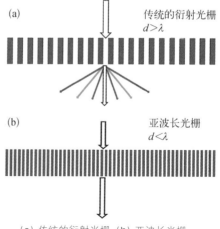

(a) 传统的衍射光栅;(b) 亚波长光栅　图 2.9

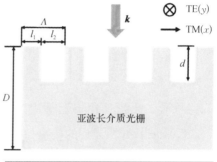

图 2.10
亚波长介质光栅结构示意图,TE 偏振方向沿着 y 轴,TM 偏振方向沿着 x 轴,k 为入射 THz 波波矢

脊宽度为 l_1，栅槽宽度为 l_2，栅格周期为 Λ，高折射率介质的填充系数为 f，整体厚度为 D，栅槽深度为 d，对应入射光的波长为 λ。

类似于单轴晶体，设定光栅的栅脊方向为此单轴器件的主光轴，记作 y 方向，当光波偏振方向与主光轴方向成 $0°$ 和 $90°$ 时分别为 TE 模式和 TM 模式。

对于介质光栅结构，当栅格周期 Λ 远远大于入射光的波长 λ 时，衍射效应起主要作用。当栅格周期 Λ 小于入射光的波长 λ 时，零级衍射独立于介质光栅层的厚度和栅格周期，高阶衍射消失，此时介质光栅层可以等效为各向异性的媒质。这就是等效介质理论，下面详细介绍这一理论。

当介质光栅为亚波长结构时，满足 $\Lambda \ll (\lambda/n_1, \lambda/n_2)$，其中 λ 为入射 THz 波波长，n_1、n_2 分别为两种填充介质的折射率。由于介层光栅层的折射率在一维 x 方向上周期性变化，x 方向上的空间波矢 $\boldsymbol{k}_x$ 为 Bloch 波矢。根据等效介质理论，对于 TE 模式，$\boldsymbol{k}_x$ 和 z 方向的波矢 $\boldsymbol{k}_z$ 的关系满足式(2-24)。

$$\cos(\boldsymbol{k}_x \Lambda) = \cos(\boldsymbol{k}_{1x} f\Lambda)\cos[\boldsymbol{k}_{2x}(1-f)\Lambda]$$
$$- \frac{1}{2}\left(\frac{\boldsymbol{k}_{1x}}{\boldsymbol{k}_{2x}} + \frac{\boldsymbol{k}_{2x}}{\boldsymbol{k}_{1x}}\right)\sin(\boldsymbol{k}_{1x} f\Lambda)\sin[\boldsymbol{k}_{2x}(1-f)\Lambda] \quad (2.24)$$

式中，$\boldsymbol{k}_{1x} = \left[\left(\frac{n_1 \omega}{c}\right) - \boldsymbol{k}_z^2\right]^{\frac{1}{2}}$，其中 c 为真空中的光速，ω 为入射 THz 波角频率；$\boldsymbol{k}_{2x} = \left[\left(\frac{n_2 \omega}{c}\right)^2 - \boldsymbol{k}_z^2\right]^{\frac{1}{2}}$。对于 TM 模式，在正入射条件下，THz 波沿 z 方向传播，即 $\boldsymbol{k}_{1x} = \boldsymbol{0}$，$\boldsymbol{k}_{2x} = \boldsymbol{0}$。在这种情形下，亚波长介质光栅可以等效成一个各向异性的膜结构，求解出 $\boldsymbol{k}_z$，得到 n_{TE} 和 n_{TM} 的解析式。

$$n_{TE}^2 = fn_1^2 + (1-f)n_2^2 \quad (2.25)$$

$$n_{TM}^2 = \left[\left(\frac{1-f}{n_2^2}\right) + \left(\frac{f}{n_1^2}\right)\right]^{-1} \quad (2.26)$$

亚波长介质光栅符合等效介质理论，因此其在 THz 波段可以类似于波片，具有相位延迟和偏振控制的功能，也可以用于定向发射。通常来说，非对称性的周期性表面单元结构可以为器件引入偏振相关的特性，使得器件具有类似于天然晶体一样的双折射效应。当两束偏振态相互正交的入射光通过器件后,会产生相位延迟。基于这种原理,我们可以利用亚波长介质光栅制备 THz 波段的相位延迟器或偏振转换器。

2. 亚波长介质光栅的谐振效应

由于存在多种光学异常效应,亚波长介质光栅的透射光谱会出现一些奇特的现象,如瑞利异常、共振异常和非共振异常等。其中瑞利异常和非共振异常在传统衍射光栅中也经常出现,这里将更多地关注在亚波长介质光栅中经常出现的共振异常。在传输谱线中,共振异常一般表现为平滑而尖锐的谐振峰,如图2.11(b)所示,其通常是由光栅中的引导模式谐振或表面模式谐振引起的。引导模式谐振即导模谐振,如图 2.11(a)所示。入射光在进入光栅内部后将在界面处发生多次反射,形成强烈的谐振,并转化为沿光栅内部传输的引导模式。由于光栅表面周期性结构的存在,这些引导模式并非一般介质光波导中传输的束缚模式,而是一种泄漏模式,在满足式(2.27)的相位匹配条件下可以与自由空间光发生耦合,并从光栅中泄漏出去。

$$\boldsymbol{\beta}_{\text{GM}} = \boldsymbol{k} \sin\theta + m\boldsymbol{G} \tag{2.27}$$

式中,$\boldsymbol{\beta}_{\text{GM}}$ 为引导模式的波矢;$\boldsymbol{k}$ 为反射光的波矢;θ 为透射光的角度;m 为常数,$m=1, 2, 3, \cdots$;$\boldsymbol{G}$ 为栅格的倒格矢,$|\boldsymbol{G}|=2\pi/d$。当泄漏模式与直接反射光发生相长干涉,而与直接透射光发生相消干涉时,在器件的传输谱线上将出现明显的谐振峰。表面模式谐振与导模谐振的基本原理类似,一般在光与金属光

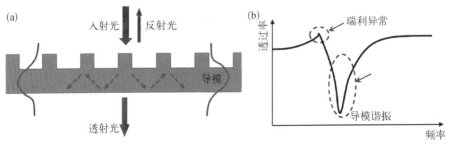

(a) 亚波长介质光栅中的导模谐振;(b) 传输谱线中的瑞利异常和导模谐振　　　图 2.11

栅相互作用时产生。当满足相位匹配条件时，光被耦合为表面等离子体模式，又可以从中解耦合出来，从而对传输性质产生影响。

由于存在导模谐振，亚波长介质光栅表现出与传统衍射光栅截然不同的性质。在近场领域，由于泄漏模式和谐振效应的存在，在光栅表面附近将出现高强度的局域场。利用这一性质，将待测物放在光栅表面附近可以对其进行高灵敏度传感。而在远场领域，由于导模谐振产生的谐振峰具有很高的 Q 值，亚波长介质光栅可以被用来制备高性能的窄带滤波器。然而，在有些应用领域，导模谐振的存在将会对器件的传输性能和色散性质造成不良影响，因此需要极力避免。

2.2.5　THz 超材料

超材料（Metamaterial）的前缀"Meta-"在希腊语中具有"超过"的含义，因此其整体表示那些超越了传统材料的新型材料。2000 年，Smith 等首次提出了"超材料"的概念，并且设计了一种在微波波段同时具备负磁导率和负电导率的结构材料[11]。但也有人认为，"超材料"的概念是由 Walser 在 1999 年提出的[12]。在仅仅几年之后，超材料领域就呈现出了爆发式的发展，基础物理、光学、材料科学、力学和电气工程等多个学科的研究人员从事这一领域的研究工作。超材料作为一种人工微结构材料，其特性是由周期单元结构决定的。超材料尺寸单元通常比波长小，并且它的电磁响应可以用体材料的参数表示。

几个世纪之前，虽然人们对超材料背后的物理机制不甚明了，但是在艺术领域已经实现了对超材料结构的应用。一个著名的例子就是大英博物馆展示的莱克格斯杯，可以追溯到公元 4 世纪。莱克格斯杯（金纳米颗粒镶嵌在红宝石玻璃上）可能是至今人们所知的首个超材料。该超材料结构的散射特性使得这个杯子在白光的照射下，杯体呈现绿色，而当光束透射杯子时，杯体呈现红色。

在现代科学中，当超材料概念还没有被科学家提出时，人工电磁超材料就已经出现了，首个亚波长超材料是由 Bose 于 1898 年设计的"扭曲的黄麻纤维"材料。人造介质常由金属线、球或者平板的周期阵列构成，此类材料被微波工程师深入研究了近半个世纪，这类人造介质就是当前术语中定义的超材料。此外，超材料还包括开口环谐振器、金属丝阵列、双各向异性的手性材料等。

在现代超材料研究领域中,普遍认为有三篇里程碑式的文章。第一篇文章中 Veselago 提出了左手材料,该文章研究了左手材料的非寻常现象,即电场矢量 E、磁场矢量 H、波矢 k 形成左手系[13]。同时,该文章明确地阐述了实现左手材料所需的材料参数,并给出了负电导率和负磁导率的模拟结果。第二篇文章中 Smith 等首次在实验上制备了 Veselago 提出的左手材料,实现了从理论预测到实验验证的巨大飞跃[11]。第三篇文章是 Pendry 等关于完美透镜的工作,该文章填补了新型超材料应用领域的空白[14]。有趣的是,上述三篇文章都集中在了负折射率材料领域。这也是最初超材料吸引科学家研究的原因,过去"超材料"一词几乎等价于左手材料。而现如今,超材料的研究已经远远超出了负折射率材料范畴。许多人工设计的超材料已经表现出了前所未有的电磁特性,这些特性都是天然材料和传统工艺所不能实现的,可以通过人工调控超材料的结构尺寸、排列方式和嵌入材料的方式实现特定的功能。

由于超材料快速地应用于光学通信领域,在现如今的超材料研究分支中,那些能够调制光频段电磁响应的光学超材料是最吸引人和最具挑战的领域。光是传输信息的最终载体,它能够把信息封装在具有零重量和以光速传播的信号中。超材料的蓬勃发展是微纳加工技术和计算电磁设计方面相互结合、相互发展的结果。在高速发展的超材料领域,一些前沿的研究方向正在形成,例如光磁、光学负折射率材料、人工手性、超材料的非线性特性、超材料的超分辨和电磁隐身技术。

近年来,超材料技术研究得到了快速发展。这种非传统的电磁介质具有巨大的研究潜力。由于超材料具有操纵光子的能力,其在光学传感、微型天线、新型波导、亚波长成像、纳米尺度光刻和光子电路方面具有广阔的应用前景。然而,现在的超材料并不完美,它们常常具有高损耗、色散或是各向异性的特点。基于上述问题,研究工作者正逐步优化设计、探索新的物理机制以制备出更加振奋人心的新型功能器件。

大部分电磁现象都可以利用麦克斯韦方程组加以描述和解释,并能够清晰地阐明场、源和材料的内在联系。材料的电磁特性一般由两个材料参数决定:介电常数 ε 和磁导率 μ,它们分别描述材料与电磁波的电场分量和磁场分量的相互作用能力。这两个参数对应着另外两个参数：折射率 $n = \sqrt{\varepsilon\mu}$ 和阻抗 $Z = \sqrt{\mu/\varepsilon}$，它们本质上是宏观有效参数，常被用来表示材料的整体平均响应。在宏观尺度上，晶体是由原子以固定的晶格常数周期性排列组成的。在原子尺度上，在每一个原子或分子中，入射光的电场分量都能够激发出微小的电偶极子，其在特定的时间延迟后能够辐射出能量。由于激发的偶极子能够在晶体中产生一个周期性的局域场——洛伦兹局域场，所以晶体内的场分布是不均匀的。在宏观尺度上，不均匀结构的细节特征和响应是平均的，其相互间的关系可以通过麦克斯韦方程组的宏观场向量表示，如电场矢量 $\boldsymbol{E}$、磁场矢量 $\boldsymbol{H}$、电位移矢量 $\boldsymbol{D}$ 和磁感应强度 $\boldsymbol{B}$，这就是材料介电常数和磁导率的起源。

类似地，超材料的不均匀性尺寸远小于所关注的波长。对于周期性超材料，这种不均匀性尺寸对应着人工结构的晶格常数。虽然在微观尺度上，电磁场与超原子之间的相互作用非常复杂，但是在宏观尺度上，对于光波来讲，超材料可以被认为是一种均匀介质。此外，超材料对外场的电磁响应与传统材料类似，被视为均匀分布，可以利用有效参数（介电常数、磁导率、折射率和阻抗）来表示。这也再次解释了超材料被归类为材料而非器件的原因。从麦克斯韦方程组出发，超材料就是一种具有介电常数 ε 和磁导率 μ 的亚波长单元集合，通过专门设计精细的超原子结构，可以实现前所未有的介质电磁响应特性。

由于超材料对外场的响应主要取决于参数 ε 和 μ，可以利用上述两个电磁参数的空间分布来实现材料分类。图2.12中介电常数实部 ε_r 对应横坐标，磁导率实部 μ_r 对应纵坐标。已知传统透明材料的 ε_r 和 μ_r 都为正数，所以其归属第一象限。当介电常数实部 ε_r 为负数时，在材料内部引起的电（磁）场方向与入射场方向相反。贵金属材料在可见光波段就是典型的负介电常数材料，并且铁磁材料在谐振频率处具有负磁导率。当材料属于第二或第四象限时，两个参数之一为负数，导致其折射率为纯虚数，这种情况下，材料不支持光束传输。在光学领域，所有的传统材料都被限制在虚线 $\mu_r = 1$ 附近的一个极窄区域内，如图2.12所示。

超材料的研究与电磁参数空间的开发创新紧密相关。超材料研究团队主要集中创造那些在电磁参数空间中满足麦克斯韦方程组且具备传统材料所没有的

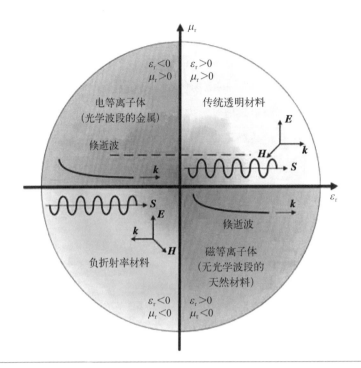

图 2.12
ε_r 和 μ_r 的数空间分布图

特性的材料。研究人员通过扩展电磁参数空间更好地实现了对电磁波的控制。负折射率材料的出现扩展了电磁参数空间的第三象限,这也是以前难以想象的。随着计算技术和制造技术的发展,电磁参数空间中其他区域也将被进一步研究,以便探索更多前所未有的电磁特性。

THz 技术在物理学、材料学、生物学、天文学等领域显示出巨大的应用潜力,但是天然材料无法对 THz 波产生强烈的电或磁响应。通过设计超材料的谐振单元,可以在 THz 波段得到所需要的电磁特性。例如,THz 超材料可以用于发展突破衍射极限的 THz 成像系统,实现完美的 THz 吸收体等。除此之外,THz 超材料也可以用于实现主动调控器件,如开关、调制器和存储器件。

在过去的几十年中,人们提出了各种各样的 THz 超材料谐振单元结构,例如金属线结构、螺旋线结构、开口谐振环结构、金属棒结构、十字结构、渔网结构等。其中一些结构能够在 THz 波段实现单一负介电常数或磁导率,另一些则能够在 THz 波段实现负折射率。

参考文献

［1］ Joannopoulos J D，Johnson S G，Winn J N，et al. Photonic crystals：Molding the flow of light. 2nd ed. New Jersey：Princeton University Press，2008.

［2］ Zhao Y G，Grischkowsky D. Terahertz demonstrations of effectively two-dimensional photonic bandgap structures. Optics Letters，2006，31（10）：1534 - 1536.

［3］ Zhao Y G, Grischkowsky D R. 2 - D terahertz metallic photonic crystals in parallel-plate waveguides. IEEE Transactions on Microwave Theory and Techniques，2007，55（4）：656 - 663.

［4］ Bingham A L，Grischkowsky D. Terahertz two-dimensional high-Q photonic crystal waveguide cavities. Optics Letters，2008，33（4）：348 - 350.

［5］ Yee C M，Sherwin M S. High-Q terahertz microcavities in silicon photonic crystal slabs. Applied Physics Letters，2009，94（15）：154104.

［6］ Jian Z P，Mittleman D M. Characterization of guided resonances in photonic crystal slabs using terahertz time-domain spectroscopy. Journal of Applied Physics，2006，100（12）：123113.

［7］ Prasad T，Colvin V L，Mittleman D M. Dependence of guided resonances on the structural parameters of terahertz photonic crystal slabs. Journal of the Optical Society of America B，2008，25（4）：633 - 644.

［8］ Maier S A. Plasmonics：Fundamentals and applications. Berlin：Springer，2007：25 - 29.

［9］ Ebbesen T W，Lezec H J，Ghaemi H F，et al. Extraordinary optical transmission through sub-wavelength hole arrays. Nature，1998，391：667 - 669.

［10］ Genet C，Ebbesen T W. Light in tiny holes. Nature，2007，445：39 - 46.

［11］ Smith D R，Padilla W J，Vier D C，et al. Composite medium with simultaneously negative permeability and permittivity. Physical Review Letters，2000，84（18）：4184 - 4187.

［12］ Walser R M. Electromagnetic metamaterials//Hodgkinson I J. Complex Mediums II：Beyond Linear Isotropic Dielectrics. Washington：International Society for Optics and Photonics，2001：1 - 10.

［13］ Veselago V G. Electrodynamics of substances with simultaneously negative values of ε and μ. Soviet Physics Uspekhi-USSR，1968，10（4）：509 - 514.

［14］ Pendry J B. Negative refraction makes a perfect lens. Physical Review Letters，2000，85（18）：3966 - 3969.

3

太赫兹
光子器件的仿真与
实验表征基础

3.1 数值仿真方法

3.1.1 时域有限差分法

时域有限差分法(Finite Difference Time Domain Method，FDTD算法)是一种利用计算机对电磁场进行数值计算的方法[1]，可以用来解决太赫兹波在功能器件中的传播问题。其基本思想是将麦克斯韦方程在空间和时间上做离散处理，利用周期性边界条件，将空间网格点的场分布函数随时间的推移进行递推演化，计算电磁场的传播及其与物质的相互作用。在设计太赫兹功能器件时，FDTD算法能够对器件传输特性和场分布特性进行仿真，原则上可以处理超材料、光子晶体和亚波长孔阵列等任意结构的问题，只要空间网格划分足够精细，便可保证计算结果的精确度。

常用的空间网格划分方式为 Yee 网格，其单元结构 Yee 元胞如图 3.1 所示，节点的坐标为 $(i, j, k)=(i\Delta x, j\Delta y, k\Delta z)$，其中 Δx、Δy 和 Δz 分别为节点沿 x、y 和 z 方向的空间步长，于是电磁场函数可表示为

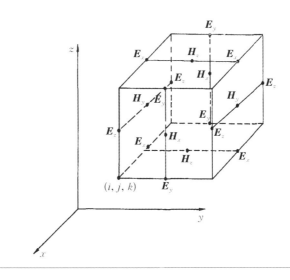

图 3.1
FDTD 算法中的 Yee 元胞

$$\phi(x, y, z, t)=\phi(i\Delta x, j\Delta y, k\Delta z, n\Delta t)=\phi^n_{i, j, k} \tag{3.1}$$

式中，Δt 为时间步长；n 为整数。由式(3.1)可知，电磁场函数 $\phi(x, y, z, t)$ 对

各个变量 x、y、z 和 t 的偏微分可表示为

$$\frac{\partial \phi(x, y, z, t)}{\partial x} = \frac{\partial \phi(i\Delta x, j\Delta y, k\Delta z, n\Delta t)}{\partial x} \approx \frac{\phi_{i+1/2, j, k}^{n} - \phi_{i-1/2, j, k}^{n}}{\Delta x} + O(\Delta x)^2$$

(3.2)

$$\frac{\partial \phi(x, y, z, t)}{\partial y} = \frac{\partial \phi(i\Delta x, j\Delta y, k\Delta z, n\Delta t)}{\partial y} \approx \frac{\phi_{i, j+1/2, k}^{n} - \phi_{i, j-1/2, k}^{n}}{\Delta y} + O(\Delta y)^2$$

(3.3)

$$\frac{\partial \phi(x, y, z, t)}{\partial z} = \frac{\partial \phi(i\Delta x, j\Delta y, k\Delta z, n\Delta t)}{\partial z} \approx \frac{\phi_{i, j, k+1/2}^{n} - \phi_{i, j, k-1/2}^{n}}{\Delta z} + O(\Delta z)^2$$

(3.4)

$$\frac{\partial \phi(x, y, z, t)}{\partial t} = \frac{\partial \phi(i\Delta x, j\Delta y, k\Delta z, n\Delta t)}{\partial t} \approx \frac{\phi_{i, j, k}^{n+1/2} - \phi_{i, j, k}^{n-1/2}}{\Delta t} + O(\Delta t)^2$$

(3.5)

对于 Yee 元胞,电场和磁场各取样节点在空间和时间上呈交替分布,每个磁场分量由四个电场分量环绕,同时每个电场分量也由四个磁场分量环绕,这样的取样方式符合法拉第电磁感应定律和安培环路定理,且适合用麦克斯韦方程进行差分计算,三维空间的麦克斯韦方程的差分形式为

$$\boldsymbol{H}_x \Big|_{i, j, k}^{n+1/2} = \boldsymbol{H}_x \Big|_{i, j, k}^{n-1/2}$$
$$+ \frac{\Delta t}{\phi_{i, j, k}} \left(\frac{\boldsymbol{E}_y \Big|_{i, j, k+1/2}^{n} - \boldsymbol{E}_y \Big|_{i, j, k-1/2}^{n}}{\Delta z} - \frac{\boldsymbol{E}_z \Big|_{i, j+1/2, k}^{n} - \boldsymbol{E}_z \Big|_{i, j-1/2, k}^{n}}{\Delta y} \right)$$

(3.6)

$$\boldsymbol{H}_y \Big|_{i, j, k}^{n+1/2} = \boldsymbol{H}_y \Big|_{i, j, k}^{n-1/2}$$
$$+ \frac{\Delta t}{\phi_{i, j, k}} \left(\frac{\boldsymbol{E}_z \Big|_{i+1/2, j, k}^{n} - \boldsymbol{E}_z \Big|_{i-1/2, j, k}^{n}}{\Delta x} - \frac{\boldsymbol{E}_x \Big|_{i, j, k+1/2}^{n} - \boldsymbol{E}_x \Big|_{i, j, k-1/2}^{n}}{\Delta z} \right)$$

(3.7)

$$\boldsymbol{H}_z \Big|_{i, j, k}^{n+1/2} = \boldsymbol{H}_z \Big|_{i, j, k}^{n-1/2}$$
$$+ \frac{\Delta t}{\phi_{i, j, k}} \left(\frac{\boldsymbol{E}_x \Big|_{i, j+1/2, k}^{n} - \boldsymbol{E}_x \Big|_{i, j-1/2, k}^{n}}{\Delta y} - \frac{\boldsymbol{E}_y \Big|_{i+1/2, j, k}^{n} - \boldsymbol{E}_y \Big|_{i-1/2, j, k}^{n}}{\Delta x} \right)$$

(3.8)

$$\boldsymbol{E}_x \big|_{i,j,k}^{n+1} = \frac{\varepsilon_{i,j,k} - \sigma_{i,j,k}\Delta t/2}{\varepsilon_{i,j,k} + \sigma_{i,j,k}\Delta t/2} \boldsymbol{E}_x \big|_{i,j,k}^{n}$$

$$+ \frac{\Delta t}{\varepsilon_{i,j,k} + \sigma_{i,j,k}\Delta t/2} \left(\frac{\boldsymbol{H}_z \big|_{i,j+1/2,k}^{n+1/2} - \boldsymbol{H}_z \big|_{i,j-1/2,k}^{n+1/2}}{\Delta y} \right.$$

$$\left. - \frac{\boldsymbol{H}_y \big|_{i,j,k+1/2}^{n+1/2} - \boldsymbol{H}_y \big|_{i,j,k-1/2}^{n+1/2}}{\Delta z} \right) \tag{3.9}$$

$$\boldsymbol{E}_y \big|_{i,j,k}^{n+1} = \frac{\varepsilon_{i,j,k} - \sigma_{i,j,k}\Delta t/2}{\varepsilon_{i,j,k} + \sigma_{i,j,k}\Delta t/2} \boldsymbol{E}_y \big|_{i,j,k}^{n}$$

$$+ \frac{\Delta t}{\varepsilon_{i,j,k} + \sigma_{i,j,k}\Delta t/2} \left(\frac{\boldsymbol{H}_x \big|_{i,j,k+1/2}^{n+1/2} - \boldsymbol{H}_x \big|_{i,j,k-1/2}^{n+1/2}}{\Delta z} \right.$$

$$\left. - \frac{\boldsymbol{H}_z \big|_{i+1/2,j,k}^{n+1/2} - \boldsymbol{H}_z \big|_{i-1/2,j,k}^{n+1/2}}{\Delta x} \right) \tag{3.10}$$

$$\boldsymbol{E}_z \big|_{i,j,k}^{n+1} = \frac{\varepsilon_{i,j,k} - \sigma_{i,j,k}\Delta t/2}{\varepsilon_{i,j,k} + \sigma_{i,j,k}\Delta t/2} \boldsymbol{E}_z \big|_{i,j,k}^{n}$$

$$+ \frac{\Delta t}{\varepsilon_{i,j,k} + \sigma_{i,j,k}\Delta t/2} \left(\frac{\boldsymbol{H}_y \big|_{i+1/2,j,k}^{n+1/2} - \boldsymbol{H}_y \big|_{i-1/2,j,k}^{n+1/2}}{\Delta x} \right.$$

$$\left. - \frac{\boldsymbol{H}_x \big|_{i,j+1/2,k}^{n+1/2} - \boldsymbol{H}_x \big|_{i,j-1/2,k}^{n+1/2}}{\Delta y} \right) \tag{3.11}$$

空间步长和时间步长的取值越小,对计算机配置的要求越高,计算所需时间越长,计算结果越精细。另外,时间步长 Δt 的取值与空间步长 Δx、Δy 和 Δz 有关,需满足如下条件:

$$c\Delta t < \frac{1}{\sqrt{(1/\Delta x^2 + 1/\Delta y^2 + 1/\Delta z^2)}} \tag{3.12}$$

否则将影响电磁场数值计算结果的稳定性。

此外,FDTD算法受计算机中央处理器和内存的限制,只能在有限的区域进行模拟计算,这就要求在计算区域的边界上对电磁场分布进行限制,通过在有限的空间里施加边界条件可以实现无限空间的计算。我们在器件的仿真过程中采用的边界条件均为完美匹配层(Perfectly Matched Layer,PML),它将电磁场分量在计算区域边界处分解,并对每个被分解的分量进行损耗,这样就相当于在计算网格的边界处设置了一种特殊的吸收介质,其波阻抗与相邻介质的波阻抗完美匹配,电磁波将无反射地进入 PML 消耗殆尽,对于计算区域内的电磁波而言等同于在无限大的空间上传播。

3.1.2 有限元法

有限元法(Finite Element Method,FEM)是一种频域算法[2],其基本思想是把连续的几何结构离散成有限个单元,并在每一个单元中设定有限个节点,从而将连续体看作仅在节点处相连接的一组单元的集合体,同时在每一个单元中假设一个近似插值函数以表示单元中场函数的分布规律,再建立用于求解节点未知量的有限元方程组,从而将一个连续域中的无限自由度问题转化为离散域中的有限自由度问题。这种区域分割的方法与 FDTD 算法不同,FDTD 算法采用网格切分,只要求求出子区域网格结点上的场值,实际上仍采用点逼近。而 FEM 用简单的子单元逼近,每一个子单元上都用一个简单函数描述,求出的结果则是小单元的平均近似解。典型的基于 FEM 的数值模拟软件有 COMSOL 中的射频模块等。

与 FDTD 算法的矩形或长方体网格不同,FEM 的网格多是三角形或三棱体,因此其在进行局部网格加密时更加方便,特别适合于处理具有复杂几何形状物体和边界的问题。此外,频域算法是对所求域内的频率点逐点计算,在求解稳态电磁分布、计算窄带电磁波传输、处理非均匀色散介质等方面更加有利。当所求电磁场包含强烈谐振而导致其时域信号非常长时,使用 FEM 比使用 FDTD 算法更加高效。

3.1.3 平面波展开法

求解周期性结构的光子带隙是研究其电磁性质的基本方法,即求解特定波矢的本征值问题,比较常用的方法有 FDTD 算法和平面波展开法(Plane Wave Expansion Method,PWE 算法)[3]。PWE 算法以布洛赫定理为基础,先对某一入射波矢 k 用平面波的方式展开,然后将麦克斯韦方程组化为一个本征方程组,进而求解 k 的一系列频率本征值。相比于 FDTD 算法,PWE 算法更加精确和高效。

在求解光子带隙时,只需要给出周期结构的重复单元即可。为了避免计算边界处网格划分、材料突变引起的计算误差,一般将结构继续向外延伸,使其略大于计算区域。有些仿真软件(如 Rsoft 软件的 Bandsolve 模块)在计算光子带隙时会计算出结构在 k 空间内所有的色散关系曲线,这时只需要正确地判定结构的晶胞类型,合理地划定第一布里渊区即可。如果只关心沿某一传播方向的传输带隙,则需要在这个方向设置弗洛奎特周期性边界条件,其他边界则根据所求物理模型的不同而分别设置。从 0 到 π rad 对弗洛奎特周期性边界条件的相位进行扫描,分别计算各种相位下的特征频率,就可以得到结构沿该方向传播时的色散关系曲线。位于各条色散关系曲线之间,没有特征波矢与之对应的频段就是光子带隙。

3.2 太赫兹时域光谱技术

随着太赫兹波的产生和探测技术的不断发展,以及太赫兹功能器件的改进,太赫兹时域光谱系统作为主要的太赫兹研究手段正不断地发展。严格意义上的第一套太赫兹时域光谱系统是由 Exter 等于 1989 年搭建的[4]。后来,他们利用该系统对水蒸气进行了测量,首次获得了水蒸气在太赫兹波段的时域光谱,并通过傅里叶变换得到水蒸气在太赫兹频域的吸收谱线。通过将样品信号和参考信号进行对比分析,得到了水蒸气在 0.2~1.45 THz 内最强的九条吸收谱线及其准确的频率位置。随着太赫兹功能器件研究的发展和更多新材料的应用,太赫兹时域光谱技术也向着具有更宽的可测量带宽、更快的扫描速率、更大的信号传输能量、更高的频率分辨率等方向不断发展。

与其他光谱技术相比,太赫兹时域光谱技术的特点主要如下:

(1) 太赫兹时域光谱系统一般具有 0.1~4 THz 的带宽,可测量的光谱范围大;

(2) 太赫兹时域光谱系统可以在室温下运行,避免了复杂的制冷系统;

(3) 太赫兹时域光谱系统可以进行皮秒量级的时间分辨率的测量,可以研究样品在皮秒、亚皮秒时间单位内的瞬时变化过程;

(4) 利用太赫兹时域光谱系统不仅可以测量得到太赫兹脉冲的振幅信号,还可以同时得到太赫兹脉冲传播的相位信息;

（5）太赫兹时域光谱系统具有非常高的信噪比，一般可达 10^4 以上。

3.2.1　太赫兹时域光谱系统的基本结构

透射模式的太赫兹时域光谱系统主要由四部分组成：飞秒激光、太赫兹波发射源和探测器、光路延迟线及光路控制器件。以太赫兹光导天线为发射源和探测器的系统为例，其基本组成如图 3.2 所示。在太赫兹时域光谱系统中，由激光器发出的飞秒激光脉冲被分光镜分为泵浦光和探测光，分别沿泵浦路径和探测路径传播。在太赫兹波发射端，泵浦光沿泵浦路径经反射镜会聚于光导天线（Photoconductive Antenna，PCA）或非线性晶体上，激发出太赫兹波。然后，利用一对离轴抛物面反射镜将所发出的太赫兹波准直并会聚于样品上。经过样品之后，载有样品性质信息的太赫兹波经另一对离轴抛物面反射镜准直和会聚后，被 PCA 探测器接收。在太赫兹波探测端，探测光经过延迟光路后被反射镜会聚在 PCA 探测器上，PCA 探测器输出与太赫兹信号相关的电流信号，经锁相放大器放大后得到最终的测量信号，再经傅里叶变换得到相应的太赫兹频谱。图 3.3 所示为太赫兹时域光谱系统的光路示意图。

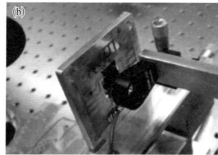
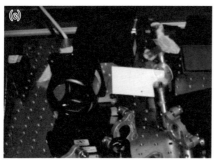

（a）飞秒激光；（b）太赫兹波发射源和探测器；（c）光路延迟线；（d）光路控制器件

图 3.2
太赫兹时域光谱系统基本组成

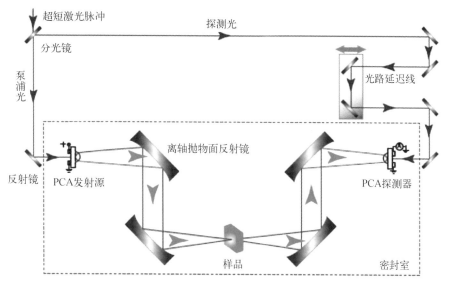

超短激光脉冲

探测光

分光镜

泵浦光

光路延迟线

离轴抛物面反射镜

反射镜

PCA发射源

PCA探测器

样品

密封室

图 3.3
太赫兹时域光
谱系统的光路
示意图

3.2.2　太赫兹时域光谱测量原理

1. 透射模式测量下样品电磁参数的提取

假设入射太赫兹波为频率为 ω、传播方向为 z 方向的单色平面波，入射到复折射率 $\tilde{n} = n + \mathrm{i}\kappa$ 的样品上，则太赫兹波可表示为

$$E(z, t) = E_0 \exp\left\{\mathrm{i}\left(\omega t + \frac{\tilde{n}\omega}{c}z\right)\right\} = E_0(t)\exp\left\{\mathrm{i}\,\frac{n\omega}{c}z\right\} \cdot \exp\left\{-\frac{\kappa\omega}{c}z\right\}$$

$$(3.13)$$

式中，$E_0(t) = E_0\mathrm{e}^{\mathrm{i}\omega t}$ 表示入射到样品前的太赫兹波形。设样品的厚度为 d，则频域内透射的太赫兹波可表示为

$$E(\omega) = E_0 \exp\left\{\mathrm{i}\,\frac{n(\omega)\omega}{c}d\right\}$$

$$(3.14)$$

带有样品信息的太赫兹波可表示为

$$E_{\mathrm{sam}}(\omega) = E_0 \exp\left\{\mathrm{i}n(\omega)\omega\,\frac{d}{c}\right\} \cdot \exp\left\{-\kappa(\omega)\omega\,\frac{d}{c}\right\}$$

$$(3.15)$$

参考信号可视为通过与样品厚度相同的真空区域后的太赫兹波（$n=1$，$\kappa=0$），可表示为

$$E_{\text{ref}}(\omega)=E_0\exp\left\{\mathrm{i}\omega\,\frac{d}{c}\right\}E_{\text{ref}}(\omega)=E_0(\omega)\exp\left\{\mathrm{i}\omega\,\frac{d}{c}\right\} \tag{3.16}$$

式(3.15)、式(3.16)相比可以得到

$$\frac{E_{\text{sam}}(\omega)}{E_{\text{ref}}(\omega)}=A\mathrm{e}^{\mathrm{i}\Phi}=\frac{4n(\omega)}{\left[n(\omega)+1\right]^2}\exp\left\{-\kappa(\omega)\,\frac{d}{c}\right\}\bullet\exp\left\{\mathrm{i}[n(\omega)-1]\omega\,\frac{d}{c}\right\} \tag{3.17}$$

式中，A 为透射模式测量下的振幅比；ϕ 为相位差。所以，可以直接得到样品的折射率为

$$n=n(\omega)=1+\frac{\Phi c}{\omega d} \tag{3.18}$$

和样品的吸收系数为

$$\alpha=-\frac{2}{d}\ln\left[\frac{(n+1)^2}{4n}A\right] \tag{3.19}$$

2. 反射模式测量下样品电磁参数的提取

反射模式测量下对待测样品电磁参数的提取与透射模式测量类似，根据菲涅耳公式，在垂直入射和反射面为平面的情况下，反射波可以表示为

$$E(\omega)=-E_0\,\frac{\tilde{n}'-\tilde{n}}{\tilde{n}'+\tilde{n}} \tag{3.20}$$

式中，$\tilde{n}$ 为反射前入射太赫兹波所在样品的复折射率；$\tilde{n}'$ 为产生反射的样品的复折射率；$E_0(\omega)$ 表示入射波。将带有样品信息的太赫兹波电场强度与无样品信息的参考信号电场强度相比，得到

$$\frac{E_{\text{sam}}(\omega)}{E_{\text{ref}}(\omega)}=|\,r\,|\,\mathrm{e}^{\mathrm{i}\Phi}=\frac{\tilde{n}-1}{\tilde{n}+1} \tag{3.21}$$

式中，ϕ 为相位差。其中，假设入射太赫兹波由空气入射，且参考信号来自对太

赫兹波完美反射的反射表面,在实际实验系统中一般采用镀金或镀银平面反射镜来近似实现。将复折射率 $\tilde{n}=n+\mathrm{i}\kappa$ 代入式(3.21),得到

$$|r|\,\mathrm{e}^{\mathrm{i}\Phi}=\frac{n+\mathrm{i}\kappa-1}{n+\mathrm{i}\kappa+1} \tag{3.22}$$

式中,r 为反射模式测量下的振幅比。由此,可以得到样品的折射率和吸收系数为

$$n=\frac{1-|r|^2}{1+|r|^2-2|r|\cos\Phi} \tag{3.23}$$

$$\alpha=\frac{4\pi\omega}{c}\cdot\frac{2|r|\sin\Phi}{1+|r|^2-2|r|\cos\Phi} \tag{3.24}$$

值得注意的是,在反射模式测量中,由于参考信号由反射镜提供,所以反射镜与样品位置上的误差就会强烈影响测量结果中信号相位的变化,从而影响折射率和吸收系数的计算提取。

由式(3.24)可得,当 $r=1$ 且 $\Phi=0$ 时,吸收系数达到最大值,此时

$$\alpha\approx\frac{4\pi\omega}{c}\cdot\frac{2\Phi}{(1-|r|)^2+\Phi^2} \tag{3.25}$$

3.2.3 太赫兹时域光谱系统的衍生系统

太赫兹时域光谱系统是太赫兹研究中重要的测量系统,为了满足不同的测量目的和条件要求,人们对太赫兹时域光谱系统进行了各种改进。

1. 反射式太赫兹时域光谱系统

反射式太赫兹时域光谱系统是测量对太赫兹波全反射或半反射材料的系统。根据菲涅耳定律,反射率与样品材料的复折射率有关,所以从反射信号中也可以提取样品材料的参数信息。与透射式太赫兹时域光谱系统相比,反射式太赫兹时域光谱系统中的探测部分不放置在样品之后,而是放置于与入射的太赫兹波方向成一定角度的位置(对应于斜入射反射测量情况),或者是利用放置于入射光路中的半透半反镜将探测信号反射到探测器上(对应于正入射反射测量

情况)。反射式太赫兹时域光谱系统大体上可以分为两种。一种是单反射式太
赫兹时域光谱系统,入射太赫兹波在样品表面反射一次,直接被 PCA 探测器接
收,如图 3.4 所示。另一种是双反射式太赫兹时域光谱系统,也称为自参考结
构,需要在样品表面加工一层高阻硅透射窗结构。测量时,太赫兹波探测器所接
收到的信号包含了太赫兹波在窗口材料与空气交界面上的第一次反射信号,以
及太赫兹波在窗口材料与样品材料交界面上的第二次反射信号,如图 3.5 所示。
探测到的这两个反射信号分别作为参考信号和样品信号来计算样品参数。

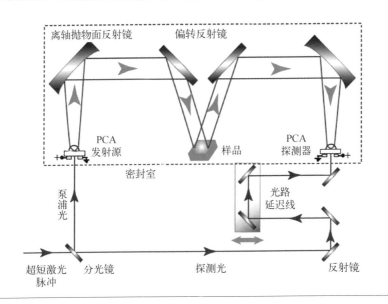

图 3.4
单反射式太赫兹
时域光谱系统的
光路示意图

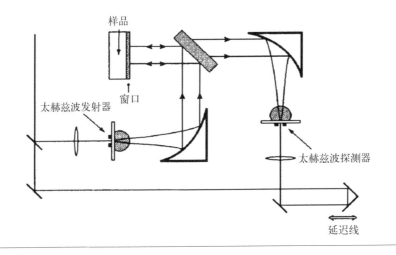

图 3.5
双反射式太赫兹
时域光谱系统的
光路示意图

2. 差分式时域光谱系统

在普通的太赫兹时域光谱测量中,锁相放大器仅对与斩波器同频率且同相位的输入信号进行放大并测量。这样能够有效地屏蔽其他频率上的噪声信号,有利于提高系统测量的信噪比。但是,锁相放大器对于太赫兹波本身可能携带的噪声信号则没有办法消除。差分式时域光谱系统是一种直接测量参考信号和样品信号之间差异的系统,避免了当样品对太赫兹波的调制度很低时,太赫兹波所包含的样品信息容易被自带噪声湮没,从而能够有效提高对于此类样品光谱的测量精度。差分式时域光谱系统示意图如图3.6所示。其中样品并不固定,而是与参考物体一起以一个较低频率摆动,交替通过太赫兹波照射范围。接收端使用双重锁相放大器,前一台锁相放大器使用斩波器或其他光学调制器件的频率作为参考频率,其输出信号输入到后面串联着的以样品摆动频率为参考频率的第二台锁相放大器中。这种方法可以用来准确测量微米量级的超薄样品的光学参数,还可以用来对分子之间亲和力进行传感测量,也可以对单层细胞变化、极性液体等样品进行实时测量。

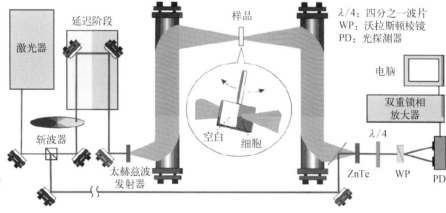

图 3.6
差分式时域光谱
系统示意图[5]

3. 太赫兹波导光谱系统

太赫兹波导光谱系统是指将太赫兹波导器件(如平行金属板波导、金属线波导等)与太赫兹时域光谱系统相结合所构成的系统。太赫兹波导器件的使用能够有效减小太赫兹波在传播过程中的损耗,增强太赫兹波与样品的相互作用,使测

3 太赫兹光子器件的仿真与实验表征基础

量更加精确。以平行金属板波导太赫兹时域光谱系统为例,其结构如图3.7所示。

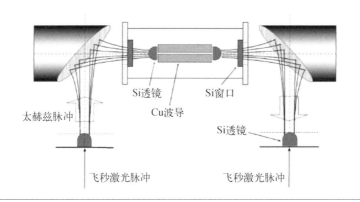

太赫兹脉冲

Si透镜　　　　Si窗口

Cu波导

Si透镜

飞秒激光脉冲　　　　　飞秒激光脉冲

图 3.7
平行金属板波
导太赫兹时域
光谱系统的
结构

4. 空间扫描太赫兹光谱成像系统

空间扫描太赫兹光谱成像系统是在太赫兹时域光谱系统的基础上发展起来的,可以测量样品一个区域的光谱数据。其与普通的太赫兹时域光谱系统的不同之处在于,在原本样品的位置上放置了一个二维平移台,被测样品固定于平移台上。通过调整平移台,被测样品可以在垂直于入射太赫兹波的平面上移动,从而实现对样品区域的二维扫描。二维平移台由计算机程序控制,可以随着光谱系统的测量同步移动,扫描精度由太赫兹波聚焦在样品上的光斑大小决定,样品每一点的透射或反射的时域光谱都被依次记录,最终形成物体的整体太赫兹光谱图像。与普通光学成像不同的是,这种扫描成像的每个像素点都可以构成一个完整的太赫兹脉冲时域波形。空间扫描太赫兹光谱成像系统不仅能够获得样品的图像信息,还能够由每个像素点的光谱信息得到样品各部分的物质组成。通过太赫兹波的相位分析还可以确定样品的折射率分布或各部分厚度分布,如图3.8和图3.9所示。

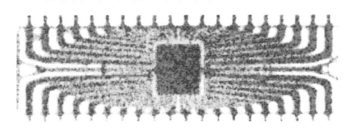

封装半导体集成电路的太赫兹成像(塑料封装)

图 3.8
空间扫描太赫
兹光谱成像系
统测量芯片[6]

(a) 刚割下的叶子　　(b) 48 h后　　(c)

水分含量

图 3.9
空间扫描太赫
兹光谱成像系
统测量树叶[7]

(a) 新鲜树叶的太赫兹成像,太赫兹波的衰减主要是由于树叶中的水分蒸发;(b) 同一片树叶 48 h后的太赫兹成像,除了茎秆部分,水分已经基本蒸发了;(c) 水分含量的颜色尺,颜色越深则水分越多

5. 二维太赫兹电光成像系统

由于需要逐点扫描,而且扫描点的移动是依靠机械平移的,所以空间扫描太赫兹光谱成像过程非常耗时。为了缩短成像时间,基于二维探测阵列和电光晶体的泵浦-探测原理的二维电光成像技术得到了快速发展,如图 3.10 所示。由样品透射或反射的太赫兹波直接调制电光晶体,探测光经过被太赫兹波调制的电光晶体后再成像到电荷耦合器件(Charge Coupled Device,CCD)相机中,可以直接获得能够反映经样品后太赫兹波强度分布的光学图像。

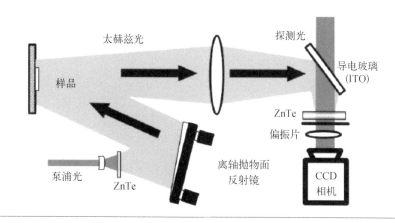

太赫兹光　　　　　　探测光

样品　　　　　　　　　　　　导电玻璃
　　　　　　　　　　　　　　(ITO)

　　　　　　　　　　　　　　ZnTe
　　　　　　　　　　　　　　偏振片

泵浦光　ZnTe　离轴抛物面　CCD
　　　　　　　　反射镜　　　相机

图 3.10
二维太赫兹电
光成像系统示
意图[8]

参考文献

［1］ 葛德彪,闫玉波.电磁波时域有限差分方法.2 版.西安：西安电子科技大学出版社,2005.

［2］ 金建铭.电磁场有限元方法.王建国,译.西安：西安电子科技大学出版社,1998.

［3］ Sukhoivanov I A, Guryev I V. Photonic crystals：Physics and practical modeling. Berlin：Springer，2009.

［4］ van Exter M，Fattinger C，Grischkowsky D. Terahertz time-domain spectroscopy of water vapor. Optics Letters，1989，14(20)：1128 - 1130.

［5］ Mickan S P, Lee K S, Lu T M, et al. Double modulated differential THz - TDS for thin film dielectric characterization. Microelectronics Journal，2002，33（12）：1033 - 1042.

［6］ Hu B B，Nuss M C. Imaging with terahertz waves. Optics Letters，1995, 20(16)：1716 - 1718.

［7］ Mittleman D M, Jacobsen R H，Nuss M C. T ray imaging. IEEE Journal of Selected Topics in Quantum Electronics，1996，2(3)：679 - 692.

［8］ Jiang Z P，Zhang X C. Single-shot spatiotemporal terahertz field imaging. Optics Letters，1998，23(14)：1114 - 1116.

太赫兹
调制器件

4.1 THz 相变光子晶体调制器

金属光子晶体与介质光子晶体在带隙与传输性质上存在明显差异,如果选择合适的材料和器件结构,并在外场调控下实现两类光子晶体间的转变,将可以大大扩展器件的功能。本节首先介绍 VO_2 材料的相变特性,然后介绍光泵浦下镀 VO_2 薄膜的硅光子晶体的传输特性。通过光泵浦,可以在同一器件中实现介质光子晶体、金属光子晶体和表面等离子体阵列,并在三种状态间进行光控转变。

4.1.1 VO_2 相变及其在 THz 波段的性质

VO_2 是一种具有相变性质的金属氧化物,能在温度 $T_c = 340$ K 时发生绝缘体-金属相变(Insulator-Metal Transition,IMT)效应[1]。其晶格结构从三斜晶系(介质相)转变为四方晶系(金属相),其电导率等电磁参数将伴随着相变过程剧烈变化。除了热激励外,VO_2 的 IMT 也可由激光或外加电场实现皮秒量级的高速激发。

在 THz 波段,大量实验证实 VO_2 薄膜及其平面人工微结构可以有效地对 THz 波进行调制。通过热、光、电等方式,可以将 VO_2 的电导率改变 3~5 个数量级(单位: S/m)。介质相 VO_2 薄膜在 THz 波段的介电常数 $\varepsilon_i = 9$,可以认为对 THz 波无损透明。这使得 THz 波可以低损耗地透过介质相 VO_2 薄膜,而发生相变后,THz 波无法透过金属相 VO_2 薄膜。金属相 VO_2 薄膜的介电常数 ε_m 和电导率 σ_m 遵循式(2.3)~式(2.9)所描述的 Drude 模型,即其介电性质主要由直流电导率的大小决定,这个值可达 2.7×10^5 S/m。因此,金属相 VO_2 薄膜在 THz 波段显示出较强的金属性,但与电导率为 10^7 量级的常见金属(如铜、金、银等)相比,其具有较强的欧姆损耗和更大的趋肤深度,不能简单地看作理想金属。

在 IMT 过程中,VO_2 存在一系列中间态,它们的电导率介于介质相和金属相之间。这些中间态可以解释为介质相和金属相晶格在微观上共存,并分别占有一定比例。VO_2 的宏观介电常数在相变过程中随这一比例的变化可以用有效介质理论模型很好地描述[2]：

$$\varepsilon_{eff} = \frac{1}{4}\{\varepsilon_i(2-3f) + \varepsilon_m(3f-1) + \sqrt{[\varepsilon_i(2-3f) + \varepsilon_m(3f-1)]^2 + 8\varepsilon_i\varepsilon_m}\}$$

(4.1)

式中，f 为金属相在整个晶格中占有的体积分数。在温度调控的情况下，f 可由玻耳兹曼分布进行描述：

$$f = 1 - \frac{1}{1 + \exp[(T - T_c)/\Delta T]}$$

(4.2)

式中，T_c 为相变温度；ΔT 为升温和降温过程的迟滞温度。由式(2.3)、式(2.8)、式(4.1)、式(4.2)可以求得图 4.1 所示的 VO_2 薄膜有效电导率随温度变化的曲线，其中升温过程中的相变温度 $T_c = 68℃$，而降温过程中的相变温度 $T_c = 62℃$，$\Delta T = 6℃$。通过图 4.1 可以看出，VO_2 的有效电导率 σ_{eff} 可以在 $10 \sim 2.7 \times 10^5$ S/m 连续变化，电控或光控过程也有类似的电导率变化，这些 VO_2 电磁参数将会应用到本节后面的分析中。

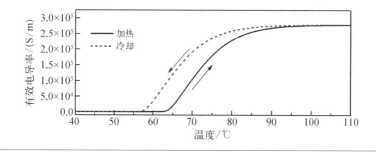

图 4.1
VO_2 薄膜有效电导率随温度（加热和降温过程）变化的曲线

4.1.2 THz 相变光子晶体波导的结构与能带特性

相变光子晶体波导的结构示意图如图 4.2 所示，侧壁镀有 VO_2 薄膜的高阻硅光子晶体柱阵列置于 PPWG 间，中间有线缺陷形成的光子晶体波导结构。前文已阐明当有限高度的光子晶体置于 PPWG 中时，其会表现出无限柱高的二维光子晶体的能带和传输性质。光子晶体的晶格周期 $a = 120\ \mu m$，半径 $r =$

38.5 μm，柱高为 120 μm，VO₂薄膜厚度为 1 μm，这一几何尺度可以使器件工作在 1 THz 附近。

当 VO₂薄膜处于介质相时，由高阻硅和 VO₂组成的器件将显示出介质光子晶体波导的性质；当 VO₂薄膜处于金属相时，由于 VO₂在 THz 波段的趋肤深度小于或等于 VO₂的薄膜厚度，因而器件显示出金属相光子晶体波导的性质。这里采用 FEM 计算不同状态下相变光子晶体的能带结构，采用图 4.2(c) 所示的沿波导传播方向上的周期性边界条件，入射波偏振方向为 TE 偏振波（即电场矢量方向沿相变光子晶体柱轴线方向），结果如图 4.3 所示。对于图 4.3(a) 所示的介质光子晶体能带结构，图中黄色阴影区对应的模式为波导导模，THz 波能在这些频带范围内沿波导传输；其余模式为泄漏模式，泄漏模式可以进入波导但会随着传输迅速泄漏到波导外的空间中。对于图 4.3(b) 所示的金属光子晶体能带结构，没有任何模式对应的频带为禁带，光不能进入波导，在端口处被全部反射。

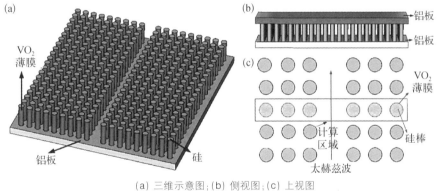

图 4.2
相变光子晶体波导的结构示意图[3]

(a) 三维示意图；(b) 侧视图；(c) 上视图

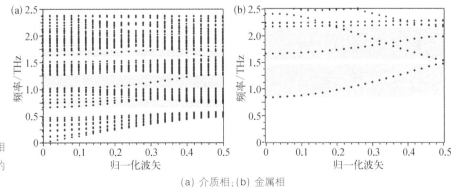

图 4.3
不同状态下相变光子晶体的能带结构图[3]

(a) 介质相；(b) 金属相

介质光子晶体波导在1 THz附近有两个导模,分别位于0.68~0.8 THz和1.02~
1.25 THz,其他频率均对应泄漏模式,不能支持 THz 波传输。如图 4.3(b)所示,
金属光子晶体的第一导模位于 0.8~1.45 THz,可见在相变前后,相变光子晶体
波导的能带结构发生了明显变化。

4.1.3 THz 相变光子晶体波导的传输与调控特性

采用 FDTD 算法模拟相变光子晶体在不同状态下的 THz 波传输谱线,如图
4.4 所示。为了保证模拟精度,FDTD 算法的空间最小网格为 100 nm,约为 VO_2
薄膜厚度的1/10。图 4.4(a)显示了两个极端情况,即完全的介质相和金属相,它
们的通带都分别与图 4.3 所示的导带范围很好地吻合,并从 0.68~0.8 THz 和

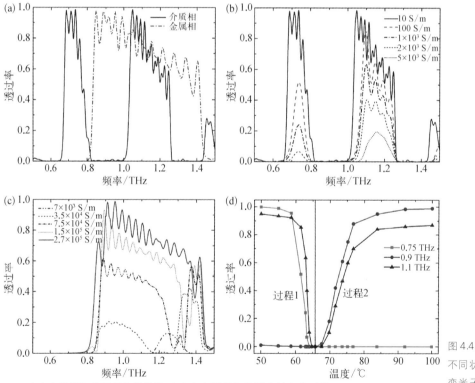

(a) 介质相和金属相传输谱线;(b) 由介质相向损耗态转变的过程 ($\sigma_{\text{eff}} = 10 \sim 5\,000$ S/m);
(c) 由损耗态向金属相转变的过程 ($\sigma_{\text{eff}} = 7\,000 \sim 2.7 \times 10^5$ S/m);(d) 0.75 THz、0.9 THz 和 1.1 THz
处的透过率随温度升高的变化曲线

图 4.4
不同状态下相
变光子晶体的
THz 波 传 输
谱线[3]

1.02～1.25 THz 大范围地移动到 0.8～1.45 THz,因此,器件可以实现在 0.68～
0.8 THz、1.02～1.25 THz 和 0.8～1.45 THz 三个频带上的可控带通滤波。

图 4.4(b)和图 4.4(c)进一步显示了 VO_2 相变过程对器件传输性质的演化规
律,整个转变可以分为两个过程。在图 4.4(b)所示的第一个过程中,随着 VO_2
有效电导率的增加($\sigma_{eff}=10\sim5\,000$ S/m),通带透过率开始下降,带宽变窄,对应
着相变光子晶体波导由介质相向损耗态转变的过程,它实现了在 0.68～0.8 THz
和 1.02～1.25 THz 频带上的强度调制。当 σ_{eff} 进一步增大($\sigma_{eff}=7\,000\sim2.7\times$
10^5 S/m)时,器件进入图 4.4(c)所示的第二个过程,上述两个通带消失,但同时
出现一个新的通带,它的透过率随有效电导率的增大而升高,带宽变宽。当
$\sigma_{eff}=2.7\times10^5$ S/m 时,谱线接近于图 4.4(a)所示的理想金属光子晶体的谱线。
因此,第二个过程是相变光子晶体波导由损耗态转变到金属相的过程,可以在
0.8～1.45 THz 频带上实现强度调制。在上述两个调制过程中,相变光子晶体的
调制深度和滤波谱线形状都明显优于过去报道的超材料调制器,其在 1 THz 附
近的调制深度大于 90%,工作带宽大于 150 GHz。

这里以温度调控为例说明器件对不同频率 THz 波的调制情况。图 4.4(d)
显示了相变光子晶体在 0.75 THz、0.9 THz、1.1 THz 处的透过率随温度升高的
变化曲线,这些调制过程都能与图 4.1 所示的有效介质理论模型相吻合。在图
4.4(d)中,在 65℃处能够清晰地区分上面提到的两个调制过程,但不同 THz 频
段的调制行为又是截然不同的。对于 0.75 THz 及其附近频段,随着温度上升
(60～65℃),其透过率从接近 100%急剧下降到 0,温度超过 65℃后依然保持为
0;0.9 THz 及其附近频段却相反,其透过率开始时接近 0,当温度超过 65℃(65～
75℃)后,其透过率逐渐上升到 90%以上;而对于 1.1 THz 及其附近频段,随着温
度上升,其透过率经历了从 95%下降到 0(50～65℃)、再从 0 上升到 87%(65～
100℃)的过程。这三个频率分别代表了器件在外加激励下的三种典型调制行
为:第一个是从透射到损耗;第二个是从损耗到透射;第三个是从透射到损耗再
到透射。这种新的调制机制源于 VO_2 相变过程中器件光子带隙的剧烈变化。

图 4.5 为采用 FDTD 算法模拟的器件在不同频率和状态下的稳态场分布。
在关闭状态下,THz 波能够耦合到介质光子晶体波导中,然后在传输中泄漏到

两边的空间中，如图 4.5(a)所示；图 4.5(d)所示的 THz 波不能耦合到金属光子晶体波导中，所有能量都被波导端口反射。在开状态下，图 4.5(b)所示的 THz 波全部约束在金属光子晶体波导中传输；图 4.5(c)所示的 THz 波有部分能量分布在波导两边的介质光子晶体柱中传输。这些稳态场分布也显示出相变光子晶体在介质相和金属相下对 THz 波具有不同的传输性质。

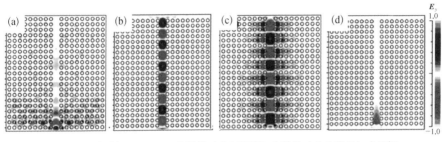

(a) 1 THz 介质相；(b) 1 THz 金属相；(c) 0.75 THz 介质相；(d) 0.75 THz 金属相

图 4.5
器件在不同频率和状态下的稳态场分布[3]

没有人工微结构的空白 VO_2 薄膜对 THz 波具有宽带强度调制性质。图 4.6(a)显示了不同厚度、不同电导率的 VO_2 薄膜的 THz 透射光谱线。将其与图 4.4 比较，可以发现相变光子晶体波导结构显著地提高了 VO_2 薄膜的调制深度和灵敏度。例如，2 000 S/m、1 μm 厚的 VO_2 薄膜对 THz 波的调制深度仅为 10%，而镀相同 VO_2 薄膜的相变光子晶体波导的调制深度却接近 90%，因此在相同激励下，后者将得到更大的调制深度。此外，相比于相变光子晶体波导丰富

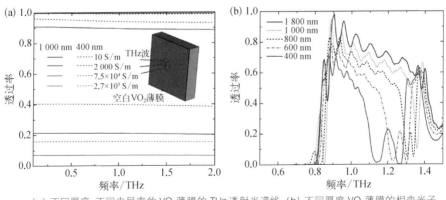

(a) 不同厚度、不同电导率的 VO_2 薄膜的 THz 透射光谱线；(b) 不同厚度 VO_2 薄膜的相变光子晶体波导的 THz 透射光谱线，VO_2 电导率均为 2.7×10^5 S/m

图 4.6
不同状态下的 THz 透射光谱线[3]

的调制过程和滤波谱线,空白VO_2薄膜只有从透过到损耗这一个调制过程。

为了研究VO_2薄膜厚度对器件最大调制深度的影响,用FDTD算法模拟了不同VO_2薄膜厚度的相变光子晶体波导的THz透射光谱线,如图4.6(b)所示。随着VO_2薄膜厚度的减小,金属光子晶体波导的透过率迅速下降,通带带宽变窄。因此,当金属相VO_2薄膜的最大电导率一定的情况下,提高VO_2薄膜厚度可以提高器件的最大调制深度和工作带宽。总之,器件的调制性质主要由两个因素限制:一是有限的金属相VO_2薄膜电导率,其越小,带来的欧姆损耗越大;二是有限的VO_2薄膜厚度,在金属相VO_2薄膜电导率一定时,其需要大于THz波的趋肤深度才能充分地反射THz波。因此,要提高器件性能,就需要在相变光子晶体表面获得高质量的VO_2薄膜,即要求钒的氧化足够彻底(VO_2在VO_x中占更高的比例),同时也要求薄膜具有厚而致密的特点。

4.1.4 THz光子晶体的加工

前面在理论上深入研究了THz波段介质、金属和相变光子晶体的性质,本小节主要介绍这三种THz光子晶体的加工工艺和制备的样品。

用于刻蚀的高阻硅片的电阻率为$6\,000\ \Omega \cdot cm$,掺杂类型为p型,直径为4英寸[①],厚度为$400\ \mu m$,双面抛光。主要采用MEMS技术中的深硅刻蚀工艺进行加工,加工工艺流程图如图4.7所示,加工步骤如下。

图4.7
各种光子晶体
的加工工艺流
程图

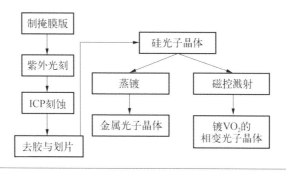

---

① 1英寸=2.54厘米。

(1) 制掩膜版。采用电子束曝光制成图 4.8(a)所示的掩膜版。

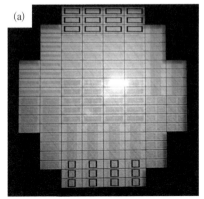

(a) 掩膜版；(b) 整块 4 英寸未划片时的晶圆芯片照片   图 4.8

(2) 清洗。将硅片和掩膜版用硫酸与双氧水清洗液清洗 2 h。

(3) 光刻，涂 304 正胶。为了既保证刻蚀深度又保证图形刻蚀精度，涂胶厚度达 4 μm；采用紫外曝光，而后显影。

(4) 深硅刻蚀。刻蚀方法为电感耦合等离子体（Inductively Coupled Plasma，ICP）刻蚀，刻蚀深度由刻蚀时间控制，1 min 大约刻蚀 3 μm，刻蚀时间控制在 40 min，刻蚀深度为 120 μm。

(5) 等离子体去胶。

(6) 划片。划片后就得到硅光子晶体芯片，大小为 10 mm×4 mm。图 4.8(b)所示为整块 4 英寸未划片时的晶圆芯片照片。图 4.9 所示为各种结构的硅光子晶体扫描电子显微镜（Scanning Electron Microscope，SEM）图。台阶仪探针测量柱高，柱高度为 121.2 μm。显微镜观察柱直径，柱直径为 98.5 μm 和 50.5 μm。

(7) 如需加工成金属光子晶体，可以采用蒸镀或磁控溅射的方式将金属镀到硅光子晶体芯片表面。图 4.10 所示为镀铜的金属光子晶体 SEM 图。

(8) 如需加工成相变光子晶体，可以采用金属钒靶的磁控溅射方式在硅光子晶体柱上镀膜。在金属钒离子脱离金属钒靶的同时，通入 1 Pa 气压的氩气与氧气混合气体，比例为 1∶10，反应温度为 400℃，时间为 3 h，钒被氧化为 VO_2 的

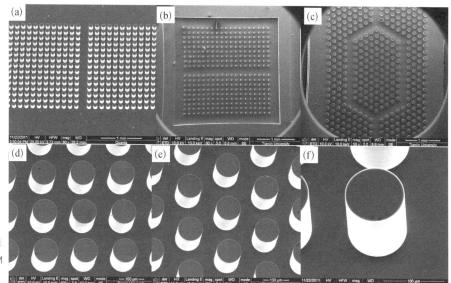

图 4.9
各种结构的硅
光子晶体 SEM
图

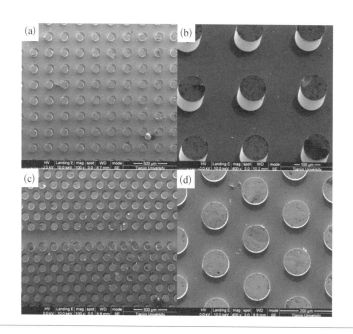

图 4.10
镀铜的金属光
子晶体 SEM 图

同时沉积在硅光子晶体柱表面,最终得到图 4.11 所示的镀 VO_2 的相变光子晶体,VO_2 在整个硅光子晶体柱表面(包括顶部、侧壁和基底)形成一个 VO_2 薄膜壳,厚度约为 1.2 μm。

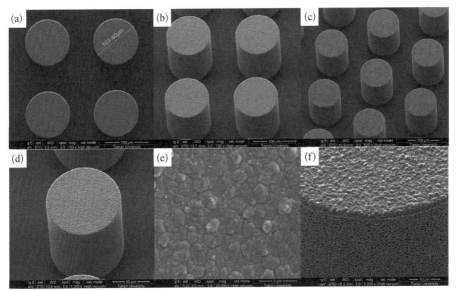

(a~d) 镀 VO₂ 的相变光子晶体 SEM 图；(e) VO₂ 薄膜 SEM 图；(f) 镀 VO₂ 的相变光子晶体柱的侧壁和顶部局部 SEM 图

图 4.11

4.1.5　光控 THz 相变光子晶体的实验研究

利用制备的相变光子晶体可以进行 THz 波的光泵浦调制实验研究。通过采用不同入射角度和强度的激光照射相变光子晶体，研究相变光子晶体几种状态间的相互转变规律和对 THz 波的调制机理。第一种光泵浦方式是 532 nm 泵浦光以斜 45°辐照相变光子晶体表面。THz 波沿垂直于相变光子晶体柱阵列周期平面的方向入射，如图 4.13(b)所示。VO₂ 的电导率可以由超快脉冲激光或连续激光诱导 IMT 效应而改变，而无论是介质相还是金属相的 VO₂ 都对 532 nm 激光显示出强烈的吸收，532 nm 激光是光控 VO₂ 产生相变的常用选择之一，因此这里采用 532 nm 连续激光器对相变光子晶体进行辐照。实验光路如图 4.12(a)所示，器件放置在 THz-TDS 系统的 THz 波焦点位置，THz 光斑大小约为 3 mm，泵浦光光斑与 THz 光斑的大小和位置重合。实验在温度为 25℃和相对湿度小于 5%的条件下进行。图 4.12(b)为不同泵浦光功率下的 THz-TDS 脉冲信号，对其进行傅里叶变换，然后按照第 3 章介绍的数据处理方法就可以得到器件的 THz 振幅透射光谱线。

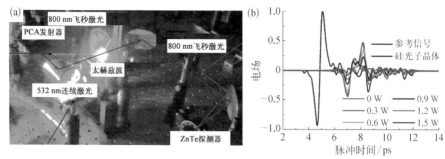

图 4.12　(a) 光泵浦调控 THz － TDS 系统的实验光路；(b) 不同泵浦光功率下的 THz － TDS 脉冲信号[4]

　　首先测量未镀 VO₂ 薄膜的硅光子晶体的 THz 透射光谱线，实验结果如图 4.13(d) 所示。由图可以看到，无论是无辐照(0 W)还是 1.5 W 激光辐射时，THz 透射光谱线均在 0.87 THz 处存在一个强的谐振谷，其源于导模谐振效应，两者不同之处在于 1.5 W 激光辐照下的谱线透过率只比无辐照时略微下降。镀 VO₂ 薄膜的相变光子晶体在不同泵浦光功率下的 THz 透射光谱线的实验结果如图 4.13(a) 所示。对比图 4.13(a) 和图 4.13(d) 可以发现，无辐照时，镀 VO₂ 薄膜的相变光子晶体的 THz 透射光谱线与未镀 VO₂ 薄膜时基本重合。这证明了介质相 VO₂ 薄膜对 THz 波是透明的，对器件的传输没有影响，无辐照时，镀 VO₂ 薄膜的相变光子晶体器件表现出介质光子晶体的导模谐振效应。随着泵浦光功率的增加，整个 VO₂ 薄膜壳都被泵浦光激发，它逐渐由介质相变为金属相，这一物理模型示意图如图 4.13(b) 所示。从图 4.13(a) 可以看到，当泵浦光功率从 0 W 增加到 1.5 W 时，谐振频率外的谱线透过率从 80% 下降到 10%(开始发生变化的泵浦光功率阈值为 250 mW)，在 0.3～0.7 THz 和 1.05～1.45 THz 频段实现了对宽带 THz 波的振幅调制，调制深度达 70%。对比图 4.13(a) 和图 4.13(d) 可以发现，在相同光泵浦条件下，镀 VO₂ 薄膜的相变光子晶体的调制深度远大于未镀 VO₂ 薄膜的硅光子晶体。这一研究结果证实了在连续激光泵浦下，VO₂ 薄膜的 IMT 效应对 THz 波调制的贡献远高于高阻硅表面的光生载流子效应。

　　根据式(2.7)和 VO₂ 薄膜的电磁参数，对图 4.13(b) 所示的器件进行建模，由 FDTD 算法模拟出不同 VO₂ 薄膜电导率下的 THz 透射光谱线，模拟结果如图 4.13(c) 所示。对比图 4.13(a) 和图 4.13(c) 可以发现，实验结果和模拟结果吻合

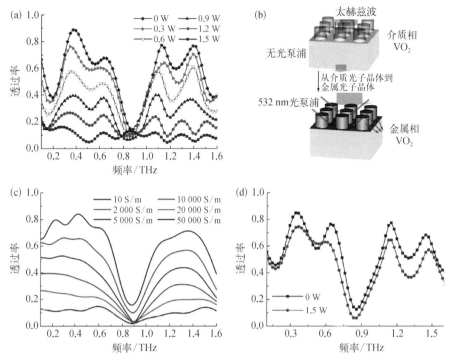

（a）镀 VO$_2$ 薄膜的相变光子晶体在不同泵浦光功率下的 THz 透射光谱线的实验结果；（b）理论模型示意图；（c）不同 VO$_2$ 薄膜电导率下的 THz 透射光谱线的模拟结果；（d）相同光泵浦条件下未镀 VO$_2$ 薄膜的硅光子晶体的 THz 透射光谱线的实验结果[4]

图 4.13

较好，由此可以通过比较两者的 THz 透射光谱线建立泵浦光功率与 VO$_2$ 电导率间的对应关系。在 1.5 W 下，VO$_2$ 薄膜的电导率为 5×10^4 S/m，其显示出足够强的金属性。此时，器件可以被视为基底和顶部都被套上了一层金属壳，THz 波不能透过器件。因此，在双光束 45°泵浦的方式下，器件在介质光子晶体与金属光子晶体间发生相互转变。

第二种光泵浦方式是图 4.14（b）所示的垂直光泵浦。不同泵浦光功率下的 THz 透射光谱线的实验结果如图 4.14（a）所示。与图 4.13（a）相似，随着泵浦光功率的增加，谐振频率以外的谱线透过率开始逐渐下降。特别需要注意的是，当泵浦光功率大于 1.2 W 时，在 1.17 THz 和 1.44 THz 处出现两个新的透射峰。如在 1.17 THz 处，透过率从 80% 下降到 0.9 W 时的 40%，然后又增加到 1.5 W 时的 55%。这一现象可以由图 4.14（b）所示的物理模型解释。由于是垂直光泵

浦,相变光子晶体柱侧壁的 VO₂ 薄膜并没有被直接激励,因此依然保持为介质
相,只有其顶部和基底变为金属相,由此形成上方为悬浮的金属圆盘、下方为直
径大小相等的金属圆孔周期性排列的一个特殊的表面等离子体阵列结构,上述
的透射峰正是由这一表面等离子体阵列结构的光学异常透射引起的。

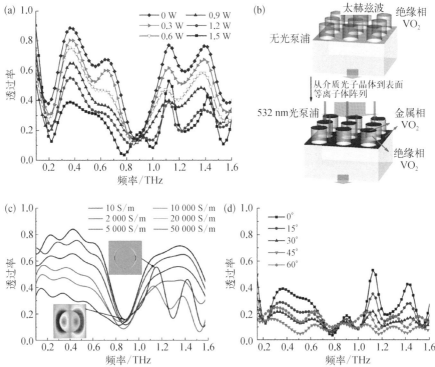

图 4.14

(a) 不同泵浦光功率下的 THz 透射光谱线的实验结果;(b) 理论模型示意图;(c) 不同 VO₂ 薄膜电导率下的 THz 透射光谱线的模拟结果;(d)1.5 W 泵浦光功率下不同泵浦光入射角度的 THz 透射光谱线的实验结果[4]

为了对垂直光泵浦下的器件进行建模,采用 FDTD 算法模拟出不同 VO₂ 薄膜电导率下的 THz 透射光谱线,模拟结果如图 4.14(c)所示,与实验结果相符。1.5 W 泵浦光功率时,在 0.87 THz 和 1.17 THz 处 x-y 平面内的模场分布也显示在图 4.14(c)中。由此可以看到导模谐振是一个在介质光子晶体柱中的偶极子谐振模式,而异常透射是该频率处的 THz 波以表面等离子体波的形式绕过金属相 VO₂ 薄膜圆盘从而透过器件(按照经典光学理论,光无法穿过这一几何上互补的金属圆盘加金属圆孔的结构)。因此,该器件在垂直光泵浦下实现了在介

质光子晶体和表面等离子体阵列间的相互转变,这一过程中的光子晶体导模谐振谷逐渐变为等离子体异常透射峰。

此外,还研究了 1.5 W 泵浦光功率下不同的泵浦光入射角度对 THz 透射光谱线的影响规律,实验结果如图 4.14(d)所示。当泵浦光入射角度为 0°～45°时,器件处于金属光子晶体和表面等离子体阵列的中间态;当泵浦光入射角度大于 45°时,由于大的斜入射角度使得泵浦光功率密度下降,从而异常透射峰的透过率下降,因此通过改变泵浦光入射角度实现了金属光子晶体和表面等离子体阵列的相互转变。

通过在硅光子晶体上镀 VO₂ 薄膜,用同一微结构器件获得了介质光子晶体、金属光子晶体和表面等离子体阵列三种不同机理的人工电磁微结构,并通过不同的光泵浦方式实现了它们之间的相互转变。在 0.3～0.7 THz 和 1.05～1.45 THz 频段实现了调制深度达 70% 的 THz 波调制,同时还在实验上观察到金属圆盘加金属圆孔的表面等离子体阵列结构的光学异常透射现象。这种新型的相变光子晶体器件一方面可以作为宽谱 THz 调制器,应用于太赫兹无线通信系统,另一方面加深了对不同人工电磁微结构间的内在联系和相互转变规律的认识。

4.2 THz 表面等离子体波导调制器

表面等离子体结构对电磁波的强局域性和强谐振性使得它在 THz 波的传输和调制方面显示出很多优良特性。本节主要介绍金属-半导体表面等离子体波导调制器的传输性质与调制特性,在此基础上,下一节将重点介绍一种在加工上更能满足现代半导体工艺要求的双肖特基型表面等离子体波导调制器,并介绍此类器件的加工、实验测试与理论分析过程。

4.2.1 金属-半导体表面等离子体波导调制器

近年来,具有周期结构的 THz 表面等离子体波导(Surface Plasmon Waveguide, SPW)受到广泛关注。尤其是将 SPW 置于 PPWG 中传输 THz 波时,PPWG 能够强烈地约束 THz 光场,从而增强了 THz 表面等离子波的局域性,使其表现出显著的光子带隙特性和良好的滤波性能。然而，对于采用单一金属材料构成的 SPW，不能通过外加激励对 THz 波进行有效的主动控制，而对于采用 GaAs、InSb 等半导体材料构成的 SPW，虽然可以通过改变温度、光泵浦、电注入等方式改变半导体中的载流子浓度从而实现器件对 THz 波的调制，但却不可避免地带来很大的欧姆损耗。

将半导体 InSb 引入金属基底的 SPW 周期微结构中，就会构成金属-半导体表面等离子体波导（Metal-Semiconductor Surface Plasmon Waveguide, MSSPW）调制器。由于掺杂的半导体材料占整个器件中的小部分，器件仍是以金属为主的波导，从而保持了很高的 THz 波传输透过率。通过温度调控方式改变 InSb 中的载流子浓度，使得该 MSSPW 中的谐振模式发生改变，这一新的 THz 波调制机制可以实现对 THz 波的强度调制和调谐滤波。

4.2.2 半导体 InSb 在 THz 波段的性质

本征 InSb 是一种高电子迁移率半导体，其在 THz 波段的介电性质遵循 Drude 模型，即可由式（2.3）和式（2.4）来描述。其载流子有效质量 $m^* = 0.015m_e$，其中 m_e 为电子质量；束缚介电常数 $\varepsilon_b = 15.68$；碰撞频率 $\gamma = 0.1\pi$ THz；等离子体频率 ω_p 由载流子浓度 N 决定，而载流子浓度 N 是与温度 T 密切相关的函数[5]：

$$N = 5.76 \times 10^{14} T^{1.5} \exp[-0.26/(2 \times 8.625 \times 10^{-5} \times T)] (\text{cm}^{-3}) \quad (4.3)$$

由此可知，InSb 的等离子体频率落在 THz 波段或红外波段，并随温度可调。根据式（2.3）、式（2.4）和式（2.6）可以计算 InSb 介电常数和电导率随温度变化的曲线，如图 4.15 所示。当温度从 150℃ 上升到 300℃ 时，InSb 的电导率从 10 S/m 增加到 1.2×10^5 S/m，对于 THz 波来说，InSb 由电介质变为有损耗的金属。

4.2.3 器件的结构和模式特征

器件的结构示意图如图 4.16(a) 所示，在金属平板上形成周期性的十字形金属槽，InSb 按图 4.16(b) 所示的几何结构局部地镶嵌在槽中，形成金属-半导体

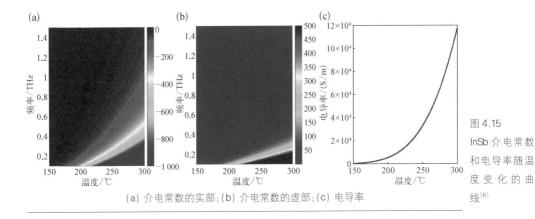

(a) 介电常数的实部;(b) 介电常数的虚部;(c) 电导率

图 4.15
InSb 介电常数
和电导率随温
度变化的曲
线[6]

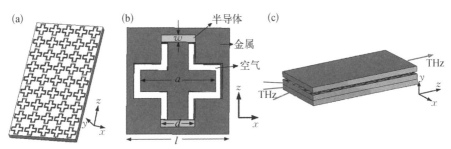

(a) 器件的结构示意图;(b) 一个单元的结构示意图;(c) 传输装置示意图[6]

图 4.16

混合型 SPW,将该波导置于 PPWG 中传输,如图 4.16(c) 所示。槽深度为 h,
PPWG 空气间隙宽度为 b。

为了使器件工作在 THz 波段,图 4.16(b) 中几何参数设定为 $l=150\,\mu m$、$a=$
$110\,\mu m$、$w=10\,\mu m$ 和 $d=50\,\mu m$。当 $T=150℃$ 时,以 h 和 b 为变量,采用 FDTD
算法研究几何参数对器件传输性质的影响,如图 4.17 所示。由图可以看出,器
件的传输谱线存在三个强谐振谷,谐振频带处的 THz 波不能沿器件传输,谐振
频带外的 THz 波可以很好地透过器件。槽深度主要影响谐振频率位置,随着槽
深度的增加,谐振频率向低频移动;PPWG 空气间隙宽度主要影响谐振强度,而
不影响谐振频率位置,随着 PPWG 空气间隙宽度增大,谐振强度减弱,谐振带宽
变窄。图 4.17(c) 显示了这三个谐振频带处对应的模场分布。基模为一阶纵模
(L1),其谐振能量分布在沿波传播方向的槽内,集中在 InSb 所在的位置;第二个
模式为二阶纵模(L2),其谐振能量分布与前者一致;第三个模式为一阶横模

（H1），其谐振能量分布在槽内空气中，垂直于波传播方向。两个纵模的性质与InSb 直接有关，而横模的性质与 InSb 没有直接关联，因此，InSb 的载流子浓度变化对两种模式的影响是不同的，它们对应频段的谱线透过率会发生不同的变化。

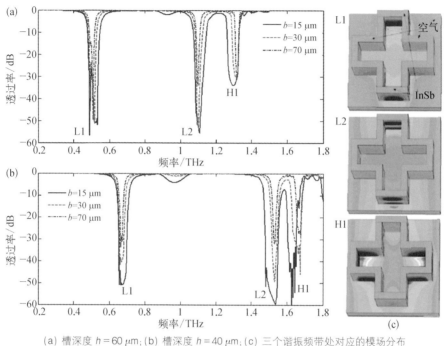

（a）槽深度 $h=60\,\mu m$；（b）槽深度 $h=40\,\mu m$；（c）三个谐振频带处对应的模场分布

4.2.4　器件的调制特性

用 FDTD 算法模拟了 $h=60\,\mu m$、$b=30\,\mu m$ 和不同 InSb 电导率下器件的传输谱线，如图 4.18 所示。当 InSb 电导率为 10 S/m 时，在 0.5 THz、1.1 THz 和 1.325 THz 处存在三个禁带，带宽均为 60 GHz。由图可以看出，该器件可以用作带边缘非常陡峭的带阻滤波器。随着 InSb 载流子浓度的增加，传输谱线中前两个谐振强度逐渐减弱、中心频率处透过率逐渐提高，当载流子浓度达到 2×10^5 S/m 时，这两个谐振完全消失，THz 波几乎完全透过器件。第三个谐振却不同，它并没有随着 InSb 载流子浓度增加而消失，而是中心频率从 1.325 THz 向高频移动到 1.38 THz。

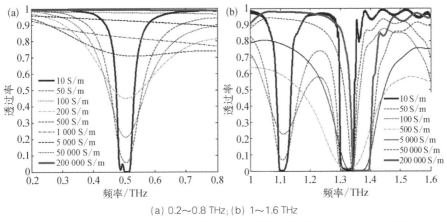

(a) 0.2~0.8 THz; (b) 1~1.6 THz

图 4.18
$h = 60~\mu m$、$b = 30~\mu m$ 和不同 InSb 电导率下器件的传输谱线[6]

这三个禁带依次对应着上面提到的三个谐振,它们的调制过程显然是不同的,它们不同的调制机理可以由图 4.19(a) 和图 4.19(b) 很好地解释。在低温下,InSb 载流子浓度很低,表现为电介质状态,三个谐振存在于金属槽内,其中两个纵模在 InSb 中谐振。当温度升高后,InSb 载流子浓度提高,变为损耗金属状态,两个纵模不能存在于 InSb 中,金属槽也就不再支持纵模谐振,导致两个纵模消失。因此,在 0.5 THz 和 1.1 THz 处 60 GHz 带宽内实现了 THz 波的强度调制,调制深度超过 90%。图 4.19(c) 显示了 1.1 THz 处 THz 波传输的电场分布,其在无外加激励和强激励状态下具有明显的开关特性。而对于横模来说,InSb 载流子浓度的增加对它的电场分布影响不大,但由于 InSb 表现出较强的金属性,

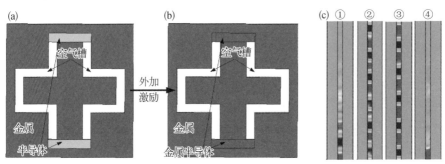

(a) 无外加激励时的器件模型;(b) 外加激励下的器件模型;(c) 器件在不同频率和工作状态下的 THz 波传输的电场分布,其中① 1.1 THz 无外加激励,② 1.1 THz 外加激励,③ 1.38 THz 无外加激励,④ 1.38 THz 外加激励

图 4.19
器件调制机制示意图[6]

从而缩小了横模谐振的空间,使得谐振频率增大,实现了禁带频率的蓝移。

本节研究了一种十字形 MSSPW 调制器在 THz 波段的传输性质和调制特性。当 InSb 的载流子浓度增加时,纵模逐渐消失,横模向高频移动。对于该器件,当其槽深度为 60 μm、PPWG 空气间隙宽度为 30 μm 时,在 0.5 THz 和 1.1 THz 处可实现 60 GHz 带宽的强度调制,调制深度超过 90%;在 1.325～1.38 THz 内可具有 60 GHz 带宽的可调谐滤波功能。

4.3 电控双肖特基栅阵 THz 调制器

4.2 节的理论研究结果显示出 MSSPW 调制器在 THz 波传输和调制上的优势,它的核心设计思想和工作机理如下:(1)金属波导作为支持 THz 传输和表面等离子体激元(Surface Plasmon Polaritons,SPP)的主要结构,可以实现强谐振和高透过率;(2)局部地引入半导体材料,通过改变半导体中载流子浓度实现对 SPP 的调控,从而实现对 THz 波的调制。然而,4.2 节提出的器件结构在加工和调控手段上还存在问题:一是很难在金属基底上局部地生长几十微米厚的半导体材料;二是温度调控的器件响应时间很慢。

近年来,通过半导体电子学手段调控 THz 波的光子器件取得了长足的进步,利用传统半导体材料和石墨烯、碳纳米管等新型材料构成诸如肖特基二极管、高电子迁移率晶体管等 THz 调制器。由于它们多是常温工作的固态电子器件,因此它们在 THz 通信和成像系统中具有良好的集成性和实用性。然而,目前这些器件大多是对自由空间 THz 波进行调制的二维平面结构(如超材料和孔阵列)。一方面,由于在 THz 波传播方向上不存在周期性谐振单元,影响了器件谐振的 Q 值,器件的调制深度、动态范围、灵敏度、工作电压等受到器件结构和调制机理的限制;另一方面,由于器件为大幅面平面器件,很难将其集成到实用化的 THz 应用系统中,尤其是通信系统。只有采用波导结构传输和调制 THz 波,才能在传播方向上引入多个周期性谐振单元来增强器件与 THz 波的相互作用,同时又便于与其他 THz 固态电子器件(如 THz 量子级联激光器和 THz 量子阱探测器)的集成。

这里介绍一种包含固态电子器件结构的双肖特基栅阵表面等离子体波导（Double Schottky-SPW，DSSPW）THz 调制器，它既能很好地通过现有半导体工艺进行加工，又能通过施加较低的偏压对 THz 波进行灵活调制。

4.3.1　器件的结构与加工

器件的结构示意图如图 4.20 所示，在 Si-GaAs 基底上外延生长厚度为 2 μm、掺杂浓度为 3×10^{16} cm^{-3} 的 n-GaAs，在此外延层上刻蚀出周期 $a=120$ μm、台阶宽度 $w=50$ μm、高度 $h=1$ μm 的栅格结构。在每个栅格台阶上镀金作为负电极，且为肖特基接触；在栅格槽及芯片其他部分镀金作为正电极，也形成肖特基接触，并与栅格台阶保持 5 μm 间隔。器件在电学上形成一个双肖特基接触阵列，而在光学上又形成一个周期性栅格的 MSSPW 结构。

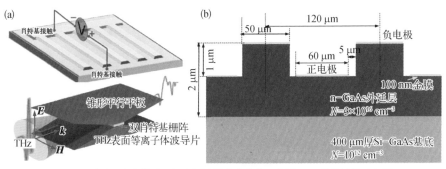

(a) 器件的结构和在锥形平行平板波导中传输的示意图；(b) 单元结构示意图　　图 4.20

采用标准的半导体工艺加工该器件，工艺流程大致如下。

（1）设计器件图形并制成掩膜版。掩膜版分为图形互补的两版，第一个掩膜版用作正电极，第二个掩膜版的边沿比第一个掩膜版大 5 μm，用作负电极。

（2）制外延层。在 2 英寸 Si-GaAs 晶圆上使用分子束外延获得 2 μm 厚的 n-GaAs 外延层。

（3）制正电极。涂胶，对第一个掩膜版进行光刻，曝光、显影后在晶圆上形成图形，蒸镀金属（10 nm 厚的钛和 100 nm 厚的金），去胶、剥离带胶部分的金属，形成金属栅正电极。

（4）制栅格台阶。以金属栅为掩膜版进行刻蚀，形成栅格台阶。

（5）制负电极。对第二个掩膜版进行光刻，重复第（3）步工艺，制作并形成负电极。

（6）切片。获得单块芯片，整个芯片工艺完成。

（7）蒸镀电极及焊接引线后完成器件制备过程。器件的实物照片与芯片的SEM图如图4.21和图4.22所示，整个器件几何尺寸约为 1.5 cm×1.5 cm×0.2 cm。

图4.21
器件的实物
照片

（a）单正电极结构器件；（b）双正电极结构器件

图4.22
芯片的SEM图

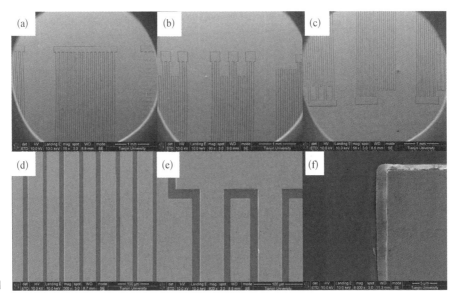

4.3.2　器件的电子学特性

在施加偏压时，器件的双肖特基栅阵中耗尽层宽度 W 会随着偏压 V 的增大而增大（反向偏压时 V 取负值），满足如下公式[7]：

$$W = \sqrt{\frac{2\varepsilon_{\text{n-GaAs}}\varepsilon_0(V_{\text{bi}} - V)}{eN_{\text{d}}}} \tag{4.4}$$

式中,n-GaAs 的介电常数 $\varepsilon_{\text{n-GaAs}} = 12.9$;$\varepsilon_0$ 为真空中的介电常数;e 为电子电荷量;n-GaAs 的掺杂浓度 $N_{\text{d}} = 3 \times 10^{16}~\text{cm}^{-3}$;$V_{\text{bi}}$ 为内建电势差,表示为

$$V_{\text{bi}} = \Phi_{\text{m}} - \chi - \frac{KT}{e}\ln\left(\frac{N_{\text{c}}}{N_{\text{d}}}\right) \tag{4.5}$$

式中,金的功函数 $\Phi_{\text{m}} = 5.1~\text{V}$;n-GaAs 的电子亲和能 $\chi = 4.07~\text{V}$;K 为波耳兹曼常数;温度 $T = 300~\text{K}$;n-GaAs 的电子有效态密度 $N_{\text{c}} = 4.7 \times 10^{17}~\text{cm}^{-3}$。由式 (4.4) 和式 (4.5) 可以得到图 4.23(a) 所示的耗尽层宽度与偏压的关系曲线。

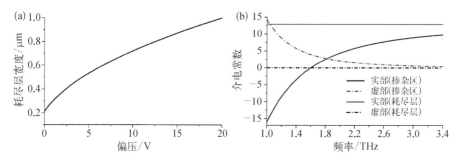

(a) 耗尽层宽度与偏压的关系曲线;(b) 掺杂区与耗尽层 n-GaAs 在 THz 波段的介电常数的实部和虚部

图 4.23

由于耗尽层中载流子浓度远远低于耗尽层外掺杂区载流子浓度,这就使得掺杂区与耗尽层 n-GaAs 在 THz 波段的介电性质完全不同,两者的介电常数满足 Drude 模型。等离子体频率 $\omega_{\text{p}} = (N_{\text{d}}e^2/\varepsilon_0 m^*)^{1/2}$,其中 n-GaAs 的有效质量 $m^* = 0.067 m_{\text{e}}$(m_{e} 为电子质量);弛豫时间 $\tau = 3.2 \times 10^{-13}~\text{s}$。由式 (2.3) 可以得到图 4.23(b) 中的结果,可见在 THz 波段,掺杂区 n-GaAs 对 THz 波具有强烈的反射和损耗,可以看作有损金属,而耗尽层 n-GaAs 对于 THz 波几乎是无损电介质。因此,当器件施加偏压时,随着耗尽层宽度的变化,器件的光波导结构发生了变化,从而导致器件对 THz 波的传输性质和谐振特性发生改变,利用这一特性可以在特定频率实现对 THz 波的调制。

图 4.24 所示为不同电压下器件载流子(电子)浓度分布的模拟结果。其中

蓝紫色部分具有极低的电子浓度($<10^8$ cm^{-3}),即为肖特基势垒的耗尽层;红色部分为掺杂区,电子浓度为 3×10^{16} cm^{-3};黄色部分为 Si-GaAs 基底,其电子浓度为 10^{12} cm^{-3} 量级。由图 4.24 可以看到,0 V 时,肖特基势垒耗尽层宽度约为 0.1 μm;15 V 时,栅格台阶处耗尽层宽度增加到约 1 μm,整个栅格台阶部分的电子被抽运;-15 V 时,Si-GaAs 基底下方的耗尽层宽度增加到约 1 μm。电压对器件电子学特性的调控实质上就是对其耗尽层宽度的控制,影响着非掺杂和掺杂 n-GaAs 在器件中的区域分布。模拟结果与图 4.23(a)中理论公式的计算结果吻合很好。

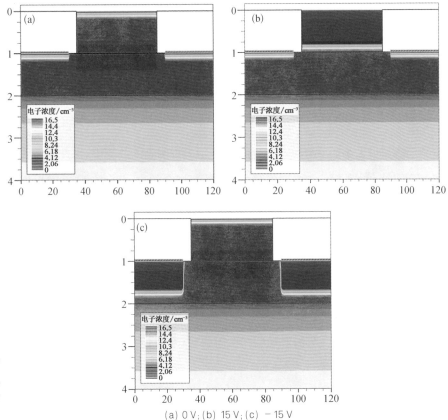

图 4.24
不同电压下器件载流子(电子)浓度分布的模拟结果

(a) 0 V;(b) 15 V;(c) -15 V

4.3.3 器件的传输和调制实验

需要将 THz 波耦合进 DSSPW 调制器中才能工作,因此采用了一种楔形开口的平行平板波导（Tapered-PPWG，TPPWG）作为波导耦合系统，将设计加工的电控 MSSPW 器件按图 4.25（b）所示放置于 TPPWG 中，然后用 THz - TDS 系统进行测试。

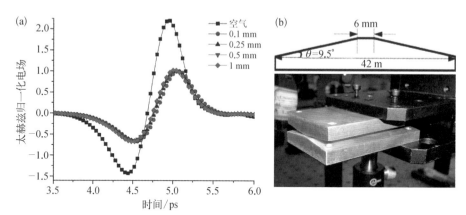

（a）不同中心开口大小的 TPPWG 的 THz 时域信号；（b）TPPWG 的结构示意图和实物照片　　图 4.25

由于 THz - TDS 系统中焦点处 THz 波的光斑大小（≈3 mm）往往大于 PPWG 的开口大小（<1 mm），大部分 THz 能量不能进入波导中，因此通常需要在 PPWG 入射端贴上一个 THz 透镜，以提高耦合效率。然而，硅透镜折射率大，具有较强的反射损失，而 HDPE 透镜损耗较大且折射率低，聚焦和压缩 THz 光的能力有限，因此加透镜的方式对提高 PPWG 的耦合效率十分有限。TPPWG 是一种改进型的 PPWG，由于其采用楔形喇叭口设计，使得波导开口大于 THz 入射光斑，提高了耦合效率。同时它可以使 THz 波得到局域增强，在波导中部最窄处可以获得极强的 THz 场强（甚至可达兆伏每厘米），为 THz 等离子体器件、强场 THz 波与物质强相互作用、THz 非线性光学等方面的研究提供了新的途径。

TPPWG 的结构示意图和实物照片如图 4.25（b）所示，其入射端开口处为 6 mm，大于 THz - TDS 系统中 THz 焦点处光斑的直径。机械调节 TPPWG 中心开口的大小，测量不同开口下的时域信号，如图 4.25（a）所示。从图中可以看到，与参考信号脉冲相比，信号振幅减小约 1/2，不同开口时振幅大小变化不大，而随着开口减小，脉冲向后略有延迟。因此中心开口大小对透过率几乎没有影响,且振幅透过率在50%左右,而随着开口减小,波导的群速度减小,带来一定的相移和色散。TPPWG的传输损耗主要来自楔形口缩小过程中高阶模式的耦合损耗,它们在传输过程中不断被耦合为更低阶的模式,在楔形波导末端仅剩下无截止 TEM 基模可以通过平板波导。总的来说,与其他 THz 波导相比,TPPWG 是高透过率和低色散的。

将制备的调制器作为测试样品置于 TPPWG 中在室温下进行 THz - TDS 实验,以 0.1 mm 开口的 TPPWG 信号作为参考信号,得到不同电压下器件的功率透射光谱,如图 4.26 所示。由实验结果可知,0 V 时器件在 2.48 THz 和 3.22 THz 处有两个明显的谐振峰,前者明显强于后者,达到 −18 dB。当施加逐渐增大的正向电压时,2.48 THz 处的谐振峰强度逐渐减弱并略向高频移动,在 15 V 时为 −9 dB;同时在 2.22 THz 处出现一个新的谐振峰,它的强度逐渐增强并略向低频移动,与和它临近的 2.48 THz 处的谐振峰强度存在此消彼长的关系,在 15 V 时达到 −21 dB;3.22 THz 处的谐振峰强度和位置基本保持不变,正向电压对它没有明显影响。当施加逐渐增大的反向电压时,影响较大的是 3.22 THz 处的谐振峰,它明显地向低频移动且强度略有增加,在 −15 V 时其中心频率已经移动到 2.87 THz;在此过程中 2.48 THz 处的谐振峰强度略有减弱,在 −15 V 时减小为 −14 dB,而 2.22 THz 处的谐振峰并未出现。因此,施加正向电压将使得器件的谐振频率发生从 2.48 THz 到 2.22 THz 的跳变,而反向电压导致谐振频率发生从 3.22 THz 到 2.87 THz 的连续移动。从 THz 调制器的角度

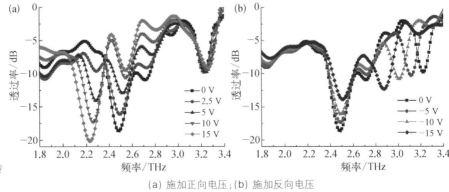

图 4.26
器件的实验传
输谱线[8]

(a) 施加正向电压;(b) 施加反向电压

看,施加正向电压时器件实现了在2.22 THz和2.48 THz处的强度调制,调制深度为15 dB,3 dB带宽为90 GHz;施加反向电压时实现了谐振中心频率从3.22 THz到2.87 THz的调谐,这一过程中强度调制深度为10 dB,3 dB带宽为75 GHz。

4.3.4 数值模拟与理论分析

为了更深入地分析和认识上面的实验现象和其中所包含的物理机制,依照图4.23和图4.24给出的几何和电磁参数进行数值建模,区域包括:空气折射率$n=1$,金属电极电导率$\sigma=4.7\times10^7$ S/m,非掺杂GaAs(包括Si-GaAs基底和势垒耗尽层GaAs)和掺杂GaAs的介电常数如图4.23(b)所示。0 V、-15 V和15 V分别对应着不同的非掺杂和掺杂GaAs的区域分布,具体如图4.24所示。

用上述模型对不同正、负电压下的器件的传输谱线进行FDTD模拟,单元重复周期为10个,结果如图4.27所示,与图4.26所示的实验数据吻合较好。0 V时,在2.45 THz和3.25 THz处存在两个谐振峰;15 V时,前一个谐振峰跳变到2.3 THz,而后一个基本不变;-15 V时,前一个谐振峰基本不变只是强度略有减弱,而后一个随电压增大连续移动到2.9 THz处。这一模拟结果证实了器件的传输谱线随电压的变化与肖特基势垒宽度密切相关,其中跳变是由台阶肖特基势垒的变化引起的,而连续平移是由槽肖特基势垒的变化引起的。

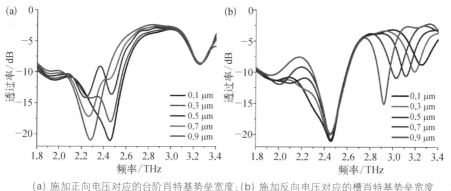

(a) 施加正向电压对应的台阶肖特基势垒宽度;(b) 施加反向电压对应的槽肖特基势垒宽度

图4.27
FDTD模拟的器件传输谱线[8]

采用FEM算法对该器件模型的SPP模式色散关系与带隙图进行了计算,结果如图4.28所示。器件在-15 V和15 V、不同频率下模式的模场分布如图

4.29 所示。器件的周期性结构带来的布洛赫边界条件使得色散关系曲线弯曲,导模的群速度减小而成为慢光,群速度越小波导的微结构对导模的束缚和局域能力就越强,当群速度趋于 0 时,该模式成为束缚态而在金属-半导体界面上发生 SPP 局域共振,不能沿波导传播,形成光子带隙。图 4.28 中传播常数的实部(实线和点画线)表示导模,虚部(短虚线)表示束缚模式,对应着光子带隙。光子带隙越宽,SPP 模式的局域性就越强,传输谱线中的谐振峰就越强。

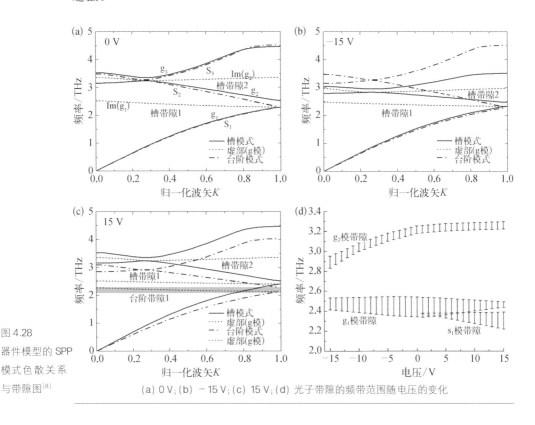

图 4.28
器件模型的 SPP
模式色散关系
与带隙图[8]

(a) 0 V;(b) -15 V;(c) 15 V;(d) 光子带隙的频带范围随电压的变化

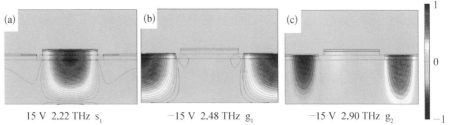

图 4.29
器件在 -15 V
和 15 V、不同
频率下模式的
模场分布[8]

15 V 2.22 THz s_1 -15 V 2.48 THz g_1 -15 V 2.90 THz g_2

如图 4.28 所示,该器件结构不同于普通 SP 波导或光子晶体波导,它是由两组不同的周期性金属-半导体表面等离子体栅阵组成的,它的能带关系图可以看作两组相对独立的 SPP 模式和色散关系曲线,其中一组 SPP 模式局域在台阶金属电极下,与台阶肖特基势垒的位置重合,它的色散关系曲线随着台阶肖特基势垒变化而变化(蓝色点画线);另一组局域在槽金属电极下,与槽肖特基势垒重合,它的色散关系曲线随着槽肖特基势垒变化而变化(红色实线)。为便于后文描述分别称为台阶 SPP 模式(s 模)和槽 SPP 模式(g 模),角标表示模式阶数。由图 4.29 的模场分布可以看出,由于 SPP 模场与肖特基势垒位置在空间上重合,器件电压所带来的肖特基势垒中载流子分布的空间调制,改变了 SPP 模场位置上材料的折射率和损耗的几何分布,这就引起其中的 SPP 模式及其光子带隙的变化。这种变化可以是带隙的产生、消失或移动,图 4.28(b) 和图 4.28(c) 显示了施加不同电压引起的两组带隙的分裂和移动,图 4.28(d) 显示了器件从 -15 V 到 15 V 时,各个带隙的动态变化过程。

0 V 时,台阶和槽下方的肖特基势垒宽度相等、载流子分布情况相同,此时器件的能带结构和传输性质只由器件的结构决定。槽金属栅宽度为 $60~\mu m$,比台阶金属栅($50~\mu m$)略宽,两者间的几何结构的差异(包括栅宽和介质台阶)使得它们对 SPP 模式的束缚能力不同,因此 SPP 共振被激发并局域在槽肖特基势垒中形成光子带隙。如图 4.28(a) 所示,0 V 时,两者对应的色散关系曲线差别很小,但槽肖特基势垒上的基模 g_1 和二阶模式 g_2 存在光子带隙,带隙位置与实验数据相吻合,而台阶肖特基势垒上则没有光子带隙。

当施加电压时,肖特基势垒宽度变宽,由于势垒中 GaAs 的载流子浓度很低,其介电常数实部增大、虚部减小,对 THz 波的折射率增大、损耗减小,金属-半导体界面对 SPP 模式的束缚能力将增强,且 SP 波的特征频率 ω_{sp} 及其色散关系曲线会向低频移动。这一结论可由半无限金属-电介质界面的 SP 波的特征频率公式 $\omega_{sp} = \omega_p / \sqrt{1 + \varepsilon_d}$ 定性地给出,半导体的介电常数 ε_d 增大,则 ω_{sp} 减小。图 4.28 的模拟结果显示了施加正电压时,台阶模式的色散关系曲线向低频移动,而施加负电压时,槽模式的色散关系曲线向低频移动,且以上效应对基模(g_1 和 s_1 模)的影响很弱,对高阶模式的影响则非常明显。

在施加正电压时,上述变化过程发生在台阶肖特基势垒上,而槽肖特基势垒会略微变窄。如图 4.28(c)所示,随着电压增大,更多的能量耦合到台阶上,在 2.2 THz 附近 s_1 模形成了对应的光子带隙,s_1 模带隙逐渐变宽,其谐振强度增大,而 g_1 模带隙减小,谐振强度减弱,并趋于消失。因此,图 4.26(a)和图 4.27(a)中显示的谐振跳变源于台阶肖特基势垒一阶 SPP 模式的光子带隙的产生。

当施加负电压时,槽肖特基势垒变宽,槽金属栅的束缚能力进一步增强,因此束缚 SPP 模式依然在槽金属栅上被激发。这一过程中,如图 4.28(b)所示,g_2 模的光子带隙随色散关系曲线从 3.22 THz 移动到 2.87 THz。由于此时台阶肖特基势垒基本不变,台阶 SPP 模式不产生新的带隙。因此,图 4.26(b)和图 4.27(b)中显示的谐振连续平移源于槽肖特基势垒二阶 SPP 模式光子带隙的移动。还要注意到尽管 s_2 模的色散关系曲线在施加正电压时也向低频发生类似的移动,但它没有产生新的光子带隙,如图 4.28(c)所示。

本节主要介绍了一种基于双肖特基栅阵的 THz 调制器,实验结果表明,施加正向电压时,器件的谐振由 2.48 THz 处跳变至 2.22 THz 处,调制深度为 15 dB,3 dB 带宽为 90 GHz;施加反向电压时,观察到谐振中心频率从 3.22 THz 到 2.87 THz 的平移,这一过程中强度调制深度为 10 dB,3 dB 带宽为 75 GHz。通过实验测试和数值模拟证实了该器件结构存在的双等离子体光子带隙结构,施加不同电压可以控制台阶和槽金属电极下肖特基势垒中的载流子空间分布,从而控制势垒中 THz SPP 模式的光子带隙的产生和移动,实现对 THz 波的调制。这种高速、常温、低电压工作的特点使之便于与其他 THz 固态电子器件集成,是 THz 宽带无线通信技术发展迫切需要的器件。

4.4　基于二硫化钼纳米晶的 THz 超灵敏调制器

二硫化钼(MoS_2)是一种新型纳米材料,其结构为六方晶系层状[9]。纳米二硫化钼普遍从辉钼矿中提炼,常温下为铅灰色粉末状物质,人工合成的二硫化钼则呈黑色,如图 4.30(a)所示。单层二硫化钼由三层原子构成,是一种三明治结构,如图 4.30(b)所示。图中黑色的原子为钼原子,其上下黄色的原子为硫原子。

这种特殊的晶格结构导致其具有高的结构稳定性及化学稳定性。一般的二硫化钼呈块状,由单层二硫化钼堆叠而成,各层之间的距离约为 0.65 nm,层间作用力为范德瓦尔斯力。

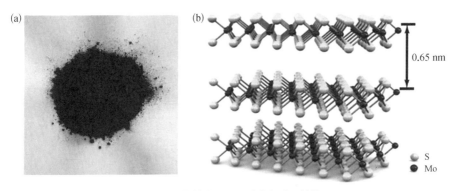

(a) 二硫化钼粉末;(b) 二硫化钼分子结构   图 4.30

由于单层二硫化钼的特殊结构使其具有荧光等光学特性,令其在二次电池、场效应晶体管、传感器、电致发光、电存储等众多领域拥有广阔的应用前景。传统的理化方法较难制备单层二硫化钼,目前常用来制备单层二硫化钼的方法有两类:第一类被称为"自上而下"法,主要有微机械力剥离法、锂离子插层法、液相超声剥离法、激光法和退火逐层变薄法等;第二类为"自下而上"法,主要有硫化还原单质银法、硫化二氧化钼法、硫化三氧化银法、硫化五氯化钼法和高温分解法等。

单层二硫化钼与石墨烯具有相似的结构,它的部分性质也与石墨烯相似,如机械性能。与石墨烯结构中碳原子平面六边形结构不同,在单层二硫化钼结构中,由于硫原子和钼原子不在同一个水平面上,打开了拓扑绝缘体的狄拉克点,形成了类半导体的禁带结构。根据最近的报道,单层二硫化钼表现出 1.8 eV 的直接带隙,表明它可以被绿光激发。这种类似半导体的性质在许多领域有更广泛的应用。近期一些研究表明,单层二硫化钼在 THz 技术领域有着比较大的应用潜力。例如,Docherty 等研究了在蓝宝石基底上通过化学气相沉积(Chemical Vapor Deposition,CVD)法制备的单层二硫化钼的超快瞬态 THz 电导率;Buss 等报道了块状二硫化钼(SiC 基底)的瞬态 THz 电导率。这里重点介绍利用二硫化钼纳米晶光生载流子产生的"催化"效应来实现对太赫兹波的光泵浦调制。

4.4.1 硅基二硫化钼纳米晶的制备和 THz 波段的光学特性

利用高压 CVD 技术,在硅基底上制备了两个二硫化钼纳米晶样品,生长时间分别为 6 min 和 3 min,硅基底厚度为 0.46 mm。图 4.31(a)和图 4.31(b)为两个样品的 SEM 图,样品中二硫化钼纳米晶的沉积面积超过 4 mm²,二硫化钼的单晶畴呈三角形,单边尺寸为 75 μm。由于生长时间较长,样品 1 比样品 2 上有更多的二硫化钼纳米晶。

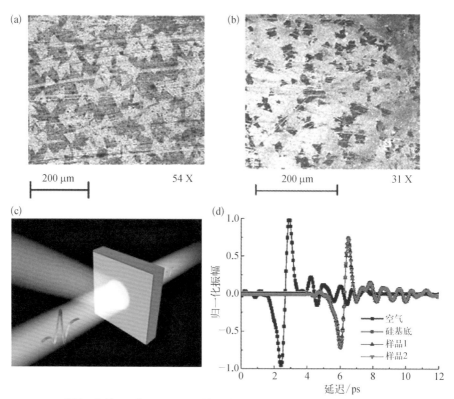

图 4.31
(a,b) 样品 1 和样品 2 的 SEM 图;(c) 样品的探测和泵浦装置示意图;(d) 空气、硅基底、样品 1 和样品 2 的太赫兹时域光谱(信号强度归一化)[10]

这里采用 THz - TDS 系统测量了两个样品的太赫兹时域光谱。图 4.31(d)中不同颜色的曲线分别为空气(作为参考)、硅基底、样品 1 和样品 2 的太赫兹时域光谱,为了更好地表示透过率,对信号强度进行了归一化处理。从图中可以发现,样品 1 和样品 2 的时域信号振幅与硅基底的振幅大致相同,这说明二硫化钼纳米晶对 THz 波几乎没有吸收。此外,这两个样品的延迟时间也与硅基底的基本相同,波形也与空气的相似,这说明这些材料对 THz 波的色散很小,且样品 1、样品 2 和硅基底的有效折射率基本相等。因此,在没有光泵浦的条件下,二硫化钼纳米晶对 THz 波几乎是透明的,不对 THz 波的传输产生任何影响。

4.4.2 超灵敏的光泵浦调制

接下来,用 532 nm 的连续激光照射样品进行光泵浦调制的研究。样品上的照射面积为 13.02 mm²,比 THz 波在样品上的光斑要大一些。可以从图 4.32(a) 和图 4.32(b) 看到,当用极低的泵浦光功率辐射样品时,样品 1 和样品 2 对 THz 波已经有了较为明显的调制效果。随着泵浦光功率逐渐增加到 0.24 W/cm²,太赫兹波振幅不断下降。对于样品 1 来说,其太赫兹时域光谱的峰值从 0.69 下降到 0.23,样品 2 的峰值从 0.73 下降到 0.46。显然,在相同的光泵浦条件下,样品 1 对 THz 波的调制更加有效。此外,如图 4.32(c)所示,在相同泵浦光功率下,硅基底对 THz 波的调制相对较弱,其太赫兹时域光谱的峰值仅从 0.75 下降到 0.67。因此,在相同泵浦光功率下,与硅基底相比,生长二硫化钼纳米晶的硅对 THz 波的调制能力增强了很多。

可以根据测量的太赫兹时域光谱计算其对应的频域透射光谱,以空气中传输的信号为参考信号:

$$|t(\omega)| = \frac{|E_{\text{sam}}(\omega)|}{|E_{\text{ref}}(\omega)|} \tag{4.6}$$

式中,$E_{\text{ref}}(\omega)$ 为对空气参考信号进行傅里叶变换后的振幅强度;$E_{\text{sam}}(\omega)$ 为对样品信号(施加或不加泵浦光)进行傅里叶变换后的振幅强度。如图 4.32(d)所示,在没有泵浦光的情况下,在 0.2~1 THz 内,样品 1 的透过率略低于样品 2,两个样品的透过率均略低于硅基底,但总体来说对 THz 波的吸收较小。当泵浦光功率增加时,所有样品对 THz 的透过率都开始下降,但是下降的程度不一样。例如,对于频率为 0.6 THz 的 THz 波,没有光泵浦时样品 1、样品 2 和硅基底的透过率分别为 0.53、0.56 和 0.58,而当泵浦光功率增加到 0.24 W/cm² 时,样品 1、样品 2 和硅基底的透过率分别下降到 0.13、0.31 和 0.49。显然,样品 1 的透过率下降得最多,也就是样品 1 对频率为 0.6 THz 的 THz 波调制最深。

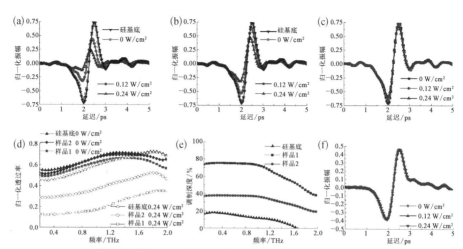

图 4.32　(a～c) 不同泵浦光功率辐照下,样品 1、样品 2 和硅基底的 THz-TDS 信号(振幅以空气信号强度归一化);(d) 样品 1、样品 2 和硅基底的透射光谱;(e) 硅基底、样品 1 和样品 2 的调制深度;(f) 在同样的光泵浦条件下,生长在蓝宝石基底上的二硫化钼纳米晶的太赫兹时域光谱[10]

用式(4.7)来计算样品对 THz 波的调制深度:

$$M = |(t_i - t_0)/t_0| \tag{4.7}$$

式中,t_i 和 t_0 分别为有光辐照和没有光辐照时的透射强度。图 4.32(e)显示了三种样品的调制深度,其中样品 1 的平均调制深度在 75% 左右,是硅基底的 5 倍以上。同时,样品 2 的平均调制深度为 45%,也比硅基底要高得多。

因此,在没有生长二硫化钼纳米晶时,硅基底的调制深度非常低。在硅基底上生长了二硫化钼纳米晶后,器件在相同的泵浦光功率下的调制深度会大大增加。此外,实验结果还表明,在硅基底上生长更多的二硫化钼纳米晶,在相同的泵浦光功率下对 THz 波的调制效率也会更高。另外,还有一个需要说明的现象是,生长在蓝宝石基底上的二硫化钼纳米晶在同样的光泵浦条件下对 THz 波并没有明显的调制效果,如图 4.32(f)所示。

4.4.3　光泵浦调制的机理分析与理论拟合

这里讨论样品的电导率和载流子特性,特别是二硫化钼纳米晶电导率的变化情况。我们用样品 1 来分析调制的过程和机理。对于这种纳米尺度的二硫化钼薄膜,在硅基底上的载流子性质不能直接用 THz - TDS 系统测量计算出来,因此,将二硫化钼纳米晶和硅基底视为一个整体,研究硅基二硫化钼纳米晶的宏观性质。

图 4.33 计算了不同泵浦光功率辐照下样品 1 和硅基底的折射率和吸收系数(计算的方法已在第 2 章详细叙述)。当泵浦光功率密度增加到 0.24 W/cm² 时,样品 1 在 0.6 THz 处的折射率从 3.33 下降到 3.17,而吸收系数从 12.13 cm⁻¹ 上升到 73.41 cm⁻¹。然而,硅基底的折射率从 3.33 略微变化到 3.32,吸收系数仅从 9.0 cm⁻¹ 上升到 14.7 cm⁻¹。这些折射率和吸收系数的变化是由电导率变化引起的,与光生载流子密度密切相关。我们可以利用等离子体自由电子气模型计算电导率,如图 4.34 所示,在 0.24 W/cm² 的泵浦光辐照下,硅基底的电导率 σ_{sub} 从 8 S/m 增加到 12.9 S/m,而样品 1 的电导率 σ_{sam} 从 10.7 S/m 上升到 66.8 S/m。这意味着在较弱的光泵浦条件下,在硅基底上生长二硫化钼纳米晶后形成的异质结构的载流子浓度有了很大的提高。因此,定义二硫化钼纳米晶与硅基底界面的表面电导率为

$$\sigma_{\text{表面}} = (\sigma_{\text{sam}} - \sigma_{\text{sub}})/d \qquad (4.8)$$

式中,d 是二硫化钼纳米晶的厚度。当没有泵浦光辐照时,0.6 THz 处的表面电导率 $\sigma_{\text{表面}} = 1.19 \times 10^{12}$ S/cm²;当泵浦光强度增加到 0.24 W/cm² 时,表面电导率 $\sigma_{\text{表面}} = 2.09 \times 10^{13}$ S/cm²,是没有泵浦光辐照时的 20 倍。

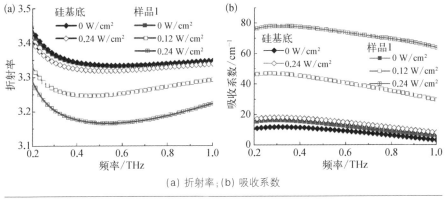

(a) 折射率;(b) 吸收系数

图 4.33
不同泵浦光功率辐照下样品 1 和硅基底的折射率和吸收系数[10]

可以采用石墨烯薄膜对 THz 波的调制理论模型来解释这种现象,其透射率公式为

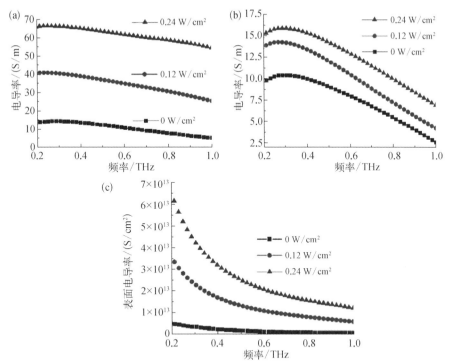

图 4.34　(a,b) 样品 1 和硅基底的电导率；(c) 样品 1 中二硫化钼纳米晶和硅基底界面的表面电导率[10]

$$| t(\omega) | = \left| \frac{1}{1 + N\sqrt{\dfrac{\mu_0}{\varepsilon_0}} \sigma / (1 + n_{\mathrm{sub}})} \right| \qquad (4.9)$$

式中，$N = 0.8$ 为二硫化钼纳米晶的等效层数；ε_0 和 μ_0 分别为自由空间介电常数和磁导率；n_{sub} 是硅基底的有效折射率；σ 是硅-二硫化钼纳米晶复合片的电导率，用描述等离子体自由电子气的 Drude 模型可以求得

$$\sigma = \frac{ne^2}{m^*} \frac{1}{1/\tau - \mathrm{i}\omega} \qquad (4.10)$$

式中，$m^* = 0.53 m_{\mathrm{e}}$ 是载体的有效质量，其中 m_{e} 是电子的质量；$\tau = 0.17 \times 10^{-12}$ s 是载流子的弛豫时间；$\omega = 2\pi f$ 是入射波的圆周频率；n 是载流子密度。根据上式（4.9）和式（4.10）并设定合适的参数 n，可以计算出透过率，如图 4.35（a）所示，

与实验结果吻合得很好,其中 n 的拟合值分别为 $1.7 \times 10^{17}~\text{cm}^{-3}$、$5.1 \times 10^{17}~\text{cm}^{-3}$ 和 $10.09 \times 10^{17}~\text{cm}^{-3}$。当泵浦光功率增加时,硅基底上生长的二硫化钼纳米晶有更大的电导率[图 4.34(c)],增加了自由载流子对 THz 波的吸收,从而实现了 THz 宽带调制。

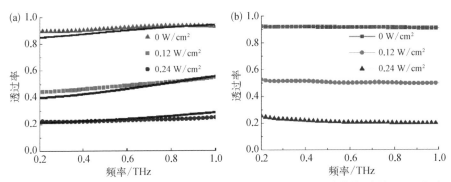

(a) 不同泵浦光功率辐照下器件的透过率测量值(点线)和理论计算值(实线);(b) 通过 FDTD 模拟计算得到的透射光谱[10]   图 4.35

下面利用数值模拟的方法来验证理论和实验。设置硅基底和二硫化钼纳米晶为半导体,电导率参数全部来自上面实验的数据。利用时域有限差分(FDTD)计算软件 FDTD Solutions 模拟了器件的透射光谱。边界条件设定为周期性边界条件,模拟中使用的折射率和电导率数据来自图 4.33 和图 4.34 中由离散点拟合出的曲线。硅基底的厚度设置为 0.46 mm,二硫化钼纳米晶的厚度设定为 $d_{\text{mono}} = 0.7~\text{nm}$,二硫化钼纳米晶的计算网格精度设定为 0.01 nm,其他地方的网格精度设置为 30 μm。如图 4.35(b)所示,模拟计算的结果和实验结果之间有很好的一致性。因此,硅基二硫化钼纳米晶对 THz 波的宽带吸收,即对 THz 波的调制作用,源于二硫化钼纳米晶与硅基底中光生激发的载流子效应。

此外,还可以从图 4.32(e)中发现,当 THz 波的频率大于 1 THz 时,样品 1、样品 2 和硅基底对 THz 波的调制深度都明显下降,这也与等离子体自由电子气的 Drude 模型相符。对于实验样品,在光泵浦激发下的等离子频率 ω_p 处于较高的频率处,其中光生载流子密度 N 与泵浦光功率相关。当电磁波频率 $\omega(\omega < \omega_p)$ 接近 ω_p 时,调制深度会下降到较低值。当 $\omega > \omega_p$ 时,材料对于电磁波逐渐变为透明,调制深度会下降至 0。在这种情况下,在 0.24 W/cm² 的泵浦光功率下,硅基底的 ω_p 在 1.62 THz 附近,因此器件对 THz 波的调制深度在该频率下降为 0。对于样品 1 和样品 2 来说,由于更多的光生载流子被激发,它们的 ω_p 高于 2 THz,所以它们对 THz 波的调制带宽要比硅基底更宽,因此,基于硅-二硫化钼纳米晶的异质结构可以实现宽带的调制功能。

4.4.4　二硫化钼纳米晶的调制增强效应

在 4.4.2 小节中提到,在蓝宝石基底上生长的二硫化钼纳米晶对 THz 波并没有调制效果,这说明在蓝宝石基底上生长的二硫化钼纳米晶的等离子频率 ω_p 小于 THz 波的频率,即其对应的光生载流子浓度也不高。因为蓝宝石是绝缘体,无法产生光生载流子,这说明二硫化钼纳米晶本身在弱光泵浦调制下无法提供足够高的载流子浓度和电导率。生长在蓝宝石基底上的二维材料只有通过飞秒激光泵浦在超短时间内达到瞬间强功率,才可能调制 THz 波。然而,在低功率连续波激光泵浦辐照下,生长在蓝宝石基底上的二硫化钼纳米晶并不能调制 THz 波。同时,在 0.24 W/cm² 的相同泵浦光辐照下,硅基底的光生载流子效应也并不明显,这说明硅基底上生长的二硫化钼纳米晶改变了硅与二硫化钼界面的物性。因此,我们可以将二硫化钼纳米晶看作是一种"催化剂",其帮助二硫化钼纳米晶与硅基底表面产生更多的光生载流子。其"催化"机理归因于二硫化钼和硅基底之间的迁移率和带隙的差异。单层二硫化钼(1.86 eV,676 nm)比单晶硅(1.12 eV,1 120 nm)具有更高的迁移率和更大的带隙,二硫化钼与硅基底接触形成异质结构,这种异质结构可以有效地把硅基底的间接带隙转化为直接带隙。当用 532 nm 的泵浦光辐照激发这种异质结构中的电子-空穴对时,大部分光生载流子在硅基底的耗尽层中产生。由于二硫化钼的载流子迁移率和寿命更高,大部分光生载流子从空间电荷区快速迁移,聚集在二硫化钼和硅基底的界面上。在这个过程中,532 nm 的泵浦光与电子在硅基底和异质结构的耗尽层中相互作用的能力要远强于硅基底(因为变成了直接带隙),因而更多的 532 nm 的泵浦光被异质结构吸收,产生了更多的光生载流子。这种"催化"作用才是硅基二硫化钼纳米晶调制增强的原因。

这个"催化"机理也可以完美解释他人工作中的光泵浦调制原理。比如,在天津大学太赫兹研究中心相关的工作中，石墨烯仅在光泵浦条件下不能有效地"催化"载流子的生成[11]。但是，同时施加负偏压使得载流子大量聚集到石墨烯与硅之间的界面中，提高了器件对 THz 波的调制深度。而在电子科技大学文岐业教授的报道中，相对于硅，锗的载流子更容易受激产生，因此，即使没有石墨烯，锗也可以实现对 THz 波的高效调制[12]。而当在锗基底上生长石墨烯时，通过"催化"作用可以使器件达到更大的调制深度。当然，与石墨烯相比，硅基二硫化钼纳米晶的"催化"效率更高。

本节主要介绍了基于二硫化钼纳米晶的太赫兹光泵浦调制器。在 532 nm 连续波激光器的低泵浦光功率($0.24 \ \mathrm{W/cm^2}$)辐照下，对宽带太赫兹波实现了高达 75% 的调制。通过理论模型和数值模拟计算，证明了这种异质结构对 THz 波的宽带调制效应源于光生载流子的"催化"效应，即二硫化钼与硅基底形成的异质结构使得二硫化钼能够在硅基底表面上"催化"产生更多光生载流子。

参考文献

[1] Morin F J. Oxides which show a metal-to-insulator transition at the Neel temperature. Physical Review Letters，1959，3(1)：34 - 36.

[2] Kim H T, Chae B G, Youn D H，et al. Mechanism and observation of Mott transition in VO₂ - based two-and three-terminal devices. New Journal of Physics，2004，6(1)：52.

[3] Fan F, Hou Y, Jiang Z W，et al. Terahertz modulator based on insulator-metal transition in photonic crystal waveguide. Applied Optics，2012，51 (20)：4589 - 4596.

[4] Fan F, Gu W H, Chen S，et al. State conversion based on terahertz plasmonics with vanadium dioxide coating controlled by optical pumping. Optics Letters，2013，38(9)：1582 - 1584.

[5] Rivas J G, Janke C, Bolivar P H，et al. Transmission of THz radiation through InSb gratings of subwavelength apertures. Optics Express，2005，13(3)：847 - 859.

[6] Fan F, Li W, Gu W H，et al. Cross-shaped metal-semiconductor-metal plasmonic crystal for terahertz modulator. Photonics and Nanostructures-Fundamentals and Applications，2013，11(1)：48 - 54.

［7］ Neamen D A.半导体物理与器件.赵毅强,姚素英,解晓东,等译.3 版.北京：电子工业出版社,2005：232－244.

［8］ Gu W H，Chang S J，Fan F，et al. Active terahertz plasmonic crystal waveguide based on double-structured Schottky grating arrays. Applied Physics Letters，2014，105(15)：151110.

［9］ Wang Q H，Kalantar－Zadeh K，Kis A，et al. Electronics and optoelectronics of two-dimensional transition metal dichalcogenides. Nature Nanotechnology，2012，7(11)：699－712.

［10］ Chen S，Fan F，Miao Y P，et al. Ultrasensitive terahertz modulation by silicon-grown MoS_2 nanosheets. Nanoscale，2016，8(8)：4713－4719.

［11］ Li Q，Tian Z，Zhang X Q，et al. Active graphene-silicon hybrid diode for terahertz waves. Nature Communications，2015，6：7082.

［12］ Wen Q Y，Tian W，Mao Q，et al. Graphene based all-optical spatial terahertz modulator. Scientific Reports，2014，4：7409.

5

太赫兹
偏振控制器件

偏振作为电磁波的一个特征属性,携带有丰富的信息,与人们生活息息相关,比如偏光眼镜、液晶显示屏、偏光镜头、3D电影等都用到偏振。其中,偏振控制器件作为操纵电磁波偏振态的重要元件具有不可替代的作用,其在频谱检测、偏振成像、偏振光通信等领域具有很大的应用价值。传统的偏振控制器件依赖于天然的石英、蓝宝石、液晶等双折射晶体,可以通过使两个正交极化波之间产生相位延迟,进而实现偏振转换。然而,由于其低双折射系数、高损耗、大体积和昂贵的价格,这些天然材料在太赫兹波段的应用受到限制。

近年来,新型人工电磁微结构器件的兴起为太赫兹偏振控制器件的发展提供了机遇,利用诸如表面等离子体、光子晶体、超材料和亚波长光栅等结构引入人工双折射,从而实现太赫兹的偏振控制。相对于天然材料,人工电磁材料具有超薄尺寸、易于集成和灵活操控等优势。Grady 等在 2013 年的 *Science* 上发表了关于基于金属短线阵列的多层太赫兹线偏振转换器的文章,实现了高效的偏振转换,工作带宽接近 1.2 THz[1]。Liu 等在 2015 年提出了一种基于单层超表面的太赫兹正交偏振转换器,其仅仅利用一层螺旋形结构,就得到 π 相位延迟,进而实现偏振转换[2]。然而,多层金属结构往往会带来较大的欧姆损耗,且存在难以加工的缺点;单层结构虽然便于制造,但由于缺少层与层之间的耦合增强作用,透过率一般较低。因此,现有的器件还不能满足人们对太赫兹波段的宽带偏振转换器的实际需要。

5.1　梯度光栅 THz 人工高双折射及其相移器件

只要打破其单元结构的偏振对称性,亚波长光栅即可获得双折射效应。例如简单的矩形硅柱阵列,如果单元硅柱的长和宽不相等,则沿这两个方向偏振的入射波将展现出不同的传输性质。进一步增大这种结构性差异,将结构的长边增大到可以贯穿整个器件,就得到了电介质线栅结构。这种结构在沿栅格方向和垂直于栅格方向上差异巨大,因此可以获得非常好的双折射效果。2011 年,Benedikt 等通过周期性堆叠纸条的方法制作了极其简易的 THz 亚波长光栅,其双折射系数约为 0.15, 吸收系数则在 10 cm^{-1} 左右[3]。综合上述分析, 可知亚波长光栅结构具有插入损耗低、制作简单的优点, 如果能有效地提高其双折射系数, 也必然能成为非常理想的 THz 双折射材料。基于上述分析, 本节提出了两种具有梯度栅格结构的亚波长光栅, 希望通过破坏栅格空间排布的周期性来改善其双折射性能。

5.1.1 梯度光栅器件的结构与双折射实验

两种梯度光栅结构, 即周期梯度光栅 (Periodic Gradient Grating, PGG) 和单调梯度光栅 (Monotonic Gradient Grating, MGG), 均由高阻硅经光刻加工制成。每一条栅脊和一条凹槽构成一个栅格, 对于 PGG, 其栅格大小呈等差数列增加, 初始值为 50 μm, 递增量为 10 μm, 如图 5.1(a)所示。每 10 个栅格构成一个大周期, 每个大周期的尺寸为 950 μm, 周而复始, 直到构成结构面积为 1.2 cm × 1.2 cm 的光栅芯片。图 5.1(b)所示为 MGG 的结构, 其初始栅格大小为 46 μm, 之后则以 4 μm 的增量递增。因此, PGG 仍具有一定的周期性, 只是其在一个大周期内具有许多非周期性的栅格, 而 MGG 则完全由啁啾变化的栅格构成, 失去了传统等周期光栅所具有的严格周期性。这两种光栅的栅脊宽度和高度则完全相同, 分别为 30 μm 和 120 μm。图 5.1(c)和图 5.1(d)分别为 PGG 和 MGG 的 SEM 图。

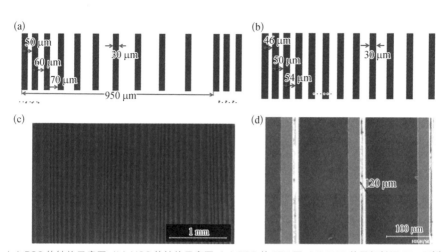

(a) PGG 的结构示意图; (b) MGG 的结构示意图; (c) PGG 的 SEM 图; (d) MGG 的局部斜视 SEM 图[4]　图 5.1

类比于自然双折射晶体的光轴,这里将梯度光栅的光轴方向指定为平行于其栅脊的方向。要研究其双折射性质,就需要对其在不同偏振光入射时的传输性质进行研究。图 5.2(b)所示为基于 THz - TDS 系统的器件偏振特性测量的实验装置图。梯度光栅样品被放置在 THz 光束的焦点处,在其前后各放置一块偏振片作为起偏器和检偏器。调节这两块偏振片,使其偏振透过方向均沿着 x 轴方向,以保证入射光和被测光的偏振态相同。梯度光栅可以绕光束传输方向旋转,其光轴方向与偏振片的透振方向的夹角为 θ,如图 5.2(a)所示。实验在室温下进行,环境湿度保持在 5% 以下。

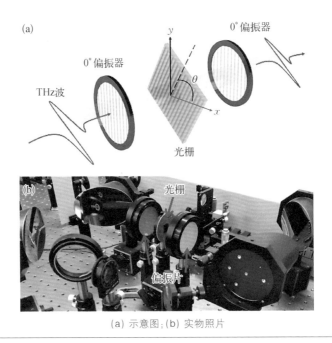

图 5.2
梯度光栅双折射实验装置图[4]

(a) 示意图;(b) 实物照片

在经过起偏器之后,入射 THz 波的电场分量可以表示为 $\boldsymbol{E}_{in} = \boldsymbol{x}\exp(-\mathrm{i}\omega t)$,其中 $\boldsymbol{x}$ 为沿 x 轴方向偏振电场的单位振幅矢量,ω 为入射 THz 波的圆频率。如图 5.2(a)所示,定义 $\theta=0°$ 时的传输模式为 TE 模式,$\theta=90°$ 时的传输模式为 TM 模式。由此可以推导出任意 θ 角情况下,THz 波在透过梯度光栅后的电场分量:

$$\boldsymbol{E}_g = \boldsymbol{x}\exp(-\mathrm{i}\omega t)\left[T_{TE}\cos\theta\exp(-\mathrm{i}\varphi_{TE}) + T_{TM}\sin\theta\exp(-\mathrm{i}\varphi_{TM})\right] \quad (5.1)$$

式中，φ_{TE}、φ_{TM} 与 T_{TE}、T_{TM} 分别为 TE、TM 模式所对应的相位延迟和振幅透过率。在经过检偏器之后，THz 波的电场分量变为

$$\boldsymbol{E}_{out} = \boldsymbol{y}\exp(-\mathrm{i}\omega t)\left[T_{TE}\cos^2\theta\exp(-\mathrm{i}\varphi_{TE}) + T_{TM}\sin^2\theta\exp(-\mathrm{i}\varphi_{TM})\right]$$

(5.2)

式中，$\boldsymbol{y}$ 为沿 y 轴方向偏振电场的单位振幅矢量。

实验测得的 θ 取 0°、45°和 90°时 PGG 的时域脉冲信号如图 5.3(a)所示。随着 θ 的增大，时域脉冲信号逐渐向前移动，即其相位延迟逐渐变小。其中 TE 模式对应的脉冲峰值在 3 ps 处，而 TM 模式对应的峰值在 2.5 ps 处，这表明其相位延迟小于 TE 模式。图 5.3(b)所示为 MGG 的实验结果，其趋势也和 PGG 相同，都具有明显的双折射效应。

通过对时域信号做傅里叶变换可以得到其频率传输光谱，这里选用在空气中传输的 THz 信号作为参考信号。对于 THz 偏振控制器件而言，一般希望其透过率高、带宽大且谱线较为平坦。如 2.2 节所述，传统的亚波长光栅栅格周期完全相等，因此往往会引起导模谐振等光学异常效应，在光栅的传输谱上则表现为尖锐而强烈的谐振峰。而梯度光栅则破坏了器件的空间周期性，其空间相位呈连续变化趋势，破坏了导模谐振产生的相位匹配条件，因此可以有效地避免这些光学异常效应的影响。如图 5.3(c)和图 5.3(d)所示，PGG 和 MGG 的传输模式均具有较高的透过率，且其光谱较为平坦，不存在尖锐的谐振峰。

通过进一步计算可以得到两种梯度光栅各自的有效折射率。图 5.3(e)所示为 PGG 的计算结果，其 TE 和 TM 模式在 0.4～1.4 THz 宽达 1 THz 的光谱内均具有非常小的色散。其中 TE 模式的有效折射率为 3.25，而 TM 模式的有效折射率为 2.9，即其可以在宽谱的范围内实现高达 0.35 的双折射系数。MGG 的计算结果如图 5.3(f)所示，在 1.05 THz 以下的频段，其 TE 模式展现出非常明显的正色散。虽然在 1.05 THz 处也能获得 0.35 的双折射系数，但其带宽则远小于 PGG。

---

① Exp 即为实验测得。

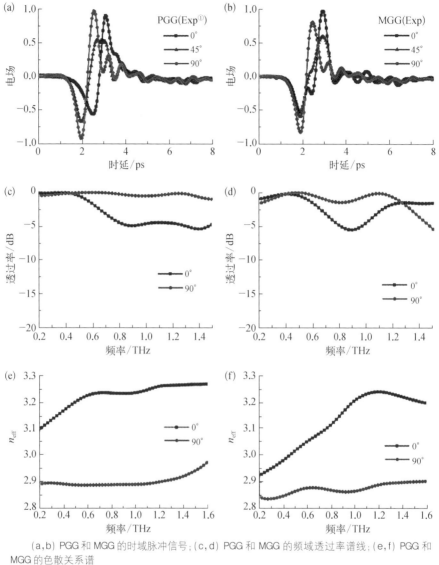

图 5.3
不同偏振下实验测得的 PGG 和 MGG 的时域脉冲信号、频域透过率谱线和色散关系谱[4]

(a,b) PGG 和 MGG 的时域脉冲信号；(c,d) PGG 和 MGG 的频域透过率谱线；(e,f) PGG 和 MGG 的色散关系谱

    图 5.4(a) 和图 5.4(c) 所示为用 FDTD 算法对 PGG 传输和相位特性进行数值模拟的结果，而 MGG 则难以进行模拟。这是因为 PGG 可以通过构建 950 μm 的大周期并辅以周期性边界来进行建模，而 MGG 则完全不具备周期性，在建模时必须完全按照实际尺寸画出，在这种情况下，即使使用非均匀网格划分，MGG 模型计算所需内存大小仍将远远超出计算机的内存容量，因此无法进行计算。

为了和 PGG 的结果相互参照,这里给出了一种传统等周期光栅(Equal-Periodic Grating,EPG)的模拟结果,如图 5.4(b)和图 5.4(d)所示。该光栅的周期为 95 μm,栅脊宽度为 30 μm,这样可以使其占空比($f_{EPG}=30/95$)和 PGG 的占空比($f_{PGG}=30\times10/950$)相等。当光栅的栅格周期远远小于电磁波的波长时,等效折射率可以通过等效介质理论来进行计算。根据这一理论,具有相同占空比的光栅的等效折射率也相同。然而对于本节所涉及的亚波长光栅,其栅格周期与 THz 波的波长均处于同一数量级,因此无法简单地用等效介质理论来估算其等效折射率。归纳起来,这种亚波长光栅的双折射系数主要受四个因素影响:所用材料与空气的折射率差和占空比、微结构的刻蚀深度、结构单元的偏振非对称性,以及结构单元之间的空间排布关系。如图 5.4(c)和图 5.4(d)所示,PGG 和 EPG 的有效折射率具有明显的差异。在其他三种因素完全相同的情况下,这种

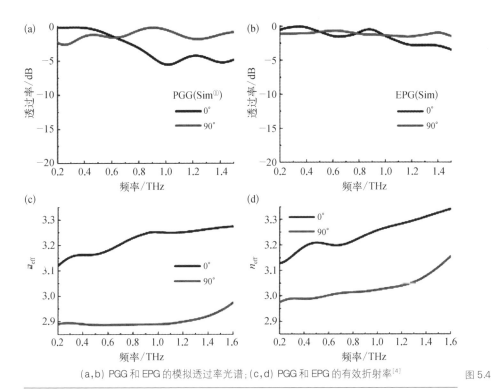

(a,b) PGG 和 EPG 的模拟透过率光谱;(c,d) PGG 和 EPG 的有效折射率[4]　　图 5.4

① Sim 即为模拟得到。

差异的产生是由其不同的空间排布关系造成的。为方便讨论,这里可以对 TE 和 TM 模式之间的波矢差进行定性的计算:

$$\Delta \boldsymbol{k} = \boldsymbol{k}_{TE} - \boldsymbol{k}_{TM} = \Delta \boldsymbol{k}_{g} + \Delta \boldsymbol{k}_{a}, \ \mid \Delta \boldsymbol{k} \mid = \Delta n_{eff} \frac{\omega}{c} \tag{5.3}$$

式中,$\Delta \boldsymbol{k}_{g}$ 为结构单元的空间非对称性引起的波矢差;$\Delta \boldsymbol{k}_{a}$ 为栅格的梯度排布引入的附加波矢差。在 PGG 和 MGG 结构中,栅格大小的梯度变化引起了相位在空间上的梯度分布,而这种梯度分布将为结构引入额外的波矢差 $\Delta \boldsymbol{k}_{a}$,具体则表现为 TM 模式等效折射率的减小。但是栅格大小的梯度变化对 TE 模式的影响较 TM 模式小得多,因此可以使得梯度光栅的双折射系数明显大于等周期光栅。

接下来再来讨论器件的衍射性质。对于此处所提出的亚波长光栅结构,其栅格尺寸均在几十微米数量级,而 THz 波段的波长(1 THz 对应 300 μm)则在几百微米这一量级,其波长远大于光栅的栅格尺寸。虽然 PGG 结构包含 10 个栅格,具有长达 950 μm 的大周期,但其栅格梯度的影响远大于长周期所引起的衍射效应。利用严格耦合波分析(Rigorous Coupled Wave Analysis,RCWA)算法可以计算出 PGG 的衍射效率,如图 5.5 所示,其中 0 T 表示零级衍射,不论是 TE 模式还是 TM 模式,这一级次的衍射效率都非常高,在 0.5~1.6 THz 的大部分频段都大于 70%;1 T 和 2 T 分别表示一级衍射和二级衍射,其衍射成分所占比重较之零级衍射则非常小。因此,THz 波在经过器件后其主要能量仍集中在零

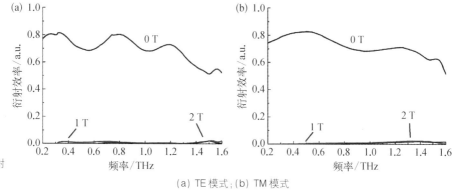

图 5.5
PGG 的 衍 射
效率

(a) TE 模式;(b) TM 模式

级衍射分量中,而分散到高阶级次的能量非常有限,因此可以忽略高阶级次可能引起的波前畸变。本质上讲,亚波长梯度栅格既破坏了 x-y 平面内器件的偏振对称性,又打破了普通光栅的周期性,从而消除了光栅衍射和谐振的影响,在改善其色散和带宽性质的同时避免了其波前产生畸变。

图 5.6(a) 中比较了 PGG、MGG 和 EPG 在 THz 波段的双折射系数。其中 PGG 的双折射系数最高,在 0.4~1.6 THz 可以达到 0.35。MGG 的双折射系数在低频波段较小,在 0.2 THz 处只有 0.08,之后随频率增大而迅速增大,并在 1.1 THz 处获得峰值 0.35。这两种光栅的双折射系数均大于 EPG,后者在这一波段的双折射系数只有 0.15~0.2。对这三种光栅的 TE、TM 模式传输相位延迟的差值,即 $\Delta\varphi = \varphi_{\mathrm{TE}} - \varphi_{\mathrm{TM}}$ 也做了比较,结果如图 5.6(b) 所示。三种光栅的 $\Delta\varphi$ 均随频率增大而增大。在光栅厚度相同的情况下,双折射系数越大则 $\Delta\varphi$ 越大,因而 PGG 和 MGG 的 $\Delta\varphi$ 在 1.5 THz 处可以达到 1.4π rad。因此,这两种光栅不仅可以在低频段用作四分之一波片,还可以在高频段实现半波片的功能。此外,PGG 的相位延迟差在 0.2~1.4 THz 频段上呈现出非常优秀的线性增长,因而 PGG 也可以用作 THz 波段的宽带线性相移器。对于 EPG,其 $\Delta\varphi$ 的最大值在 1.4 THz 处获得,仅为 0.9π rad,即只能满足四分之一波片的相位条件而无法用作半波片。因此,相对于传统等周期光栅,相同厚度下的梯度光栅可以获得更大的相位延迟差。换而言之,梯度光栅可以在更小厚度的情况下获得足够大的相位延迟差,这可以有效地降低器件的插入损耗,提高器件的可集成性。

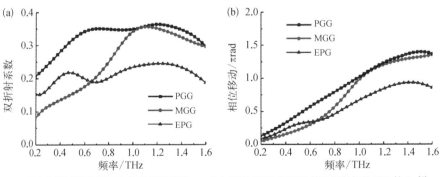

(a) PGG、MGG 和 EPG 的双折射系数 Δn;(b) PGG、MGG 和 EPG 的双折射相位延迟差 $\Delta\varphi$[4]　图 5.6

5.1.2 基于梯度光栅结构的半波片实验

5.1.1 节中讨论分析了梯度光栅器件的双折射性质,本小节将进一步分析这些器件在用作半波片以实现偏振转化时的性能。图 5.7(a)所示为半波片实验的装置示意图。光栅依旧放在系统中 THz 光斑焦点处,在其前面放置一块起偏器,并使光栅的光轴方向与起偏器的偏振透过方向呈 45°夹角。这样只有 45°偏振的 THz 波才能入射到光栅表面,从而保证 TE 和 TM 模式的初始振幅相等。在理想的情况下,即 TE 和 TM 模式的透过率完全相等时,如果两者的相位延迟差为 π rad,则 THz 波的偏振态将发生 90°的旋转,即从 45°转换为 −45°。用 FDTD 算法可以对器件中电磁波的电场分布进行模拟,如图 5.7(b)~图 5.7(d)所示。频率为 1.05 THz 的水平线偏振光入射到 45°放置的梯度光栅上,偏振态在光栅中产生变换。图 5.7(c)所示为光栅中栅格与基底交界处的电场分布,此时 THz 波的偏振态已经发生逆时针旋转,变成右旋椭圆偏振光。在图 5.7(d)所

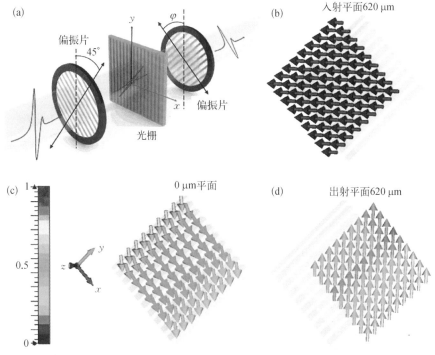

图 5.7
半波片实验的装置示意图和器件中 THz 波电场分布图[4],箭头方向表示电场矢量方向,电磁波频率为 1.05 THz

(a) 半波片实验的装置示意图;(b) 在入射面处的电场分布图;(c) 在光栅刻槽底平面处的电场分布图;(d) 在出射面处的电场分布图

示的出射面处,THz 波已经变为竖直方向线偏光,即偏振态发生了 90°的旋转。

下面对不同光栅的偏振转化效率进行定量评估。为了在探测时将已转化分量和未转化分量区分开,在光栅后方再放置一块检偏器,其透振方向与光栅光轴成 α 夹角。这样出射 THz 波的振幅可以表示为

$$E(\omega) = x \exp(-i\omega t) T_{TM} \sin\alpha + y \exp(-i\omega t) T_{TE} \cos\alpha \exp(-i\Delta\varphi) \quad (5.4)$$

出射 THz 波的能量谱可以表示为

$$P(\omega) = EE^* = [T_{TM}(\omega)\sin\alpha + T_{TE}(\omega)\cos\alpha\exp(-i\Delta\varphi)] \quad (5.5)$$

在半波片的工作频率处,TE 和 TM 模式的相位延迟差 $\Delta\varphi = \pi$ rad,代入式 (5.5)可以发现,当 $\alpha = -45°$ 时,已转化分量可以完全透过检偏器,而 $\alpha = 45°$ 时则可以测得未转化分量的强度。理论上,这两个分量的能量呈互补关系,再加上器件的插入损耗就可以得出入射到器件前表面的 THz 波总能量。这里主要关注各种光栅器件的偏振转化效率,定义偏振转化率为

$$C = \frac{T_{-45°}}{T_{45°} + T_{-45°}} \quad (5.6)$$

式中,$T_{-45°}$ 和 $T_{45°}$ 分别为已转化分量和未转化分量的振幅透过率。图 5.8(a)为实验测得的 PGG 的振幅透过率谱。在 1.06 THz 处,已转化分量的透过率达到了 69%,而未转化分量的透过率只有 1%,据此可以算出其最大转化率为 99.3%,如图 5.8(c)所示。在大于 1.06 THz 的频段,随着频率的增大,$\Delta\varphi$ 逐渐远离 π rad,因此转化率下降。值得注意的是,转化率的峰值出现在 1.06 THz 处,这和图 5.6(b)中 $\Delta\varphi = \pi$ rad 的位置在 0.98 THz 存在一些偏差。这是因为这种线性偏振光的转化率是由相位延迟差和传输模式的透过率共同决定的。只有当 $T_{TE} = T_{TM}$ 且 $\Delta\varphi = \pi$ rad 时,透过光栅后输出的电磁波能够转化为严格的 $-45°$ 线偏光。但在这里 T_{TE} 和 T_{TM} 并不严格相等,因此 $\Delta\varphi = \pi$ rad 频率处的 THz 波并非严格的 $-45°$ 线偏光,从而导致最大转化率出现了一些偏移,转化率也略小于 100%。MGG 的传输光谱如图 5.8(b)所示,其最大转化率为 97.7%,位于 1 THz 处,稍小于 PGG 的最大转化率。

同样,使用 FDTD 算法可以对 PGG 和 EPG 的偏振转换过程进行数值模拟。

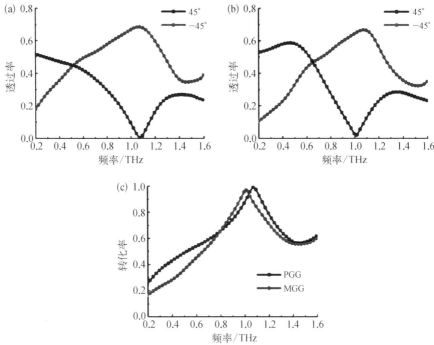

图 5.8
实验测得的偏
振态已转化分
量(−45°)和未
转化分量(45°)
的振幅透过率
谱和偏振转化
率谱[4]

(a) PGG 的振幅透过率谱;(b) MGG 的振幅透过率谱;(c) PGG 和 MGG 的偏振转化率谱

　　其中 PGG 的模拟结果如图 5.9(a)所示,其最大透过率为 1.07 THz 处的 68.9%,和图 5.8(a)中的实验结果符合得非常好。图 5.9(b)给出了 EPG 的模拟结果以便进行对照。其最大转化率为 87.4%,位于 1.21 THz 处,远低于 PGG 的最大转化率。如前文所述,EPG 传输模式间的相位延迟差无法达到 π rad,最大值仅为 0.9π rad,因此其最大转化率要低于 PGG。然而在 1.2~1.6 THz 频段,其相位延迟差始终保持在 0.8π~0.9π rad,因此在这一频段其转化率高于 PGG。综上,在上述三种光栅中,PGG 具有最高的偏振转化率,较之等周期光栅,具有双折射系数更大、带宽更宽、色散小、相位延迟呈线性等优点。

　　本节主要介绍了两种具有亚波长梯度栅格结构的 THz 双折射材料,在光栅结构的偏振非对称性之外,通过引入栅格的空间非周期性来进一步提高器件的双折射性能。实验测试和数值模拟的结果表明,栅格的梯度排布对器件的传输性质具有明显的偏振响应,有效地增大了 TE 和 TM 模式之间的差异,从而提高了器件的双折射系数。此外,这种非周期性的栅格排布还可以有效地避免导模

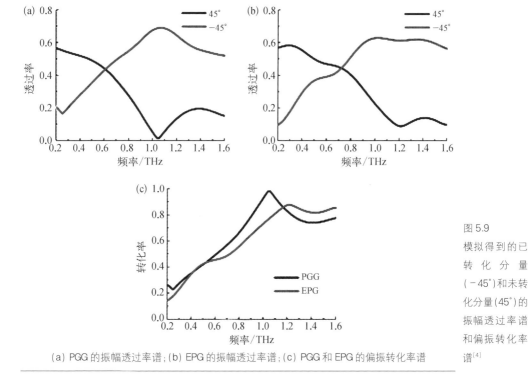

(a) PGG 的振幅透过率谱；(b) EPG 的振幅透过率谱；(c) PGG 和 EPG 的偏振转化率谱

图 5.9
模拟得到的已转化分量（-45°）和未转化分量（45°）的振幅透过率谱和偏振转化率谱[4]

谐振效应对器件传输谱的影响，在保持器件高透过率的同时改善其色散性质。半波片实验的结果进一步证明了器件的优异性能，实现了 THz 波段高效率的偏振转化。

5.2　基于介质-金属复合光栅的 THz 宽带偏振转换器件

在偏振转换器件的研究中，线偏振的正交偏振转换最为常见，应用也最为广泛，它能够实现线偏光 90°的偏振旋转。本节在介质光栅双折射特性研究的基础上，设计和制备了一种介质-金属复合光栅结构，通过在介质光栅背面制备与正面介质光栅取向成 45°的金属光栅，实现了线偏光的正交偏振转换。另外，当与入射光偏振态相同的 THz 波反向入射该器件时，其被禁止传输，因此也可以起到单向传输的功能。该器件具有频带宽、结构简单和易于加工的优点，可以作为 THz 波段理想的线偏振转换器。

5.2.1　亚波长金属线栅的偏光特性

如图 5.10 所示,M_1 和 M_2 是两种不同占空比的金属光栅,光栅常数均为 20 μm,栅脊宽度分别为 14 μm 和 10 μm,金属厚度均为 200 nm,材质均为 Au。不同于介质光栅的加工工艺,金属光栅的制备过程为光刻显影后在硅的表面蒸镀金属,无光刻胶的区域 Au 直接落在硅表面,而有光刻胶的部分落在光刻胶上面,随后经过去胶、划片就得到了图形化的金属结构。

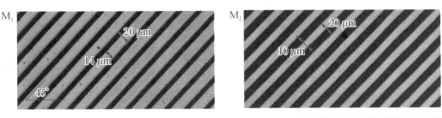

图 5.10
金属光栅 M_1 和 M_2 的显微结构图

图 5.11 所示为金属光栅的透过率谱,图中的点线代表实验结果,实线代表模拟结果。当偏振方向平行于金属栅取向时记为 0°,此时 THz 波大部分被反射,1 THz 处 M_1、M_2 的透过率仅为 3% 和 6%;当偏振方向垂直于金属栅时记为 90°,此时 THz 波可以大部分透过,1 THz 处 M_1、M_2 的透过率分别为 68% 和 64%,剩余约 30% 的损耗主要来自器件硅界面的反射。综上所述,金属光栅具有良好的偏振选择特性。表征金属光栅性能的消光比公式如下:

$$P = -20\lg(T_{0°}/T_{90°}) \tag{5.7}$$

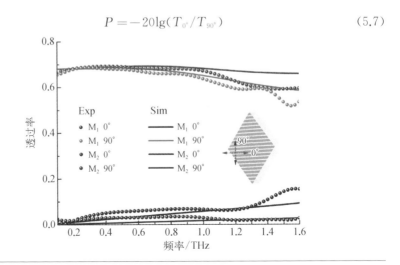

图 5.11
金属光栅的透过率谱[5]

由公式计算可知 M_1 的消光特性好于 M_2,因此接下来复合器件中采用 M_1 作为金属光栅结构进行讨论。

5.2.2　复合光栅的偏振转换与单向传输特性

利用介质光栅的双折射特性和金属光栅的偏振选择特性,并把两者结合起来就构成了介质-金属复合光栅结构,如图 5.12(a)所示。其主要分为三层:第一层是硅介质光栅层;第二层是未被刻蚀的中间介质层;第三层为金属光栅层。其中介质光栅与金属光栅取向成 45°角,器件实物图如图 5.12(b)所示。

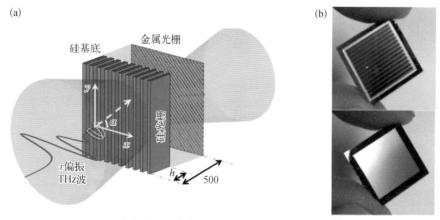

(a) 介质-金属复合光栅结构示意图;(b) 器件实物图[5]

图 5.12

器件的工作原理如图 5.13 所示,当一束 x 方向的线偏振光入射到 45°取向的介质光栅时,由于介质光栅具有双折射特性,使得平行和垂直于光栅取向的正交分量之间产生相位延迟,进而实现偏振转换的作用。当满足 π rad 的相位延迟时,从介质光栅出射的偏振态将会转变成 y 方向的线偏振光。另外,器件在 45°取向的状态下,背面金属光栅取向正好与 x 方向平行,因此只有 y 方向的偏振光可以自由透过金属光栅,所以该器件可以实现 100％的线偏振输出。假设介质光栅在宽带范围内可以实现半波片的功能,那么介质-金属复合光栅可以实现宽带的正交偏振转换。然而,对于介质光栅来说,对于 π rad 的相位延迟一般只存在于单个频点,绝大部分线偏振的 THz 波经介质光栅后只能转化为椭圆偏振,所以最终输出的偏振光中只有一部分 y 偏振分量可以透过金属光栅。然

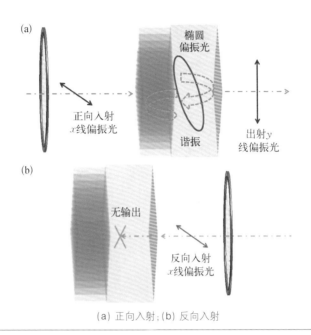

(a) 正向入射；(b) 反向入射

而,通过下面的实验测试,发现事实并非如此。

　　加工制备的四种介质光栅的栅脊宽度均为 30 μm。其中,D_1 为普通周期光栅,光栅常数为 50 μm,栅槽宽度为 20 μm。$D_2 \sim D_4$ 为梯度渐变光栅,刻槽最窄处均为 20 μm,并向一侧递增。D_2、D_3 的栅槽递增量均为 5 μm。D_2 由 5 个栅格组成,单个周期宽度为 300 μm。D_3 由 10 个栅格组成,单个周期宽度为 725 μm。D_4 的栅槽递增量为 10 μm,同样由 10 个周期组成,单个周期宽度为 950 μm。我们以 $D_2 M_1$ 为例分析了刻蚀深度 $h = 200$ μm 和 $h = 120$ μm 下器件的偏振转化特性。其中,$D_i M_j$($i = 1,\ 2,\ 3,\ 4$;$j = 1,2$)表示复合结构由介质光栅 D_i 和金属光栅 M_j 构成。从图 5.14(d)可以看出介质光栅取向为 45° 和 −45° 时,背面金属光栅分别与入射 THz 波的偏振方向平行或垂直,因此这两种情况下输出的偏振态必将是沿 y 方向或沿 x 方向的线偏振光。如图 5.14(a)所示,当刻蚀深度 $h = 200$ μm、介质光栅取向为 45° 时,$D_2 M_1$ 在 0.72 THz 处的透过率为 90%,并且在 0.2～1.2 THz 内的透过率在 50% 以上。而在刻蚀深度 $h = 200$ μm、介质光栅取向为 −45° 的情况下,$D_2 M_1$ 在 0.72 THz 处的透过率仅为 9%。当刻蚀深度 $h = 120$ μm 时,$D_2 M_1$ 在 1.16 THz 处、介质光栅取向为 ±45° 时对应的最高透过率和

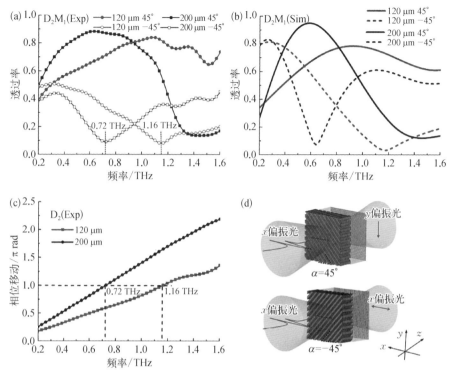

（a）D_2M_1 在 $h = 200\ \mu m$ 和 $h = 120\ \mu m$、介质光栅取向为 45°和 −45°时的透过率的实验结果；（b）模拟透过率曲线；（c）介质光栅 D_2 在不同刻蚀深度下的相移曲线；（d）介质光栅取向为 45°和 −45°时的传输示意图[5]

图 5.14

最低透过率分别为 85% 和 8%。

对比图 5.14(a) 和图 5.14(b)，可以发现模拟结果与实验结果基本一致。偏振转化效率最高的频率位置分别位于 0.72 THz 和 1.16 THz 处，正好对应 π rad 的相移频点，如图 5.14(c) 所示。刻蚀深度会使 π rad 相移频点发生平移，因此可以通过改变刻蚀深度来调整工作频段。相移的计算公式如下：

$$\Delta\varphi(f) = \varphi_{0°}(f) - \varphi_{90°}(f) = \frac{\Delta n(f)2\pi fd}{c} = \pi\ \text{rad} \qquad (5.8)$$

式中，$\varphi_{0°}(f)$ 和 $\varphi_{90°}(f)$ 分别表示偏振方向平行或垂直于介质光栅时的相位。

值得注意的是，复合结构 D_2M_1 在 0.6~0.8 THz 的透过率可以达到 90%，远远高于单个金属光栅 70% 的透过率。此外，通过上面的分析我们知道只有在 π rad 相位延迟处才会得到较高的 y 偏振输出，而实验结果显示在远离 π rad 相位延迟的宽带范围内仍然具有较高的透过效率,比如刻蚀深度 $h = 200\ \mu m$ 时 D_2M_1 在 0.36~0.86 THz 的透过率均高于 70%。综合以上两点,可以认为介质-金属复合器件并不是两个光栅的简单叠加,器件内部存在某种局域谐振机制,大大增强了复合结构的偏振转化效率,扩展了工作带宽。

为了进一步了解器件内部的物理机制,我们模拟了 D_2M_1 在 $h = 200\ \mu m$ 下不同频率处的电场分布,如图 5.15 所示。如图 5.15(a)所示,当 $f = 0.65$ THz,一束 x 方向偏振光入射到 45°取向的介质光栅时,在介质光栅层的作用下,偏振态会转化为部分 y 方向的线偏振和大部分椭圆偏振,即产生 E_y 和部分 E_x、E_z 电场分量。其中只有 E_y 电场分量可以直接透过背面金属光栅,其余电场分量被反射回介质光栅层。在介质中间层的亚波长尺度下,被反射的电场分量形成局域谐振在前后光栅层组成的腔内不断振荡。特别是 E_z 电场分量被完全局域在光栅层附近,而不能泄漏出腔外,如图 5.15(a)中第三幅图所示。每一次反射过程中,当 E_x 和 E_z 经过介质光栅时,总有一部分转化为新的 E_y 电场分量从金属光栅层输出,而剩余部分继续经历以下过程:偏振转换(产生 E_y)→偏振选择(输出 E_y)→反射→偏振转换(产生新的 E_y)。

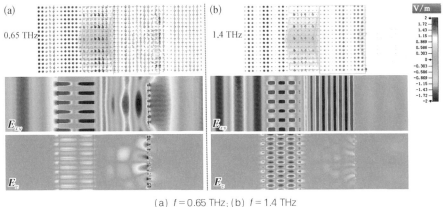

图 5.15
D_2M_1 在 $h = 200\ \mu m$ 下不同频率处的电场分布,分为总电场矢量、E_{xy} 和 E_z 电场分量[5]

(a) $f = 0.65$ THz;(b) $f = 1.4$ THz

从上面的电场分布图中,能够看出器件内部存在的偏振转换及耦合谐振机制类似于 Fabry‐Perot 效应,这大大增强了偏振转化效率,扩展了工作带宽。图 5.15(b)所示为 $f = 1.4$ THz 处的电场分布,从图中可以发现几乎没有电场从器件输出,这是由于该频率位置过于远离 π rad 相移频点,介质光栅失去了对偏振光的偏振转换作用,因而不会产生 E_y 电场分量,而 E_z 电场分量仅局域在介质光栅内部,所以不存在偏振增强的物理机制。

此外,我们研究了器件的非对称传输特性。如图 5.16 所示,当正向入射一 x 方向的线偏振光时,在介质光栅的偏振转换下能够转化为 y 方向线偏振光从金属光栅输出,而同一 x 方向的线偏振光反向入射时,由于该偏振方向与金属线栅平行而被禁止传输,即可以实现单向传输的功能。图 5.16(a) 为 $D_1M_1 \sim$ D_4M_1 四种复合结构的正反向透过率曲线,结果显示在中心频率处,正向透过率随介质光栅 $D_4 \sim D_1$ 梯度减弱而逐渐变大,其中 D_1 具有最高 94% 的透过率。介质光栅的色散越小,其偏振转化效率越高。而在反向入射时 THz 波几乎完全被金属光栅反射,由于四种复合结构的金属光栅参数完全相同,所以反向透过率均为 2%。正反向非对称传输的消光比可由下式得出:

$$Ext = 20\lg(T_{正向} - T_{反向}) \tag{5.9}$$

式中,$T_{正向}$ 和 $T_{反向}$ 分别表示正反向透过率。从图 5.16(b) 可以看出,器件在宽带范围内具有很好的消光特性。其中在 $0.2 \sim 1.2$ THz,D_1M_1 的消光比接近 30 dB。

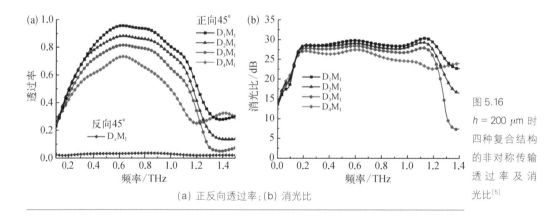

(a) 正反向透过率;(b) 消光比

图 5.16 $h = 200\ \mu m$ 时四种复合结构的非对称传输透过率及消光比[5]

5.3 介质-"H"超表面偏振模式变换器

这一节主要介绍亚波长介质光栅-"H"超材料复合结构的偏振模式变换器

件。利用亚波长介质光栅的双折射特性和"H"超材料对 TE、TM 偏振模式具有不同的谐振响应特性，实现了 TM 到 TE 的偏振模式变换。

5.3.1 器件结构

该复合超表面结构分为三层，如图 5.17(a)所示，其中第一层为梯度渐变介质硅光栅层，它是由厚为 500 μm 的高阻硅片刻蚀得到的，光栅刻蚀深度为 120 μm，光栅周期为 300 μm，每个周期内包含 5 个栅脊，栅脊宽度恒定为 30 μm，栅槽宽度依次递增，第一个栅槽宽度为 20 μm，递增量为 5 μm；第二层为介质基底层，厚度为 380 μm；第三层为超材料层，厚度为 0.2 μm，单元结构周期为 60 μm，金属线宽为 8 μm。另外，正面介质光栅取向与反面"H"超材料成 45°角设计。器件正反面显微照片如图 5.17(b)和图 5.17(c)所示。

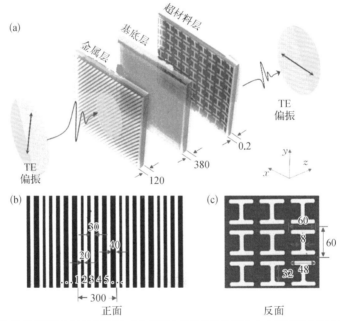

图 5.17　(a) 介质-"H"超表面结构示意图；(b) 正面介质光栅显微照片；(c) 反面"H"超材料显微照片（单位：μm）[6]

5.3.2 介质光栅的双折射特性及"H"超材料的偏振依赖特性

分立介质光栅的双折射特性如图 5.18(a)所示，时域谱线由标准 THz - TDS

系统测得。0°、90°代表偏振方向分别平行、垂直于光栅栅脊取向,由图中的红色和蓝色表示,空气信号作为参考如图 5.18(a)中的黑线所示。从图中可以看出 0°时的时域信号滞后于 90°时的时域信号,这是由于两个方向存在光程差,也就是折射率不同。对时域信号进行傅里叶变换可以得到对应的振幅谱 $A(\omega)$ 和相位谱 $\varphi(\omega)$。 光栅栅脊取向与入射光偏振方向成 0° 和 90°时的有效折射率可以由下式求得:

$$n_{\text{eff}} = \frac{\left[\varphi_{\text{空气}}(\omega) - \varphi_{\text{样品}}(\omega)\right]c}{\omega d} + 1 \qquad (5.10)$$

式中,d 表示光栅的总厚度 500 μm。有效折射率谱线如图 5.18(b)所示。由于其梯度渐变分布,亚波长介质光栅具有大的双折射和较低的色散,在 0.2~1.6 THz 双折射系数 $\Delta n = n_{0°} - n_{90°} \approx 0.25$。 如图 5.18(c)所示,在 1.16 THz 处可以实现 π rad 相移,可通过下式推得:

$$\Delta\varphi(f) = \varphi_{0°}(f) - \varphi_{90°}(f) = \frac{\Delta n(f)2\pi f d}{c} = \pi \text{ rad} \qquad (5.11)$$

式中,f 为入射光频率;d 为样品厚度。

模拟仿真采用 CST 软件,硅被设定为介电常数为 11.7 的无损材料,最小网格为 1 μm,在非传输方向设定为周期性边界条件。从图 5.18(b)可以看出实验结果(点线)与模拟结果(实线)基本一致。另外,该介质光栅在 0°、90°方向的透过率约为 70%。该介质光栅在 π rad 相位延迟所对应的频率处可以作为半波片使用,实现正交线性偏振转换,而对于其他频点,只能实现线偏振到圆或椭圆偏振态的转变。

"H"超材料的偏振依赖特性如图 5.18(d)所示。透过率经 $I(\omega) = 20\lg[T_s(\omega)/T_r(\omega)]$ 变换后得到"H"超材料形式,其中 $T_s(\omega)$、$T_r(\omega)$ 代表样品和参考信号的振幅谱。本节定义 TE 模式为入射光偏振方向垂直于"H"超材料单元,其谐振谷位于 1.3 THz 处,而 TM 模式为入射光偏振方向平行于"H"超材料单元,对应谐振谷在 0.63 THz 处。该结构的最高透过率和最低透过率分别为 70%(−3 dB)、5%(−26 dB)。由上面的讨论可以知道介质光栅具有高双折射系数,超材料单元具备 TE、TM 偏振敏感特性。

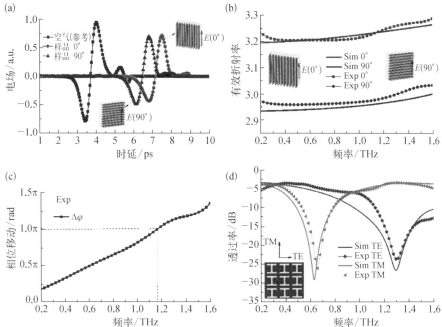

图 5.18
介质光栅的双折射特性及"H"超材料的偏振依赖特性[6]

（a）介质光栅的太赫兹时域光谱，栅脊取向与偏振方向分别成 0°、90°时为样品信号，参考信号为空气；（b）经傅里叶变换后得到的介质光栅有效折射率谱线；（c）介质光栅的相移谱线；（d）"H"超材料的 TE、TM 透过率曲线

5.3.3 介质-"H"超表面的偏振模式变换特性

对于复合超表面结构来说，第一层介质光栅可以作为波片使用，实现偏振转换，当一束线偏振光经过介质光栅时，可以在背面超材料激发出正交偏振模式。如图 5.19(a)所示，当一束 TM 偏振光入射到复合超表面结构时，如果没有 45°放置的介质光栅，则将在 0.63 THz 处得到 TM 模式的谐振谷。然而，对于复合超表面，经介质光栅偏振转换后在其背面获得了 TE 模式，谐振频率落在 1.3 THz 处，这与单个"H"超材料的 TE 模式正好吻合。类似地，如果 TE 偏振光入射到复合超表面结构，将在 0.63 THz 处得到 TM 模式的谐振谷。由于光路可逆原理，这种情况等同于在背面超材料一端入射 TM 偏振光，在光栅另一端可以探测到 TE 模式，如图 5.19(b)所示。对于反向入射的情况，谐振模式 TM 率先由超材料层激发，经过介质光栅时，偏振模式转换为 TE 模式。因此，对比正反向入射情况，同一 TM 偏振下得到两种不同的结果：（1）正入射时 TE 模式位于

1.3 THz;(2) 反向入射时 TE 模式落在 0.63 THz 处。该复合器件可以实现非对称传输。消光比可由公式 $Ext =| I_正 - I_反 |$ 得到。从图 5.20 可以看出,消光比曲线出现两个峰值,分别对应 TE、TM 谐振位置,在 0.63 THz 处消光比为 23 dB,1.3 THz 处消光比为 19 dB。

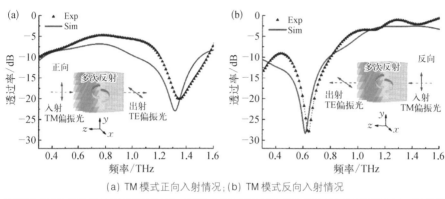

(a) TM 模式正向入射情况;(b) TM 模式反向入射情况

图 5.19
介质-"H"超表面正反向入射时,从 TM 到 TE 的偏振模式变换图[6]

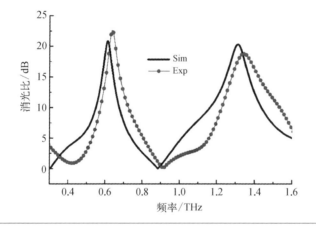

图 5.20
复合超表面非对称传输下的消光比谱线[6]

为了更好地理解复合超表面的偏振模式变换机制,分别模拟 TE 偏振光正向入射时,单个"H"超材料和复合超表面在"H"结构表面处的电场分布,如图 5.21 所示,颜色深浅表示电场强弱。其中单个"H"超材料电场分布如图 5.21(a)所示,其透射光谱线与图 5.18(d)中的红线对应,此时 0.6 THz 频率点是一个非谐振位置,因此电场强度较弱且主要局域在"H"结构的上下两臂,偏振方向沿 x 轴方向(TE 偏振)。而复合超表面电场分布如图 5.21(b)所示,其透射光谱线与图5.19(b)对应,0.63 THz为TM模式的谐振频率,因此电场强度较强且主要局域在"H"结构的左右两端,偏振方向沿 y 轴方向(TM偏振)。由此可以发现,在同一偏振入射情况下,复合超表面结构实现了偏振模式变换。

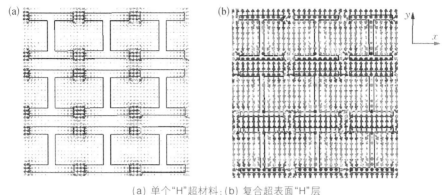

(a) 单个"H"超材料;(b) 复合超表面"H"层

另外,给出了TE偏振情况下,1.3 THz频率处复合超表面非对称传输的电场分布,如图5.22所示。从图5.19(b)已经知道如果反向入射TM偏振光,在正面将会得到TE偏振光的透过率谱。由于光路可逆性原理,假设正面入射TE偏振光,在反面将会输出TM偏振模式。因此,图5.22(a)中TE模式正向入射的情况与图5.19(b)中的透过率谱线对应。同样地,图5.22(b)中TE模式反向入射的情况与图5.19(a)中的TM模式正向入射情况一致。由图5.22可以看出正向入射可以自由通过,而反向被禁止。

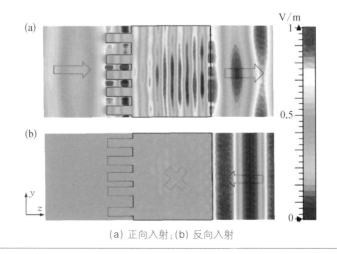

(a) 正向入射;(b) 反向入射

然而,根据半波片工作原理,只有在满足 π rad 相位延迟的情况下,才可以实现 90°的偏振变化。事实上,复合超材料在远离 π rad 相位延迟的 0.3~1.6 THz 内实现了正交偏振转换,分析其原因是大部分的电场局域在介质光栅和"H"超材料结构之间,形成局域谐振,并且在前后两层之间多次反射,如图 5.22(a)所示。经过每次反射,总有一部分椭圆偏振分量重新转换为 90°线偏振,最后从超材料层输出。此外,在偏振转换的过程中,复合结构的透过率也得到了增大。对于单个的介质光栅或者"H"超材料,由于界面反射,太赫兹波最高透过率在 70% (−3 dB)左右。然而在复合超表面 TM 到 TE 模式的转化过程中,在 1.3 THz 处的透过率可以达到 90%(−1 dB)。综上所述,该局域谐振机制大大增强了偏振转换效率,扩展了工作带宽,降低了插入损耗。

本节介绍了一种介质光栅-超材料的复合超表面结构,将具有低色散、高双折射的介质光栅与具有偏振选择特性的金属超材料结合,实现了宽带的偏振模式变换。同时,实验中发现在亚波长的尺度下,其多层的结构存在局域谐振机理,极大地提高了偏振转换效率,减少了插入损耗,并扩大了工作带宽。

5.4 基于碳纳米管的 THz 偏振调控器件

5.4.1 碳纳米管简介

碳纳米管(Carbon Nanotube,CNT)是由片状石墨烯卷曲得到的新型纳米材料。CNT 的管壁由六边形排列的碳原子组成,当有杂质或缺陷存在时,会出现五元环或七元环的组合方式。它的直径在纳米量级,而纵向尺寸可以很大。CNT 自 1991 年被发现以来,由于在力、热、光、电等方面的优良性能,引起了人们的广泛关注[7]。这里我们主要关注 CNT 的光学特性。

根据卷曲石墨烯的层数不同可以将它分为单壁碳纳米管(Single Walled Carbon Nanotube,SWCNT)和多壁碳纳米管(Multi Walled Carbon Nanotube,MWCNT),如图 5.23(a)所示。相比于 MWCNT、SWCNT 的直径更小,杂质和缺陷也较少,因此其光学性能也更优异。根据手性分类,SWCNT 又可分为扶手椅型、锯齿型和螺旋型,如图 5.23(b)所示。对于超有序排列的 CNT,它在 THz

波段会表现出强烈的光学各向异性,此外它又具有很高的导电性,其特性类似于亚波长金属光栅,能够广泛地应用于 THz 偏振控制中[10]。

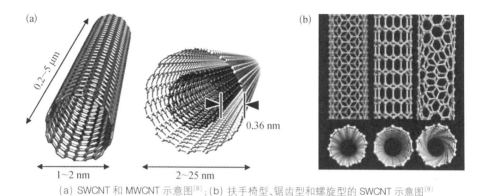

图 5.23　　　　(a) SWCNT 和 MWCNT 示意图[8];(b) 扶手椅型、锯齿型和螺旋型的 SWCNT 示意图[9]

　　代表性的工作有:2011 年,Kyoung 等报道了一种基于 MWCNT 的 THz 偏振器[11],如图 5.24(a)所示。该 MWCNT 是通过 CVD 法生长得到的,通过转动与 MWCNT 相接的"U"形聚合物框架可以得到最多 80 层的 MWCNT,而且层数越多对应的透过率越低、偏振度越高。75 层 MWCNT 的结果显示,在

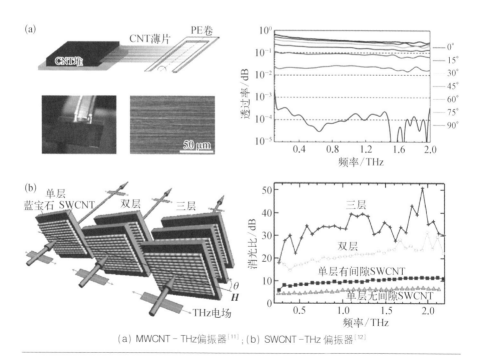

图 5.24　　　　(a) MWCNT - THz偏振器[11];(b) SWCNT -THz 偏振器[12]

0.1～2 THz,它可以得到 99.9% 的偏振度,但是其最高透过率只有 50% 左右。2012 年,Ren 等提出了基于 SWCNT 的 THz 偏振器[12],如图 5.24(b)所示。首先采用光刻的手段将催化剂严格取向,然后在水辅助 CVD 法作用下,SWCNT 沿催化剂垂直排列生长,最后转移至蓝宝石基底。结果显示,三层堆叠的 SWCNT 在 0.4～2.2 THz 内实现了大于 30 dB 的消光比,透过率接近 80%。

5.4.2　CNT 薄膜的 THz 偏振特性实验研究

这里采用的 CNT 与参考文献[11]中介绍的一致,均为 CVD 方法生长的 MWCNT,简单记为 CNT。首先利用 THz - TDS 系统对铺设在硅表面的 CNT(记为 CNT@Si)进行了实验测试。CNT 转移到硅表面的实验装置如图 5.25 所示。操作步骤如下:首先把 CNT 的边缘缠绕在玻璃棒的一端,然后将它从附着基片上慢慢拉出,接着采用中空的矩形框将 CNT 框住,并将其快速贴附在硅片表面,随后将乙醇溶液喷洒在 CNT 表面,乙醇蒸发后,CNT 便紧密地贴附在硅片上。重复上述步骤,就实现了多层 CNT 到硅片表面的转移。

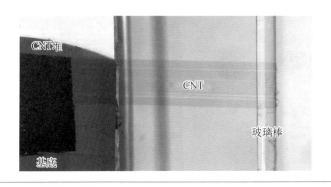

图 5.25
CNT 转移实物图

图 5.26(a)为实验测试示意图,α 代表入射 THz 波的偏振方向与 CNT 取向的夹角,通过旋转样品架,可以得到不同夹角下的时域光谱。其中,α=0° 表示入射线偏振光的偏振方向与 CNT 取向平行,而 α=90° 表示入射线偏振光的偏振方向与 CNT 取向垂直。如图 5.26(b)所示,在 0°～90° 之间每隔 15° 分别对样品进行了测试,其中红色线代表空硅片的参考信号。从时域谱中可以看到,在 α 从 0° 到 90° 的变化过程中,时域信号的振幅单调递增,并且没有相位变化。通过对

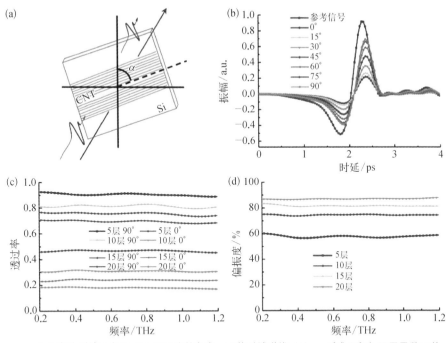

(a) 实验测试示意图;(b) 不同旋转角度 α 下的时域谱线;(c) $\alpha=0°$ 或 90°时,不同层数下的透过率谱线;(d) 不同层数下的偏振度谱线

图 5.26
MWCNT 的偏光特性[13]

时域信号做傅里叶变换,可以得到其振幅透过率,如图 5.26(c)所示。图中给出了 5 层、10 层、15 层和 20 层的 CNT 在 $\alpha=0°$ 和 $\alpha=90°$ 下的振幅透过率,从中可以得出两个重要的结论:(1) 在 α 一定的情况下,CNT 层数越多,其透过率越低;(2) 对于不同层数的一组透过率来说,CNT 层数越多,$\alpha=0°$ 和 $\alpha=90°$ 的透过率差值越大,即偏振度(Degree of Polarization,DOP)越高。DOP 的定义如下:

$$DOP = \frac{T_{90°} - T_{0°}}{T_{90°} + T_{0°}} \times 100\% \tag{5.12}$$

式中,$T_{0°}$ 和 $T_{90°}$ 表示 $\alpha=0°$、$\alpha=90°$时的强度透过率,可以由图 5.26(c)中振幅透过率的平方得到。从图 5.26(d)可以发现,DOP 随 CNT 层数的增加单调递增,并且铺设 20 层 CNT 的 DOP 最高,接近 90%。综上所述,CNT 在 THz 波段具有显著的偏光特性,并且其偏振度可以通过改变 CNT 层数来调控。

5.4.3 器件的结构与工作原理

把 CNT 的偏振特性和介质光栅的双折射特性相结合,构造 CNT-介质光栅的复合结构(记为 CNT@Grating),就可以实现 THz 波的正交偏振转换及色散调控。器件的三维示意图如图 5.28(a)所示,在介质光栅的上下表面分别铺设相同层数的 CNT,即 CNT_1 和 CNT_2,并且两层 CNT 成 90°取向,并分别与中间介质光栅取向成 45°,这里的介质光栅为普通等周期光栅,光栅周期为 50 μm,栅脊宽 30 μm,光栅刻蚀深度为 200 μm。

图 5.27 所示为器件的 SEM 图。图 5.27(a)和图 5.27(b)分别表示 CNT 在光栅背面不同放大倍率下的 SEM 图,从图中可以看出 CNT 在宏观上呈有序排列。图 5.27(c)和图 5.27(d)表示 CNT 在光栅正面的 SEM 图,图中 CNT 取向分别与介质光栅成 90°和45°,还可以发现 CNT 与光栅形成了一种中空的桥式结构,并且相对于光栅的刻蚀深度来说,CNT 层的厚度很小,图中展示的是 15 层的 CNT,其厚度为几百纳米。

图 5.27
器件的 SEM 图[13]

5.4.4 器件的实验测试

偏振测试光路如图 5.28(b)所示,THz 波是通过 800 nm 的飞秒脉冲激发光电导天线产生的,探测是基于 ZnTe 晶体的电光采样原理,其中入射和最后探测的 THz 波的偏振态都是沿 y 轴方向的线偏振光。此外,为了实现对偏振态的测定,我们在样品后面放置了偏振片,将其旋转可以得到 45° 和 −45° 的正交偏振分量,再通过斯托克斯参量就可以推导出透过样品的偏振态。此外,CNT@Grating 样品的 CNT_1 沿图中 x 轴方向排布,CNT_2 沿 y 轴方向排布。

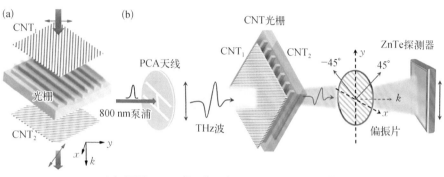

图 5.28　　　　　　　　　　　(a) CNT@Grating的三维示意图;(b) 偏振测试光路[13]

根据上述实验系统,我们分别对四组样品进行了实验测试,对应的时域光谱如图 5.29 所示。以上下表面铺设 15 层 CNT 的介质光栅(记为 15 - CNT@Grating)为例进行介绍。除此之外,又测试了仅在背面铺设 15 层 CNT 的介质光栅(记为 15 - CNT@Grating Back)、单个介质光栅和上下表面铺设 15 层 CNT 的硅(记为 15 - CNT@Si)三组样品作为对比。从图 5.29(a)能看出样品 15 - CNT@Grating 在 45° 和 −45° 下时域信号的主脉冲之间存在明显的相位延迟,但是两条曲线的振幅相当。值得注意的是,其中一条谱线反转后与另一条谱线可以近似重合。这间接反映出在特定频率下 45° 和 −45° 分量满足以下条件:

$$t_{45°}(f) = t_{-45°}(f) \tag{5.13}$$

$$\Delta\varphi(f) = |\varphi_{45°}(f) - \varphi_{-45°}(f)| = \pi \text{ rad} \tag{5.14}$$

式中,$t_{45°}$ 和 $t_{-45°}$ 分别表示 45° 和 −45° 分量的振幅;$\varphi_{45°}$ 和 $\varphi_{-45°}$ 分别表示 45° 和 −45° 分量的相位;$\Delta\varphi(f)$ 为相位差。

图 5.29(b)表示只在介质光栅背面铺设了 15 层 CNT 的时域光谱,虽然两条谱线之间也存在一定的相位延迟,但是它们的振幅幅值差别较大。同样地,对于

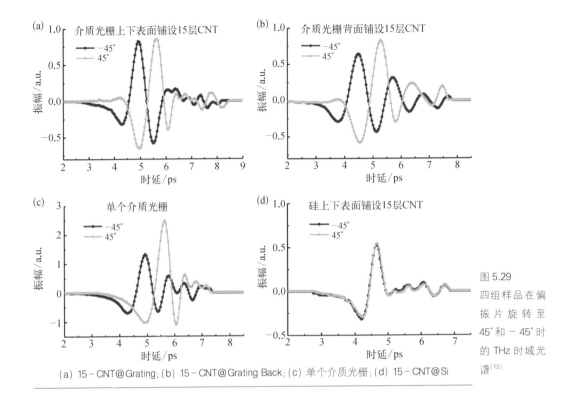

(a) 15－CNT@Grating；(b) 15－CNT@Grating Back；(c) 单个介质光栅；(d) 15－CNT@Si

图 5.29
四组样品在偏振片旋转至45°和－45°时的 THz 时域光谱[13]

只有介质光栅时 45°和－45°时的时域谱线的振幅幅值差距也较大,如图 5.29(c)所示。而对于第四组样品 15－CNT@Si,由于缺少了介质光栅,两条时域谱线完全重合,不存在相位延迟,此外由于前后两层 CNT 正交排布导致其透过率也非常低,如图 5.29(d)所示。

对时域光谱进行傅里叶变换,可以得到对应的频域信息,包括透过率谱和相位谱。四组样品的振幅透过率谱如图 5.30 所示,对于 15－CNT@Grating,45°和－45°正交分量的振幅在 0.4～0.95 THz 大致相等,约为 0.5,如图 5.30(a)所示;对于 15－CNT@Grating Back,它只在中心频率 0.72 THz 处的透过率较高,如图 5.30(b)所示;对于单个介质光栅,两条谱线的透过率差别较大,而 15－CNT@Si 的透过率很低,不到 0.2。

前面提到,若要实现线偏振光的正交偏振转换,需要满足两个条件,即式(5.13)和式(5.14)。从上面的讨论可以知道,只有前后铺设了 CNT 的介质光栅能满足这样的条件。因此,接下来我们只研究不同层数下 CNT@Grating 的偏

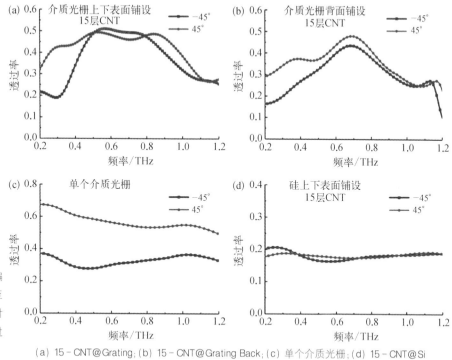

图 5.30
四组样品在偏
振片旋转至
45°和 − 45°时
的振幅透过
率谱[13]

(a) 15 - CNT@Grating; (b) 15 - CNT@Grating Back; (c) 单个介质光栅; (d) 15 - CNT@Si

振特性,并与单个介质光栅进行对比分析。

图 5.31(a)给出了单个介质光栅和铺设了不同层数(5 层、15 层、20 层)CNT
的复合结构在 45°和−45°分量之间的相位差。其中,黄色线代表单个介质光栅
的相移谱,它随频率单调递增,在 0.72 THz 处可以实现 π rad 的相移。相比之

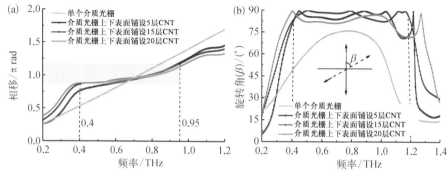

图 5.31

(a) 单个介质光栅和铺设了不同层数(5 层、15 层、20 层)CNT 的复合结构在 45°和−45°分量
之间的相差;(b) 偏振转换下的旋转角 β [13]

下，CNT@Grating 在 0.4～0.95 THz 内可以实现近似 π rad 的相移，并且随 CNT 层数的增加，曲线越平滑。因此可以通过调节 CNT 层数对器件色散进行调控。

在得到了 45°和−45°偏振分量的振幅和相位之后，由斯托克斯参量可以得到透过样品的偏振态，公式如下：

$$\beta = \frac{1}{2}\arctan\left(\frac{2\mid t_{-45°}\mid\mid t_{45°}\mid\cos\Delta\varphi}{\mid t_{-45°}\mid^2 - \mid t_{45°}\mid^2}\right)$$

$$\chi = \frac{1}{2}\arcsin\left(\frac{2\mid t_{-45°}\mid\mid t_{45°}\mid\sin\Delta\varphi}{\mid t_{-45°}\mid^2 + \mid t_{45°}\mid^2}\right)$$

$$a^2 + b^2 = \mid t_{-45°}\mid^2 + \mid t_{45°}\mid^2$$

$$\arctan\left(\frac{a}{b}\right) = \chi \tag{5.15}$$

式中，β、χ 分别表示线偏振光入射下出射光的偏振旋转角和椭偏度；a、b 分别表示偏振椭圆的长轴和短轴。其中，偏振旋转角 β 的曲线如图 5.31(b)所示，若出射光能够实现正交的线偏振转换，则 β 应该等于 90°。对于单个介质光栅来说，其旋转角谱线呈抛物线形，在中心频率处 β 只有 75°左右。而上下表面铺设 CNT 的样品在 0.4～1.2 THz 内 β 均接近 90°，且随着层数的增加，带宽逐渐变大。

借助式(5.15)可以计算得到出射 THz 波的偏振椭圆的椭偏度和长短轴，进而确定偏振态。图 5.32 给出了单个介质光栅和铺设了 5、15、20 层 CNT 的复合结构在不同频率下出射光的偏振态。单个介质光栅的结果如图 5.32(a)所示，它在各个频率下均为椭圆偏振，而上下表面铺设 CNT 的样品的偏振态近似为线偏振，并且随着 CNT 层数的增加，线偏度越来越好。对于铺设了 20 层 CNT 的介质光栅来说，其在 0.8 THz 处可以认为是完美的线偏振，如图 5.32(d)所示。

综上所述，CNT@Grating 对于线偏振光具有更好的正交偏振转换能力，而单个介质光栅和只在背面铺设 CNT 的样品，由于缺少上下两层 CNT 的约束，其偏振转换能力受到一定限制。

为了阐述 CNT@Grating 的偏振转换机理，图 5.33 给出了器件的传输示意图和电场分布图。如图 5.33(a)所示，当一束 y 方向的线偏振光入射到器件上

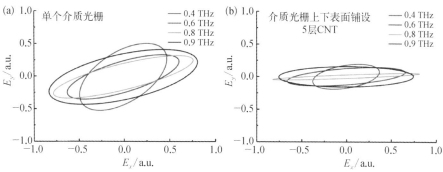

图 5.32 单个介质光栅和铺设了不同层数(5 层、15 层、20 层)CNT 的复合结构在 0.4 THz、0.6 THz、0.8 THz 和 0.9 THz 频率下出射光的偏振态[13]

（a）单个介质光栅；(b) 5 - CNT@Grating；(c) 15 - CNT@Grating；(d) 20 - CNT@Grating

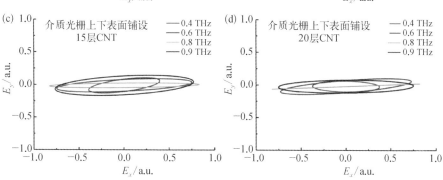

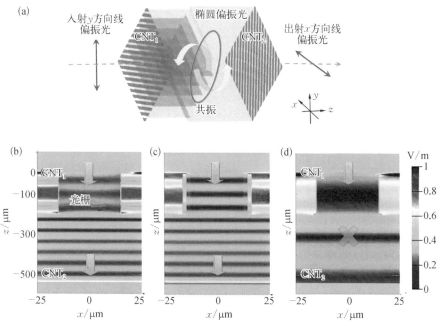

（a）CNT@Grating的偏振转换示意图；(b) CNT@Grating 在0.8 THz处的电场分布；(c) 单个介质光栅在 0.8 THz 处的电场分布；(d) CNT@Grating在 0.2 THz 处的电场分布[13]

图 5.33

时,它可以自由地通过 CNT_1 进入亚波长光栅,由于介质光栅只在 0.72 THz 处才能满足 π rad 相移的条件,因此经过介质光栅的大多数分量被转换为椭圆偏振光,仅椭圆偏振光中的 x 分量可以直接从 CNT_2 输出,其余部分被 CNT_2 反射回到介质光栅。被 CNT_2 反射的偏振分量将不断地在 CNT 层之间来回振荡,并且每次经介质光栅后,在其偏振转换作用下,总会有新的 x 偏振分量产生并从 CNT_2 输出,并使得远离 π rad 相移频率处的偏振分量也可以经振荡实现偏振转换。因此 CNT 的存在,增强了复合器件的线偏振转换能力,拓展了器件的工作带宽。

为了验证以上解释,利用 CST 软件模拟了器件的电场分布,如图 5.33(b)~图 5.33(d)所示。仿真中,我们为 CNT 建立了等效光栅模型,光栅常数设为 500 nm,栅脊宽度为 100 nm。基于 CNT 良好的导电性能,电导率设置为 $4×10^5$ S/m。如图 5.33(b)和图 5.33(c)所示,发现 THz 波在 CNT@Grating 和单个光栅结构的上下表面以及光栅之间具有明显的谐振效应。而且相比单个光栅,CNT@Grating 在栅槽之间的谐振效应更加显著。此外,CNT@Grating 背面的谐振强度相比单个光栅来说弱一些,这表明 CNT_2 的存在改善了器件的阻抗匹配,降低了器件的插入损耗。因此,CNT_1 和 CNT_2 的存在显著地提高了器件的偏振转化效率,并扩展了工作带宽。图 5.33(d)为 CNT@Grating 在 0.2 THz 处的电场分布,由于该频率远离介质光栅的工作频段,入射线偏振光不能实现正交偏振转换,因此没有电场分量可以从器件中输出。

本节将 CNT 与介质光栅结合,从理论和实验上研究了 CNT@Grating 的偏振转换性能和 CNT 对介质光栅的色散调控能力。器件中上下两层 CNT 起到起偏和检偏的作用,介质光栅起到偏振波片的作用。通过与单个介质光栅对比分析,发现 CNT@Grating 内部存在类 Fabry-Perot 腔的局域共振效应,显著地增强了器件的偏振转化效率,扩展了器件的工作带宽。此外,通过调节 CNT 的层数不仅可以控制器件的色散和阻抗,还影响着器件的性能,CNT 的层数越多,其偏振度越高,色散越小,但是透过率会变低。相比之下,我们认为铺设 15 层 CNT 的 CNT@Grating 效果最佳。

5.5 基于碳纳米管-柔性基底的 THz 主动偏振调控器件

前面介绍的 THz 偏振控制器件都是被动式的,一旦结构尺寸设计完成功能就已经确定,无法实现器件的主动调控。而 THz 通信、成像、光谱等应用系统中迫切需要主动调控的偏振器件。本节介绍一种基于 CNT-柔性基底结构的主动可调控 THz 偏振器件。

5.5.1 样品的制备流程

样品中 CNT 采用 CVD 方法生长的 MWCNT,柔性基底选用天然的橡胶材料(长度为 30 mm、宽度为 15 mm、厚度为 1 mm)。样品的制备流程如图 5.34(a)

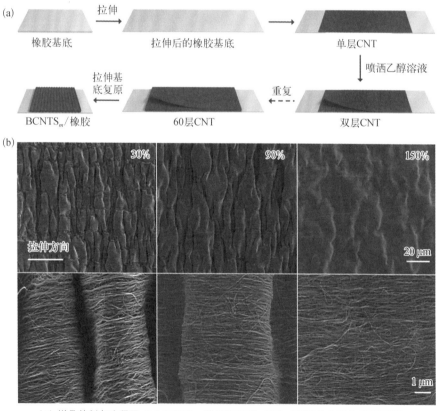

图 5.34　　　　　　　　(a) 样品的制备流程图;(b) BCNTS$_{20}$/橡胶在 30%、90%、150% 拉伸下的 SEM 图[14]

所示,首先将裸橡胶基底沿长边方向预拉伸 2.5 倍(即拉伸量为 150%,拉伸后橡胶长 75 mm),然后将 CNT 铺在橡胶表面,接着在 CNT 表面喷洒乙醇溶液使其与基底紧密结合,其中 CNT 的取向与拉伸方向一致。重复上述过程,就可以得到铺设多层 CNT 的拉伸基底。然后释放拉力,使橡胶恢复原长,此时 CNT 由有序排列取向转变为褶皱状态,整个样品记为 $BCNTS_m$/橡胶(m 代表 CNT 层数)。图 5.34(b)为 $BCNTS_{20}$/橡胶在不同拉伸程度下的 SEM 图,基底拉伸方向及 CNT 取向均沿图中水平方向。从图中可以看出在 150% 拉伸下,CNT 呈现有序排列状态。相比之下,在 90% 和 30% 拉伸下,CNT 沿拉伸方向具有明显的起伏和褶皱,并且随着拉伸程度的降低,褶皱越明显、越致密。

5.5.2 实验测试

如图 5.35(a)所示,利用 THz-TDS 系统对橡胶基底进行了实验测试,插图为拉伸实验装置。图 5.35(b)为橡胶、$BCNTS_{20}$/橡胶和 $BCNTS_{60}$/橡胶的拉伸恢复特性的实验曲线,从图中可以看出橡胶基底具有很好的力学特性,其拉伸和恢复曲线基本一致,并且铺设 CNT 与否对它影响很小。

图 5.35(c)为橡胶在 0%、30%、60%、90%、120% 和 150% 拉伸下的 THz 时域光谱曲线。从图中可以看出,随着拉伸程度变大,时域光谱曲线不断前移,而归一化的振幅峰值均保持在 90% 左右,这说明在拉伸过程中只有相位被调制而透过率没有变化。而相位的变化主要源于在拉伸过程中橡胶厚度不断变薄、光程不断减小。因此,可以把橡胶材料看成透明介质,在拉伸过程中它不会改变透过 THz 波的振幅和偏振态。

接着测试了 $BCNTS_m$/橡胶在 CNT 取向垂直和平行于 THz 波偏振方向($BCNTS\perp THz$,$BCNTS//THz$)时,不同拉伸程度下的 THz 时域光谱曲线,如图 5.36 所示。其中,$BCNTS_{20}$/橡胶的时域信号如图 5.36(a)和图 5.36(b)所示,在拉伸程度从 0% 到 150% 的变化过程中不仅有相位的变化,而且振幅也随之改变。当 $BCNTS\perp THz$ 时,时域信号的振幅随着拉伸程度的变大而增加,当 $BCNTS//THz$ 时,时域信号的振幅随着拉伸程度的变大而减小。如图 5.36(c)和图 5.36(d)所示,$BCNTS_{60}$/橡胶也有类似的性质,只不过相较于 $BCNTS_{20}$/橡

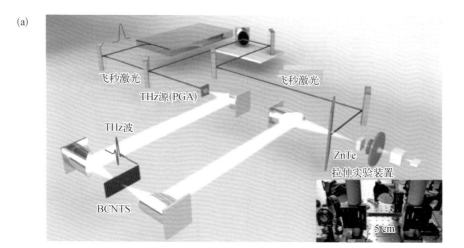

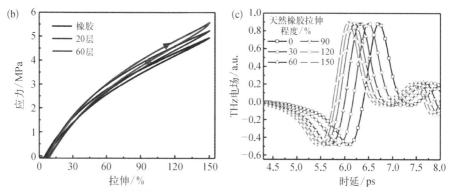

（a）THz–TDS 实验测试系统示意图，插图为拉伸实验装置；（b）橡胶、BCNTS$_{20}$/橡胶和 BCNTS$_{60}$/橡胶的拉伸恢复特性的实验曲线；（c）橡胶在 0%、30%、60%、90%、120% 和 150% 拉伸下的 THz 时域光谱曲线[14]

图 5.35

胶，它在时域上的振幅更小而已，这是由 CNT 本身的损耗导致的。总之，在 BCNTS$_m$/橡胶的拉伸过程中，THz 波的振幅和相位均被调制。通过对时域信号进行傅里叶变换，可以得到对应的振幅透过率，如图 5.37（a）和图 5.37（b）所示。

图 5.37（a）为 BCNTS$_{20}$/橡胶在 BCNTS⊥THz 和 BCNTS∥THz 时不同拉伸程度下的振幅透过率曲线。当拉伸为 0% 时，BCNTS⊥THz 时的透过率略高于 BCNTS∥THz 时的透过率，均在 40% 左右（在 1 THz 处分别为 44.63% 和 39.29%）；当拉伸程度变为 150% 时，BCNTS⊥THz 时在 1 Hz 的透过率增至 70.67%，而 BCNTS∥THz 时的透过率降至 18.50%。BCNTS$_{60}$/橡胶在不同拉伸程度下也有相同的变化趋势，只是其透过率整体低于 BCNTS$_{20}$/橡胶的

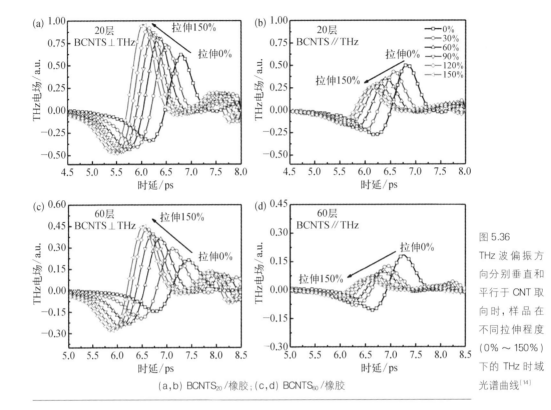

图 5.36 THz 波偏振方向分别垂直和平行于 CNT 取向时,样品在不同拉伸程度(0% ～ 150%)下的 THz 时域光谱曲线[14]

(a,b) BCNTS₂₀/橡胶;(c,d) BCNTS₆₀/橡胶

透过率,如图 5.37(b)所示。由此可见,BCNTS$_m$/橡胶的透过率大小依赖于拉伸程度的变化,这意味着可以通过机械拉伸的方式实现器件偏振特性的主动调控。

为了研究 BCNTS$_m$/橡胶在不同拉伸程度下偏振度的变化,我们得到了它的消光比曲线,如图 5.37(c)和图 5.37(d)所示,计算消光比的公式如下:

$$ER(f) = (t_\perp^2 - t_{/\!/}^2)/(t_\perp^2 + t_{/\!/}^2) \tag{5.16}$$

式中,$t_\perp$ 和 $t_{/\!/}$ 分别表示 BCNTS⊥THz 和 BCNTS//THz 时的振幅透过率,对应的平方表示强度透过率。对于理想的偏振器来说,ER 应该等于 100%。对于 BCNTS₂₀/橡胶,当拉伸量从 0% 变化到 150% 时,在 1 THz 处 ER 从 16.6% 逐渐增加到 88.3%;对于 BCNTS₆₀/橡胶,在 1 THz 时 ER 从 17% 增加到 97%。这表明,CNT 层数越多,对应的 ER 越高。然而 CNT 层数并不是越多越好,CNT 层数越多,其整体透过率越低,如图 5.37(a)和图 5.37(b)所示。

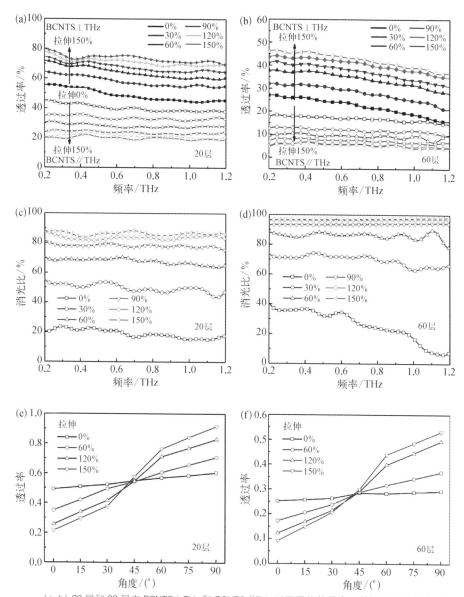

图 5.37　(a,b) 20 层和 60 层在 BCNTS⊥THz 和 BCNTS∥THz 时不同拉伸程度下的振幅透过率曲线；(c,d) 20 层和 60 层的消光比曲线；(e,f) 20 层和 60 层不同拉伸程度和极化角度下的归一化透过率曲线[14]

此外，我们还研究了不同拉伸程度下，BCNTS$_m$/橡胶的偏振特性随极化角度的变化，如图 5.37(e)和图 5.37(f)所示。BCNTS$_m$/橡胶固定在一个角度可任意旋转的样品架上，由于光导天线产生的 THz 波为沿竖直方向的线性偏振光，因此旋转样品架可以改变入射 THz 波的偏振方向与 CNT 取向间的夹角。如图 5.37(e) 所示，BCNTS$_{20}$/橡胶没有拉伸时，当极化角度从 0°变化到 90°时，其时域信号的峰值从 49% 缓慢上升至 58%，并且峰值信号上升趋势随着拉伸程度的增大越来越显著。此外，当极化角度小于 45°时，峰值透过率随着拉伸程度的增大而减小；当极化角度大于 45°时，峰值透过率随着拉伸程度的增大而增大；当极化角度为 45°时，峰值透过率恒定，接近 0.5。这些实验结果表明，BCNTS$_m$/橡胶能够实现从无拉伸时的各向同性态向拉伸 150% 时的各向异性态转变，即具有主动调控特性。

下面计算拉伸过程中 BCNTS$_m$/橡胶对 THz 波的调制率 $MD(f)$，计算公式如下：

$$MD(f) = [t_\varepsilon(f)^2 - t_0(f)^2]/t_0(f)^2 \tag{5.17}$$

式中，$t_\varepsilon(f)$、$t_0(f)$ 分别表示在 ε% 和 0% 拉伸程度下的振幅透过率，平方值表示其强度透过率。BCNTS$_m$/橡胶在 1 THz 处的调制率如图 5.38(a) 所示，从图中可以看出在相同 CNT 层数 m 和拉伸程度 ε% 下，BCNTS$_m$/橡胶在 BCNTS⊥THz 时的调制率要远远高于 BCNTS//THz 时的调制率，并且它们都随着 m 和 ε% 的增加而单调增大。其中，在 BCNTS⊥THz 且 ε%＝150% 时，调制率达到最大，约为 365%。通过对比图 5.35(c) 和图 5.36 可知，BCNTS$_m$/橡胶的相位变化主要来自橡胶基底厚度的改变。此外，调制率随着拉伸程度 ε% 的变化使得 BCNTS$_m$/橡胶可以用于拉力传感。为了表征它的传感性能，我们将调制率 MD

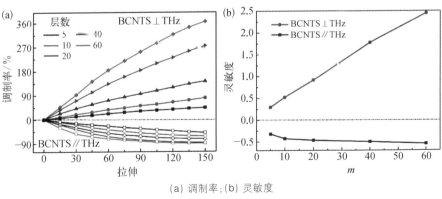

(a) 调制率；(b) 灵敏度

图 5.38
BCNTS$_m$/橡胶在 m = 5、10、20、40、60 和 BCNTS⊥THz、BCNTS//THz 时的调制率和灵敏度[14]

对 ε 的偏导定义为拉伸传感灵敏度 SS,即

$$SS = \partial(MD) / \partial(\varepsilon) \qquad (5.18)$$

通过对图 5.38(a)中调制率-应变曲线的拟合得到了 BCNTS$_m$/橡胶的平均拉伸灵敏度。如图 5.38(b)所示,当 BCNTS$\perp$THz 时,其灵敏度随着层数 m 的增加从 0.29 线性增加到 2.5,SS＝2.5 代表拉伸每改变 1%,THz 波的 MD 变化 2.5%;当 BCNTS//THz 时,其灵敏度随着层数 m 的增加从 0.32 增加到 0.55。因此,拉力与 ε% 的关系以及调制率 MD 与 ε% 的相关性使得通过测量 MD 来推测拉力成为可能。

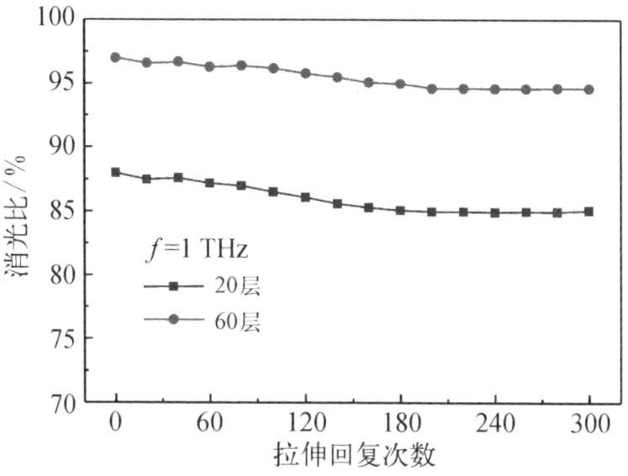

图 5.39 BCNTS$_{20}$/橡胶和 BCNTS$_{60}$/橡胶不同拉伸恢复次数下的消光比曲线[14]

为了说明 BCNTS$_m$/橡胶的鲁棒特性,对它在多次拉伸-恢复过程中的消光比进行了测量,如图 5.39 所示。总体而言,经过多次拉伸-恢复的循环,ER 略有下降并最终趋于恒定,这说明 BCNTS$_m$/橡胶在多次工作后依然可以保持稳定的性能。

5.5.3 理论模型

为了模拟 BCNTS$_m$/橡胶在拉伸过程中透过率和偏振度的变化,有必要建立一个物理模型。由于 BCNTS$_m$/橡胶在拉伸程度较小时存在较大的褶皱,使得样品中 CNT 不再是严格地按拉伸方向有序地排列,这里采用图 5.40(a)所示的等效光栅模型来模拟 CNT 在拉伸过程中的偏振选择特性。CNT 被等效为一个二维光栅,竖直方向上的光栅周期用 b 来表示,水平方向上的光栅周期用 a 来表示。其中水平方向上的光栅表示 CNT 的褶皱和缺陷。此外,c 代表统计意义上的光栅宽度,它在拉伸过程中保持不变。

我们利用 CST 软件对等效光栅模型进行了仿真计算,这里将 CNT 定义为导电材料,电导率设置为 5×10^5 S/m。橡胶基底的介电常数为 3.09,是通过 THz‑TDS 精确测量得到的。在 CST 中,在非传输方向上设置了两对周期性边

界,因此只需要对单元结构进行模拟仿真。通过合理设置光栅模型中 a、b 的大小,就可以模拟出 BCNTS$_m$/橡胶在 BCNTS//THz 和 BCNTS⊥THz 情况下的透过率。图 5.40(d)所示为 BCNTS$_{20}$/橡胶在 BCNTS//THz 和 BCNTS⊥THz 时不同拉伸程度下振幅透射光谱的模拟结果,当拉伸程度为 0% 时,BCNTS$_{20}$/橡胶在 BCNTS//THz 和 BCNTS⊥THz 时的透过率相当,均接近 50%;当拉伸程度增至 150% 时,BCNTS$_{20}$/橡胶在 BCNTS⊥THz 时的透过率大于 70%,在 BCNTS//THz 时的透过率小于 20%。通过对比图 5.37(a),可以发现模拟的不同拉伸情况下的振幅透射光谱与实验结果吻合较好。

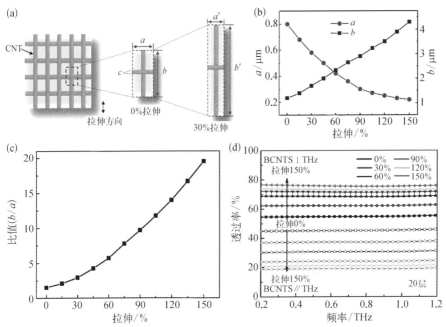

(a) BCNTS$_m$/橡胶等效光栅模型,黄色和灰色分别表示橡胶基底和 CNT 光栅;(b) 等效光栅单元结构的长宽 a 和 b 随拉伸程度的变化;(c) b/a 随拉伸程度的变化;(d) BCNTS$_{20}$/橡胶在 BCNTS//THz 和 BCNTS⊥THz 时不同拉伸程度下振幅透射光谱的模拟结果[14]

图 5.40

图 5.40(b)记录了仿真过程中参数 a、b 随拉伸程度的变化曲线。BCNTS$_m$/橡胶从 0% 到 150% 拉伸时,c 保持恒定,a 减小,b 增大,这与图 5.37(b)的实际情况一致。参数 b/a 表示 BCNTS$_m$/橡胶的几何不对称性,随着拉伸从 0% 增加到 150%,这一比值从 2 增加到 20,如图 5.40(c)所示。这说明在拉伸过程中,BCNTS$_m$/橡胶的性质由近似各向同性向各向异性转变,同时也解释了 THz 波

振幅和偏振的调制行为是由 BCNTS$_m$/橡胶拉伸过程中 CNT 的结构变化引起的。依据这一模型,还可以得到 60 层 CNT 的模拟结果,其中 a、b、c 的具体数值可能会变化,但 b/a 的变化趋势保持不变,此外,当 CNT 层数增加时,150% 拉伸程度下 CNT 的消光比会变大,因此 BCNTS$_m$/橡胶的各向异性会进一步增强,所以 b/a 的比值也会变大。总之,利用光栅模型并通过合理地选择光栅参数和 CNT 的电导率,便可以模拟出实际的透过率曲线。

5.5.4 偏振成像实验

利用 BCNTS$_{60}$/橡胶对 THz 波的空间调制特性对硬币进行了主动式偏振成像,如图 5.41(a)所示。在 THz 成像系统中,通过平移台的移动并采用点探测器探测的方式,就可以实现物体的 2D 扫描成像。如图 5.41(a)所示,BCNTS$_{60}$/橡

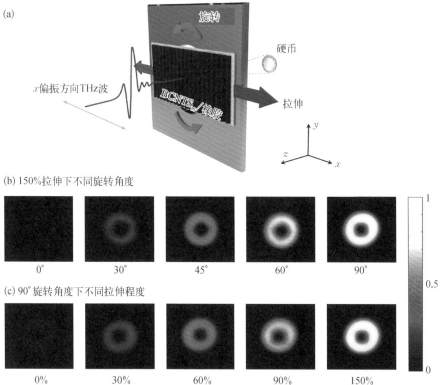

(a)

(b) 150%拉伸下不同旋转角度

0°　　30°　　45°　　60°　　90°

(c) 90°旋转角度下不同拉伸程度

0%　　30%　　60%　　90%　　150%

（a）偏振成像实验的装置示意图；(b) BCNTS$_{60}$/橡胶在 150%拉伸时,不同旋转角度下的 THz 扫描图像；(c) BCNTS$_{60}$/橡胶在 90°旋转角度时,不同拉伸程度下的 THz 扫描图像[14]

图 5.41

胶放置在中空的样品架上,通过旋转样品架可以改变入射 THz 波偏振方向与 CNT 取向间的夹角,同时使用特制夹具对 $BCNTS_{60}$/橡胶施加不同的拉力,使之产生 0%～150% 的拉伸,然后对放置在样品后面的硬币进行成像。如图 5.41(b)所示,首先研究了 $BCNTS_{60}$/橡胶在 150% 拉伸时,0° 到 90° 不同旋转角度下的硬币偏振成像过程。当 BCNTS//THz,即旋转角等于 0° 时,此时硬币和 CNT 对 THz 波来说都是屏蔽材料,因此得到的图像是均匀黑色;当 BCNTS⊥THz,即旋转角等于 90° 时,此时 CNT 变为透明介质而硬币是强反射的金属,因此成像得到的是明亮的圆环结构,其中中心黑色圆斑代表硬币,外面黑色背景代表金属样品支架;当旋转角依次从 0° 到 90° 变化时,圆环亮度逐渐增强。$BCNTS_{60}$/橡胶在 90° 旋转角度时,0% 到 150% 不同拉伸程度下的硬币偏振成像结果如图 5.41(c)所示。当拉伸程度为 0% 时,CNT 近似为各向同性态,此时成像得到的圆环结构并不明显;当拉伸程度为 150% 时,CNT 表现出强烈的各向异性,成像得到的是明亮的圆环结构;当拉伸程度从 0% 变化到 150% 时,圆环亮度逐渐增强,其变化趋势与图 5.41(b)类似。因此,通过对 $BCNTS_{60}$/橡胶进行机械拉伸或旋转,可以实现对物体的偏振成像。

本节将 CNT 与柔性基底相结合,制备了一种机械可调的 THz 偏振控制器($BCNTS_m$/橡胶),THz 的振幅、相位和偏振度可以通过对柔性基底的拉伸进行主动调控。结果表明,当基底拉伸量从 0% 变为 150% 时,在 0.2～1.2 THz 内,器件的偏振度由 17% 增加到 97%,最大调制率为 365%。同时,该器件还可以应用于 THz 的应力传感和偏振成像中,拉伸传感灵敏度为 $2.5\ MD\%/strain\%$。

参考文献

[1] Grady N K, Heyes J E, Chowdhury D R, et al. Terahertz metamaterials for linear polarization conversion and anomalous refraction. Science, 2013, 340(6138): 1304 - 1307.

[2] Liu W W, Chen S Q, Li Z C, et al. Realization of broadband cross-polarization conversion in transmission mode in the terahertz region using a single-layer

metasurface. Optics Letters, 2015, 40(13): 3185 - 3188.

[3] Scherger B, Scheller M, Vieweg N, et al. Paper terahertz wave plates. Optics Express, 2011, 19(25): 24884 - 24889.

[4] Chen M, Fan F, Xu S T, et al. Artificial high birefringence in all-dielectric gradient grating for broadband terahertz waves. Scientific Reports, 2016, 6: 38562.

[5] Xu S T, Hu F T, Chen M, et al. Broadband terahertz polarization converter and asymmetric transmission based on coupled dielectric-metal grating. Annalen der Physik, 2017, 529(10): 1700151.

[6] Xu S T, Fan F, Chen M, et al. Terahertz polarization mode conversion in compound metasurface. Applied Physics Letters, 2017, 111(3): 031107.

[7] De Volder M F L, Tawfick S H, Baughman R H, et al. Carbon nanotubes: Present and future commercial applications. Science, 2013, 339(6119): 535 - 539.

[9] Reilly R M. Carbon nanotubes: Potential benefits and risks of nanotechnology in nuclear medicine. Journal of Nudear Medicine, 2007, 48(7): 1039 - 1042.

[9] Baughman R H, Zakhidov A A, De Heer W A. Carbon nanotubes-the route toward applications. Science, 2002, 297(5582): 787 - 792.

[10] Ren L, Pint C L, Booshehri L G, et al. Carbon nanotube terahertz polarizer. Nano Letters, 2009, 9(7): 2610 - 2613.

[11] Kyoung J, Jang E Y, Lima M D, et al. A reel-wound carbon nanotube polarizer for terahertz frequencies. Nano Letters, 2011, 11(10): 4227 - 4231.

[12] Ren L, Pint C L, Arikawa T, et al. Broadband terahertz polarizers with ideal performance based on aligned carbon nanotube stacks. Nano Letters, 2012, 12(2): 787 - 790.

[13] Xu S T, Chen S, Mou L L, et al. Carbon nanotube attached subwavelength grating for broadband terahertz polarization conversion and dispersion control. Carbon, 2018, 139: 801 - 807.

[14] Xu S T, Mou L L, Fan F, et al. Mechanical modulation of terahertz wave via buckled carbon nanotube sheets. Optics Express, 2018, 26(22): 28738 - 28750.

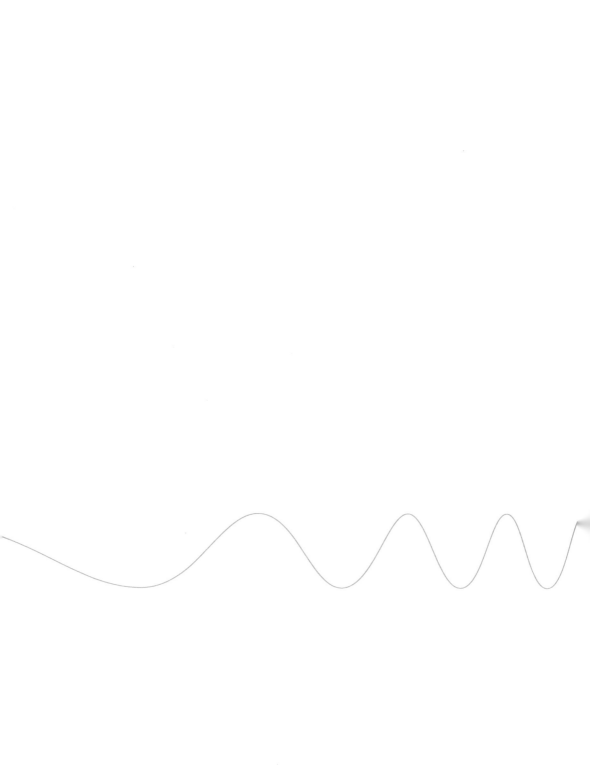

6

太赫兹
传感器件

第 1 章已经简要介绍了高灵敏 THz 传感器件的重要性和发展现状,本章介绍利用 THz 光子晶体、微结构波导管、超材料等人工微结构进行微量流体、薄膜以及应力应变等的传感检测。

6.1　THz 光子晶体的导模谐振效应

THz 波垂直入射光子晶体柱阵列时会产生导模谐振效应,该效应源于自由空间传输的电磁波垂直入射有限厚度二维光子晶体的周期性平面后,在周期平面内的光子带隙作用下发生干涉而形成的谐振。导模谐振既与光子带隙密切相关,又不等同于光子带隙效应。本节将深入研究 THz 光子晶体柱阵列的导模谐振效应。

6.1.1　实验结果与理论分析

实验使用的硅光子晶体为三种不同几何结构:PC_1 和 PC_2 为正方晶格,PC_1 的圆柱直径 $d=100~\mu m$,周期 $a=160~\mu m$;PC_2 的 $d=50~\mu m$,$a=125~\mu m$;PC_3 为三角晶格,$d=100~\mu m$,$a=180~\mu m$。三种结构的柱高 $h=120~\mu m$。将光子晶体样品置于 THz - TDS 系统的焦点处,如图 6.1 所示,THz 波垂直入射光子晶体周期性平面。测量的时域信号如图 6.1 所示,相比于参考信号,光子晶体将 THz 脉冲延迟并展宽,三个样品的信号也有明显不同。将时域信号做傅里叶变换,可以得到样品的透过率谱线,结果如图 6.2 所示。对于 PC_1,在 0.87 THz 处有一个明显的谐振谷,带宽 100 GHz,在 1.7 THz 处存在第二个谐振谷,带宽 200 GHz;对于 PC_2,第一个谐振谷移动到 1.4 THz 处,带宽 100 GHz,可见随着几何结构的缩小,谐振频率向高频移动;PC_3 的第一个和第二个谐振谷的位置与 PC_1 基本相同,但谐振强度和带宽与 PC_1 正好相反。可见,不同的光子晶体结构导致不同的导模谐振位置和强度。

与过去报道的光子晶体平板孔阵列的导模谐振效应相比,光子晶体柱阵列的谐振谱线更为清晰和规则。导模谐振与光子带隙密切相关,因此这里首先计

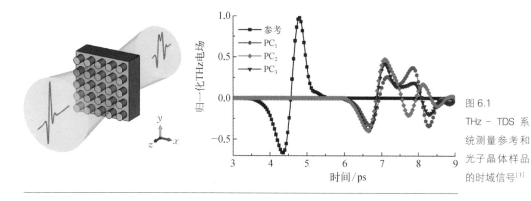

图 6.1
THz - TDS 系统测量参考和光子晶体样品的时域信号[1]

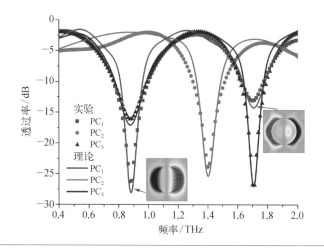

图 6.2
通过实验和理论计算得到的 THz 光子晶体透过率谱线[1]

算了 PC_1 和 PC_2 两种结构的光子带隙,结果如图 6.3 所示。柱的高度是有限的,模拟的模型实际是一个三维结构,因此不同于光子晶体能带模拟,这里采用三维 PWE 方法进行数值求解。图 6.3 中纵坐标为归一化的频率,对于图 6.3(a)中的 PC_1 ,$a/\lambda = 160/300 = 0.533$ 对应着 1 THz;对于图 6.3(b)中的 PC_2 ,$a/\lambda = 125/300 = 0.416$ 对应着 1 THz,它们在图中的位置用绿线标出。由于光子晶体柱为有限高度,光子晶体柱外为空气($n=1$),因此色散关系图中位于 $n=1$ 的空气色散线(图中紫色曲线)之上的模式皆为泄漏模式,都不能在光子晶体周期平面内稳定传播而泄漏到空气中。空气色散线以内的模式为导模,不存在导模的频带即为光子带隙,图中由蓝色区域标出。实验测量得到的导模谐振的中心频率在图中用红线标出,PC_1 为 0.466(对应 0.87 THz),PC_2 为 0.591(对应 1.42 THz)。实验得到的导模谐振的中心频率正好对应着模拟计算的光子带隙的中心频率。当 THz 波进入光子晶体后,光子带隙阻碍着其频段内的 THz 波在光子晶体周期平面内自由传播,只能沿垂直周期平面方向谐振,由于带隙中部的 Q 值最高,导模谐振的中心频率位于带隙中部。因此,计算光子晶体的光子带隙可以有效判断导模谐振出现的频率,对器件设计有指导意义。

图 6.3
PC_1 和 PC_2 的光子能带图,其中蓝色部分为光子带隙,紫色为 $n = 1$ 的空气线,绿色线对应 1 THz 频率,红色线对应导模谐振的中心频率

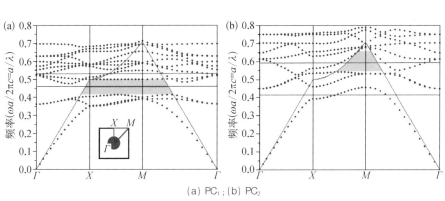

(a) PC_1;(b) PC_2

光子晶体柱阵列的导模谐振是典型的偶极谐振。可见,THz 光子晶体中的导模谐振效应是一种对原子系统中的偶极跃迁效应的模拟。过去在对光子晶体平板孔阵列的理论和实验研究中,其导模谐振的线形均由 Fano 谐振模型进行描述,Fano 谐振是由 Fano 于 1961 年在原子光谱中发现的一种不同于 Lorentz 谐振的新型谐振[2,3],Lorentz 谐振为对称线型,而 Fano 线型为非对称线型。然而,从图 6.2 可以看出,这里测试的光子晶体柱阵列的谱线是典型的对称线型,比光子晶体平板孔阵列的谱线更加清晰和规则,故有必要分析这两种几何上互补的结构的对称与非对称谱线的来源和相互关系。

此处的对称谐振谱线的电极化率 $\chi_{res}(\omega)$ 用 Lorentz 模型来描述:

$$\chi_{res}(\omega) = \sum \chi_j(\omega) = \sum \frac{N_j}{\omega_{0j}^2 - \omega^2 - i\omega\gamma_j} \tag{6.1}$$

式中,N_j 表示谐振强度。除了谐振项,模型中还应当包含一个由光子晶体组成材料决定的有效介电常数项 ε_{eff}:

$$\varepsilon_{\text{eff}} = \varepsilon_{\text{PC}} \times f_{\text{PC}} + \varepsilon_{\text{fill}} \times f_{\text{fill}} \tag{6.2}$$

式中,f 是各个材料占整个光子晶体空间的比例,这里特指硅和空气,它们的介电常数分别为 $\varepsilon_{\text{PC}} = \varepsilon_{\text{Si}} = 11.7$ 和 $\varepsilon_{\text{fill}} = \varepsilon_{\text{air}} = 1$。因此该结构的有效折射率 $n(\omega)$ 和相位 $\phi(\omega)$ 表示为

$$n(\omega) = \sqrt{\varepsilon_{\text{eff}} + \chi_{\text{res}}(\omega)}, \quad \phi(\omega) = n(\omega)d/c \tag{6.3}$$

在入射角度 $\theta = 0°$ 时的振幅透过率 $t(\omega)$ 和功率 $P(\omega)$ 表示为

$$t(\omega) = |t(\omega)| e^{\Phi(\omega)} = \frac{4n(\omega)e^{i\phi(\omega)}}{[n(\omega)+1]^2 - [n(\omega)-1]^2 e^{2i\phi(\omega)}},$$

$$P(\omega) = 20\lg |t(\omega)| \tag{6.4}$$

利用式(6.1)~式(6.4),可以计算得到三种光子晶体导模谐振的理论透射光谱线,如图 6.2 所示,所用的 Lorentz 模型的参数除了 N_1 是根据谐振强度拟合外,其余均直接取自实验测量结果,详见表 6.1。从图 6.2 可见,式(6.1)~式(6.4)描述的理论谱线与实验结果吻合。

表 6.1 光子晶体柱阵列 Lorentz 模型参数

	$(r/a)/$ $(1/\mu\text{m})$	$\omega_{01}/$ THz	$\omega_{02}/$ THz	$\gamma_1/$ THz	$\gamma_2/$ THz	$N_1/$ THz^2	$N_2/$ THz^2
PC$_1$	50/160	0.87	1.70	0.09	0.21	0.5	0.5
PC$_2$	25/125	1.39	2.20	0.11	0.50	0.4	0.6
PC$_3$	50/180	0.86	1.69	0.21	0.09	0.4	0.6

上面讨论的整个传输系统是对称的,且光子晶体柱周围是空气,界面是匹配的,但在更普遍的情况下,当系统中引入一些非对称因子时,纯的 Lorentz 谐振将加上一个连续项,光有两条通过系统的传输路径:一条是伴随着法布里-珀罗(F-P)效应直接透射,另一条是由导模谐振引起的间接透射。直接与间接传输模式间干涉形成的谱线可以由 Fano 线型来描述[4,5]:

$$t(\omega) = \frac{r_{\text{d}} - t_{\text{d}}(\omega - \omega_0)/\gamma}{1 + i(\omega - \omega_0)/\gamma} \tag{6.5}$$

式中,t_{d} 和 r_{d} 分别是直接传输模式的透射系数和反射系数,它们是 Fano 模型中

的非对称因子;ω_0是谐振频率;γ是谐振线宽。在一般情况下,$t_d \neq 1$且$r_d \neq 0$,谐振谱线是非对称的。当传输系统是对称的且F-P效应消失或可以忽略,即$t_d = 1$且$r_d = 0$时,则谱线将变为对称的。在光子晶体平板结构中,平板界面的折射率是失配的,F-P效应总是存在的,故先前报道的光子晶体平板的导模谐振均为非对称线形。而对于光子晶体柱阵列来说,在THz波正入射的情况下直接传输模式的F-P效应可以忽略,故谱线为对称线型。后面的实验将通过引入非对称因子来证明上述理论的正确性。

6.1.2 入射角度的影响

下面通过实验研究THz波斜入射光子晶体时对导模谐振谱线的影响。PC_1光子晶体芯片沿竖直方向转动θ角后的透射光谱线如图6.4所示。随着入射角度的增大,第一谐振中心频率在$0°\sim30°$内基本不发生变化,大于$30°$后从0.87 THz略微向高频移动到0.91 THz,而透过率从-27 dB迅速下降到-40 dB;第二谐振的中心频率在$0°\sim30°$内也基本不发生变化,大于$30°$后从1.70 THz迅速向高频方向移动到1.90 THz,而透过率从-12.3 dB迅速下降到-35.7 dB。可见,入射角度对光子晶体透射光谱的影响是非线性的,小角度($\theta<30°$)时的影响是微弱的,随着角度增大,这种影响就急剧增加,使得透过率下降、谐振频率蓝移。

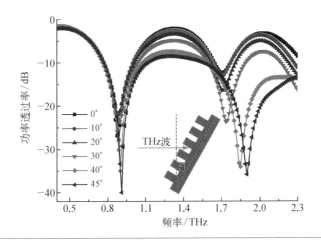

图 6.4
实验测得 PC_1 的透射光谱线随角度的变化[1]

此外,小角度($\theta < 30°$)时,谱线保持对称线型;当 $\theta > 30°$时,谱线明显地变得不对称,成为 Fano 线型。斜入射破坏了传输系统的对称性,同时引入了非对称因子,使得导模谐振由对称线型变为非对称线型,这在实验上证实了上面理论分析的正确性。

本节系统研究了 THz 光子晶体柱阵列的导模谐振效应,理论上发现了该导模谐振与光子带隙的对应关系,并建立了光子晶体柱阵列的有效介质理论和谐振模型,解释了这一新型人工电磁谐振效应的对称与非对称谱线线型间的内在关系与相互转化规律,为利用这一效应进行定性和定量传感检测奠定了基础。此外,还在实验上研究了入射角度与导模谐振频率和强度间的关系,结果证明入射光微小的角度变化对 THz 光子晶体的透射光谱几乎不产生影响,而大角度的斜入射却能明显改变 THz 光子晶体的谐振位置和强度,这意味着通过转动入射角度的方式可以实现对器件的调控。

6.2 基于 THz 光子晶体的微流体传感

现有 THz 传感器主要采用平面超材料或金属孔阵列结构,它们都很难具有很强的谐振,其平面几何结构也难以控制不同量的样品附着于传感器上,因此很少能实现对样品的在线定量检测。THz 光子晶体柱阵列的准三维结构和显著的导模谐振效应使得它可以有效地应用于微量流体的定性和定量传感检测,本节就利用 THz 光子晶体对几种常见液体进行了微流体传感的实验研究。

6.2.1 微流体的定性检测实验

将三种常见挥发性有机液体——乙醇(99.7%)、丙酮(97.0%)和石油醚(97.5%)填充到 PC_1 芯片中进行 THz - TDS 测试,液体充满光子晶体柱表面间隙,THz 主脉冲到达样品的时间可以通过 THz - TDS 系统精确控制,这里测试了填充液体样品 10 s 后的透射光谱,如图 6.5 所示。由图可见,当填充三种液体后,PC_1 的透射光谱线都发生明显变化,原有 0.87 THz 处的谐振强度减弱或移动,并且在更高频处都产生了新的谐振。尽管三种样品的谱线趋势一致,但谐振位置和强度又存在明显差异,图 6.5 中标出了谐振位置和透过率。由 6.1 节中的有效介质理论和谐振模型可知,这种差异来自填充不同材料后光子晶体有效折射率以及光子带隙的不同变化,同时又取决于填充材料在 THz 波段的折射率和吸收等光学特性。因此,每种液体在光子晶体芯片上都存在特征谱线,可以通过测量 THz 光谱实现对液体种类的识别,即实现定性检测。

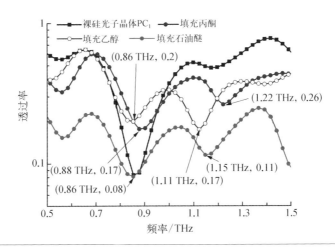

图 6.5 填充丙酮、乙醇和石油醚的光子晶体 PC₁ 的透射光谱线[6]

6.2.2 微流体的定量传感实验

由于乙醇等有机液体具有挥发性和流动性,当填充到光子晶体表面后,随着时间推移,芯片表面的液量减少、液面高度下降,从而引起光子晶体芯片的透射光谱线随时间发生变化。这里通过 THz-TDS 系统测量得到了填充乙醇后不同延迟时间的 PC₁ 和 PC₂ 芯片的透射光谱线,结果如图 6.6 所示。对于 PC₁ 芯片,随着时间的推移,0.87 THz 处的谐振谷的透过率逐渐下降到未填充微流体时的透过率,即从 20% 下降到 8%,而 1.17 THz 处的谐振谷透过率逐渐上升并蓝移,最后这个谐振谷消失。150 s 后,谱线变为未填充液体时的 PC₁ 谱线。对于 PC₂ 芯片,与未填充液体时光子晶体的透射光谱相比,延迟时间为 10 s 时的光子晶体在第一谐振谷有一个显著的 240 GHz 红移,从 1.44 THz 移动到 1.20 THz,并在 1.72 THz 处产生了新的第二谐振谷。随着时间的推移,第一谐振谷蓝移,第二谐振谷上升,最终在 140 s 后回复到原始谱线状态。

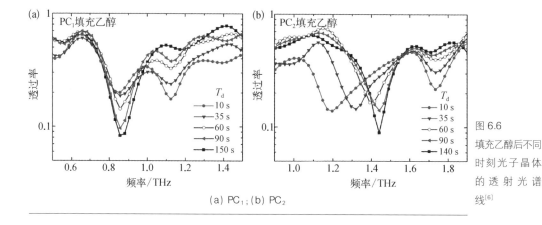

图 6.6
填充乙醇后不同
时刻光子晶体
的 透 射 光 谱
线[6]

(a) PC₁；(b) PC₂

　　上述实验现象显然是由芯片中的液量随时间变化引起的,而每一时刻具体液量是未知的,为了建立实验谱线与芯片中液量间的定量联系,这里进行了数值建模。模型如图 6.7(a)中插图所示,将厚度为 h_L 的乙醇液体层填充到光子晶体柱周围,乙醇的介电常数在 1 THz 处为 2.2+0.05i,采用 FDTD 算法计算 $h_L = 0 \sim h$ 时 PC₁ 和 PC₂ 的透过率谱线,结果如图 6.7 所示。对比图 6.6 和图 6.7,图 6.6 中每一时刻的实验谱线总能在图 6.7 中找到一条一定液面高度 h_L 的模拟谱线与之对应。这样就得到了每个时刻下芯片上的液面高度,由于 PC₁ 和 PC₂ 的几何结构是已知的,除去硅柱所占体积,通过液面高度就能计算出每个时刻芯片单位面积的液体体积,液体体积随时间变化的关系如图 6.8 所示。因此,通过与数值模拟谱线比对,就能建立实验测量的透射光谱与光子晶体中液体量的对应关系,实现实时定量传感检测。

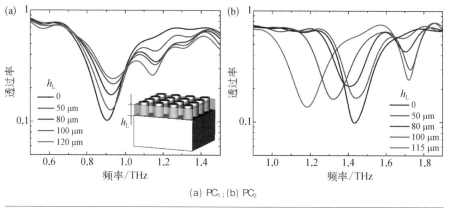

图 6.7
填充不同乙醇
液面高度的光
子晶体的模拟
透射光谱线[6]

(a) PC₁；(b) PC₂

值得注意的是,实验数据拟合的结果显示两种芯片上的液体量随时间都呈线性减少的关系,拟合直线的斜率就是由于乙醇挥发和流动带来的液量的变化率,PC_1 为 6.0×10^{-4} $\mu L \cdot mm^{-2} \cdot s^{-1}$,而 PC_2 为 8.4×10^{-4} $\mu L \cdot mm^{-2} \cdot s^{-1}$。显然 PC_2 上的微流体随时间变化更快,这是由于 PC_2 硅柱在整个光子晶体中的占空比小于 PC_1,液体在 PC_2 表面的挥发性和流动性更强所致。

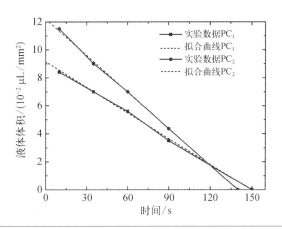

图 6.8
光子晶体上液体体积随时间变化的关系(实验数据与拟合曲线)[6]

本节利用 THz 光子晶体柱的导模谐振效应,测量了不同类型微量液体附着于光子晶体上时的 THz 光谱,通过特征谱线和谐振峰位置的分析,实现了微流体的定性检测。同时,进一步测量了同一液体不同时刻下光子晶体的 THz 透射光谱,结果显示光谱随时间发生变化。通过数值模拟以及与实验谱线的比对,建立了不同时刻实验谱线与该时刻下芯片中微流体液体量的定量对应关系,实现了对微流体的实时定量传感检测,液面高度的传感精度为 10 μm 量级,液体定量传感精度达 10^{-5} mL/mm^2。

6.3 微结构 PMMA 波导管的 THz 波传输及传感研究

平面结构在物理参量的实时动态传感检测方面有一定的局限性,为此,人们提出了多种基于波导结构的 THz 谐振传感器,包括 THz 平行平板波导、光子晶体波导及 THz 光纤等。其中光纤传感器具有极大的优势,THz 光纤成本低廉,同时光纤结构不仅可以增加 THz 波与检测物的接触面积,也利于实现远距离的传感应用。

作为一种特殊的光纤,介质波导管以其结构简单、便于 THz 波耦合等优点受到人们的关注。其反谐振反射传输(Anti-resonant Reflection,ARR)机理意味着 THz 波在管中传输时,某些特定频率的 THz 波由于属于泄漏模式而无法传播,因为泄漏模式的频率与波导管内外管壁形成的 F - P 腔的谐振频率相对应,因此波导管只能传输 F - P 谐振频率之外的 THz 波[7]。由于波导管的反谐振传输特性,可以将其看成一个谐振器,其引起的一系列谐振峰对外界环境较为敏感,因此适用于谐振传感,但存在着传感精度不高以及无法应用于微量液体传感等缺点。

人工微结构对 THz 电磁场具有很强的局域作用,在提高器件传感灵敏度以及实现微量样品传感检测方面具有很大的优势。本节介绍一种 THz 微结构波导管,并对该器件的传输、谐振、偏振等特性以及在微流体传感检测中的应用进行了系统的理论和实验研究。

6.3.1 波导管微结构制备与 THz 实验系统

这里使用的波导管是由聚甲基丙烯酸甲酯(PMMA)材料制成的,PMMA 材料在 THz 波段的折射率为 1.6 左右,在 1.5 THz 频率以下具有较低的吸收系数,且价格低廉。PMMA 波导管的管长为 55 mm,外径为 8 mm,壁厚为 1 mm。周期性微结构是利用 CO_2 激光器(Han's Laser CO_2 - H10)进行单侧曝光写制的,作为一种工业级的激光打标机,该激光器常被用于工业上非金属材料精细结构的雕刻,其最大输出功率为 10 W,且功率可调,打标机内部通过透镜将激光聚焦在焦平面,焦斑直径为 50 μm 左右。通过配套软件可以由计算机控制激光器进行二维扫描,扫描的范围为 60 mm × 60 mm。图 6.9 为光栅结构写制的示意图,通过软件预先设定光栅结

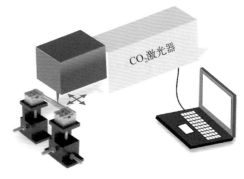

图 6.9
CO_2 激光器写制微结构光栅示意图

构及其参数,将波导管固定在激光焦平面附近,通过多次烧蚀得到需要的周期性光栅结构。

写制时设置激光平均输出功率为 0.6 W,重复频率为 5 kHz,图形设置为直线光栅,光栅周期为 300 μm,周期数为 100,通过点对点的写制方式,在波导管的外表面共刻蚀了 100 条光栅结构,如图 6.10(a)及图 6.10(b)所示。通过显微镜放大测量得到槽的宽度为 220 μm,平均深度为 30 μm,槽的有效长度约为 1.66 mm。将槽看作近似的长方体,故每一个空气槽的体积为 0.22 mm× 0.03 mm×1.66 mm=0.011 μL,所以波导管外表面的空气槽的总体积为 0.11 μL× 100=1.1 μL;测量得到脊的宽度为 80 μm,因此波导管外表面微结构的总长度为 300 μm×100=30 mm。波导管外表面只有一侧刻有结构,另一侧光滑,微结构示意图如图 6.10(c)所示。

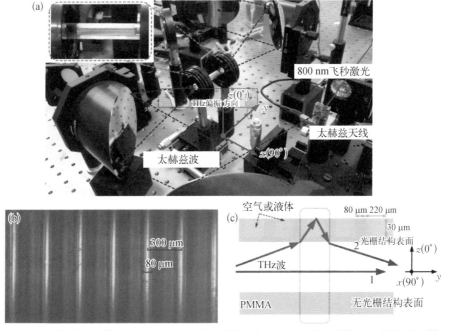

图 6.10   (a) 波导管测试实验装置图;(b) 光栅在光学显微镜下的照片;(c) 光栅波导管轴向截面示意图[8]

利用 THz‐TDS 系统对波导管的传输和谐振特性进行了测试,有效测量 0.1~3 THz,测量时平移台步长为 0.04 ps。实验装置如图 6.10(a)所示,通过两个可调光阑将波导管固定在两个抛物面镜之间,管的一端位于第一个抛物面镜的焦点处,另一端位于另一个抛物面镜的焦点处,使得 THz 波尽可能多地耦合进入波导管中。假设水平面内垂直于管轴方向为 x 轴,管轴方向为 y 轴,竖直方向为 z 轴,THz 波的偏振方向平行于 z 轴。波导管可以绕着中心轴 y 轴旋转,规定光栅面朝向 $+z$ 轴时为 $0°$,而当光栅面朝向 x 轴时为 $90°$。

6.3.2 微结构波导管谐振特性的研究

利用 THz-TDS 系统测量了光栅朝向为 $0°$ 和 $90°$ 的时域信号,作为对比,还测量了 THz 波通过空气及透过空白波导管时的参考信号,如图 6.11(a) 所示。经过波导管的时域信号均可以分为两个脉冲周期,第一个脉冲周期与空气参考信号相比没有时间延迟,因此可看作是从波导管空气孔直接透射的 THz 信号,光栅结构对其不产生影响;第二个脉冲周期与第一个脉冲周期相比有一个 3.84 ps 的时间延迟,这是由于 THz 波与管壁相互作用并形成谐振,如图 6.10(c) 所示,从而导致了时间延迟及色散的发生。另外,由于波导管外表面存在的周期性结构改变了管壁的相对折射率,从而影响了通过管壁传输的 THz 波的谐振特性,对比朝向为 $0°$ 的光栅波导管与空白波导管的时域信号可以看出,其在第二个脉冲周期处有一个 0.4 ps 的延迟,如图 6.11(a) 所示。

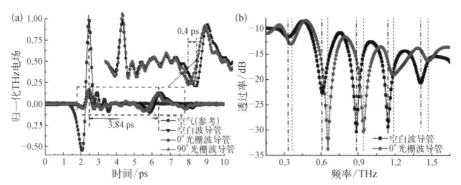

(a) 实验测量得到的空气(参考)、空白波导管、$0°$ 和 $90°$ 光栅波导管的 THz 时域信号;(b) 实验测量得到的空白波导管和 $0°$ 光栅波导管的透过率谱[8]

图 6.11

对以上所说的两个脉冲周期,由于有稳定的相位差,且偏振相同,因此可以发生干涉,在频域上表现为一系列等间距的谐振。理论上,这是一种典型的双光束干涉模型,当第一个脉冲与第二个脉冲的相位差达到 π 的奇数倍,也即通过空气传输与通过管壁传输的 THz 波的光程差达到 λ/2 的奇数倍时,干涉为相消干涉,在透射光谱上表现为谐振谷的出现,谐振谷所在的频率位置 f_m 可以表示为

$$f_m = \frac{mc}{2L(n_{\mathrm{eff}} - 1)} \ (m = 1, 3, 5, \cdots) \tag{6.6}$$

式中,m 为谐振的级次;c 为真空中的光速;$2L(n_{\mathrm{eff}} - 1)$ 为光程差;n_{eff} 为光栅波导管的有效折射率。在此实验中,THz 波聚焦在波导管的一端,因此对于透射的 THz 波来说,$L = 2d$,其中 d 为管壁的厚度,$d = 1$ mm。由式(6.6)可以得出两个相邻谐振的频率间隔 Δf 表示为

$$\Delta f = \frac{c}{2d(n_{\mathrm{eff}} - 1)} \tag{6.7}$$

实验测得的时域信号经过傅里叶变换后可以得到频域振幅信号,从而可以得到透过率谱,其计算公式为 $|P(\omega)| = 20 \lg(|E_s(\omega)| / |E_r(\omega)|)$,其中 $|E_s(\omega)|$ 和 $|E_r(\omega)|$ 分别是经过样品和经过空气参考光的振幅。由图 6.11(b)可知,在 0.34 THz、0.61 THz、0.89 THz、1.14 THz、1.41 THz 处有明显的谐振,谐振宽度约为 50 GHz,谐振频率间隔近似相等,均为 0.27 THz 左右。在时域上,两束 THz 波的光程差可以表示为

$$\Delta t \cdot c = (n_{\mathrm{eff}} - 1)L \tag{6.8}$$

由图 6.11(a)可知延迟时间为 $\Delta t = 3.84$ ps,所以由式(6.8)可以得到 $n_{\mathrm{eff}} = 1.576$,将这个 n_{eff} 代入式(6.7)中可以得到 $\Delta f = 260$ GHz,这与实验测得的 270 GHz 非常接近,这是由于波导材料的色散使得 Δt 的值很难精确得到,事实上由于色散每一个频率位置对应的折射率是不同的。总之,通过式(6.6)可以精确得到频率 f_m 处的有效折射率,但是由图 6.11(a)中的延迟时间 Δt 及式(6.8)得到的 n_{eff} 只是一个近似的平均值。

由图 6.11(b)可知,在各个谐振频率处,空白波导管相对于光栅波导管有一个 50 GHz 的红移,这说明了光栅对波导管的谐振频率具有调制作用。当

$\Delta t = +1\,\mathrm{ps}$ 时,对应的 $\Delta n_{\mathrm{eff}} = +0.15$,而从图 6.11(a) 可以看出空白波导管和 $0°$ 朝向光栅波导管在第二个脉冲周期有 0.4 ps 的时间延迟,故空白波导管的有效折射率 $n_{\mathrm{eff}} = 1.576 + 0.06 = 1.636$,这也和 PMMA 材料实际的折射率(约为1.6)接近。之所以空白波导管的谐振位置相对光栅波导管发生红移,是由于周期性的空气槽结构导致了光栅波导管管壁的相对折射率 n_{eff} 减小,从而使得空白波导管比光栅波导管的 f_m 值要小。综上可知,无论从时域还是频域角度分析,实验与理论的结果都非常吻合。

从图 6.11(b) 中可以看出,图中光栅波导管的第二级谐振 Q 值达到 13,是空白波导管谐振 Q 值的 2 倍。在所有的谐振当中,第二级和第三级谐振有更高的 Q 值,因此后面主要讨论这两个谐振频率。

6.3.3 微结构波导管偏振特性的分析

由于光栅波导管是单侧刻蚀的非轴对称结构,因此有必要研究不同偏振态的 THz 波透过波导管的传输谐振特性。6.3.1 小节中已经讲到,波导管是通过两个可调光阑来固定的,而 THz 波可以近似看成是线偏振的,通过控制波导管光栅面的不同朝向,就等同于不同线偏振态的 THz 波透过光栅波导管。经实验测量并通过傅里叶变换和计算后,得到了波导管三个不同朝向以及空白波导管的透过率谱,如图 6.12(a)所示,三个朝向分别为 $0°$、$45°$ 和 $90°$。从图中可以看到,相对于空白波导管,朝向为 $0°$ 时的光栅波导管有最大的谐振频率平移,这说

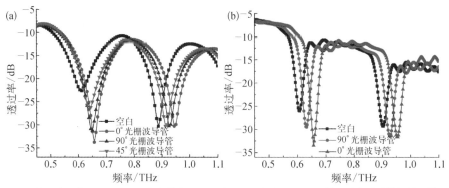

(a) 空白波导管以及三种不同朝向的光栅波导管的透过率谱;(b) 波导管透过率谱的模拟结果[8]   图 6.12

明当THz波的偏振方向与光栅朝向平行时,光栅对THz波的调制作用是最大的,而当偏振方向正交于光栅朝向时这个调制作用较小,趋于消失。光栅结构使得谐振具有偏振依赖性。

为了更加深入地分析光栅对波导管的影响,采用时域有限差分(FDTD)算法对波导管的传输特性进行了模拟分析。模拟得到的透射光谱如图6.12(b)所示,它和实验测量得到的透过率谱图基本吻合。图6.13(a)～图6.13(c)分别是0°朝向的光栅波导管在0.65 THz、0.8 THz和0.95 THz处的电场分布图,其中在谐振位置的0.65 THz及0.95 THz处明显是辐射模式,而在0.8 THz处为传导模式,如图6.13(b)所示,不存在辐射损耗。

图6.13
朝向为0°的光栅波导管横截面的电场分布模拟结果[8]

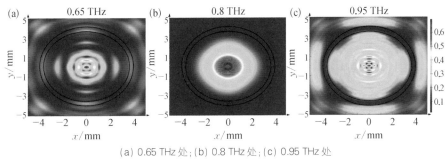

(a) 0.65 THz 处;(b) 0.8 THz 处;(c) 0.95 THz 处

6.3.4 微结构波导管微量液体传感实验

这里介绍微结构波导管对微量乙醇进行传感检测的实验。首先,通过THz-TDS系统测量了实验用无水乙醇的时域信号,经傅里叶变换并由式(2.2)、式(2.3)计算得到无水乙醇的折射率和吸收系数,如图6.14所示。在0.2～1.4 THz,其折射率从1.7减小到了1.5,吸收系数从10 cm^{-1}增加到90 cm^{-1}。

实验时在光栅处滴加酒精,将空气槽填满无水乙醇,由于乙醇不断挥发,槽内液体层的厚度将不断变化[示意图参见图6.10(c)]。由于乙醇和空气在THz波段的光学性质是完全不同的,即对应式(6.6)中的n_{eff}是不同的,因此在槽内滴加乙醇后,随着乙醇量的变化可以引起谐振频率的移动。

通过带有刻度的注射器将定量的乙醇滴加在波导管外表面的每一个空气槽中,同时由于液体的流动性,有少量的乙醇会停留在光栅波导管某些没有结构的

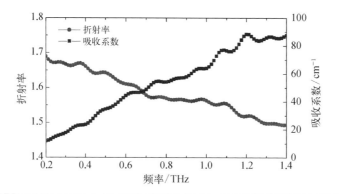

图 6.14
实验所用无水
乙醇的折射率
及吸收系数
曲线

表面。实验中每次滴加乙醇后的 T_d 时刻(延迟时间为 T_d)开始测量 THz 波的透射光谱,实验结果如图 6.15 所示,每隔 50 s 测量一次透过光栅波导管的时域信号并计算其透过率谱。对二级谐振而言,由图 6.15(a)可知,随着延迟时间的增加,谐振谷频率将从 0.605 THz($T_d = 0$ s)逐渐向高频移动,直到 $T_d = 250$ s 时,谐振谷将回到没有滴加液体时所在的频率位置(0.66 THz 处)。图 6.15(b)所示为三级谐振频率随延迟时间的变化关系,同样地,谐振谷频率随延迟时间的增加从 0.895 THz 逐渐向高频移动,最终趋近 0.95 THz,频率移动最大值达到 55 GHz。这种动态变化可以理解为暴露在空气中的乙醇随时间不断挥发导致槽中液体量的减少,从而改变了管壁的相对折射率,进而引起谐振频率的变化。实验结果也表明酒精量随着延迟时间的增加而逐渐减少,酒精量的变化同时表现在谐振频率的变化上。

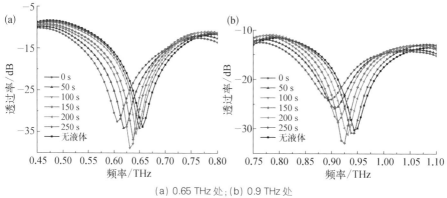

(a) 0.65 THz 处;(b) 0.9 THz 处

图 6.15
滴加乙醇后每
间隔 50 s 测量
得到的在 0.65
THz、0.9 THz 谐
振频率附近的
透过率谱线[8]

图 6.16 为二级谐振和三级谐振频率随延迟时间变化呈线性关系的曲线,也即乙醇的余量和测量延迟时间呈线性关系,图中直线的斜率表示光栅槽中乙醇随时间挥发的速率。通过计算,可以得到二级谐振和三级谐振的频率移动速率均为 $0.183\,\mathrm{GHz\cdot s^{-1}}$。基于光栅波导管的液体传感方法依然是一种依赖于波导管有效折射率 n_{eff} 变化的传感方法,所能测得的 n_{eff} 的最小变化值由 THz - TDS 系统的时间分辨率决定,这里采用的实验系统的最小时间分辨率为 0.04 ps,因此由式(6.8)可以计算得到有效折射率的最小分辨率 $\Delta n_{\mathrm{eff}} = 0.006$。 根据 6.3.1 小节的计算,可知光栅空气槽的总体积约为 $1.1\,\mu\mathrm{L}$,所以光栅波导管的传感灵敏度为 $55\,\mathrm{GHz}/1.1\,\mu\mathrm{L} = 50\,\mathrm{GHz}/\mu\mathrm{L}$。其他液体的传感,例如水、丙酮、石油醚等同样适用于该传感器。

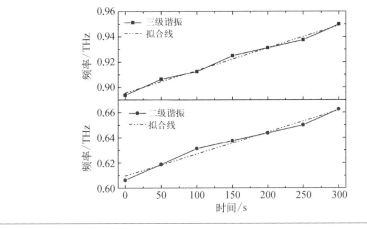

图 6.16
谐振频率与延迟时间的关系,其中实线为实验数据,虚线为线性拟合[8]

为了和光栅波导管的灵敏度进行对比分析,用未刻蚀光栅的空白波导管进行了微流体传感实验测试。在空白波导管表面滴加等量的乙醇,重复前面所述的实验,因为非常微量的酒精滴加在波导管外表面,表面张力和黏滞性保证了液体不从表面流失。图 6.17 为实验测量得到的透过率谱。从图中可以看到,随着测量延迟时间的增加,谐振频率的位置移动较少,很明显这种空白波导管对附着在其外表面的液体不敏感,因此不适用于液体传感的应用。这个结果表明光栅结构大大提升了波导管的传感灵敏度,具体来说,光栅结构能够调制传输到波导管外表面的倏逝波,同时,周期性的槽与脊的结构促进了倏逝波与光栅中待分析

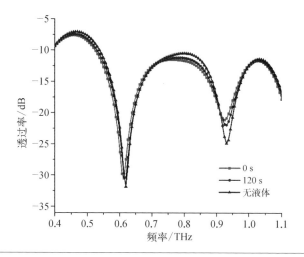

图 6.17
空白波导管未
滴加乙醇和滴
加乙醇后延迟
时间为 0 s 和
120 s 的透过率
谱线[8]

物的相互作用,从而提高了光栅波导管的传感灵敏度。

　　本节首先从理论和实验上验证了光栅结构对波导管的谐振频率位置和偏振的调制作用,然后讨论了光栅波导管的微量液体传感特性,其实现了传感精度达到 50 GHz/μL 的实时微量液体传感,同时和空白波导管的传感精度进行了对比分析。实验结果表明,由于存在微结构光栅,光栅波导管能显著地提高波导管的传感灵敏度,在材料鉴别、折射率传感、液体量动态检测等方面有着广泛的应用前景。

6.4　THz 超材料薄膜传感器的研究

　　这一节将利用超材料开展 THz 薄膜传感方面的应用研究。首先对超材料样品的传输特性进行了实验测试,经过分析和比较后选择电偶极谐振类的超材料对 PVA 薄膜厚度进行了传感实验研究,并对超材料实现薄膜厚度传感的物理机理进行了讨论。

6.4.1　THz 超材料薄膜传感器的加工制备与理论分析

　　为了实现对微量样品的传感检测,必须对 THz 波进行局域场增强,这不仅能减少待测物的样本量,还将大大提高 THz 波与物质相互作用的强度,从而提高传感灵敏度。为此,人们提出了许多新的器件结构和原理来实现 THz 传感器的局域场增强,例如光子晶体的带隙效应、等离子体谐振、光腔谐振以及超材料等。You 等将待测物放置在 THz 等离子体阵列波导的上表面,利用局域在表面附近的 SPP 波完成了对待测物厚度和折射率的传感[9]。但是这种由金属、塑料微带构成的杂化结构制作非常困难,并且还需要对 SPP 波进行近场探测。而在结构制作和传输性质的测试方面,超材料结构具有独特的优势。通过合理地设计超材料结构的形状和参数,可以非常容易地在传感所需要的波段获得强烈的谐振场增强。同时,作为一种尺寸较小的二维平面结构,超材料还具有易于集成、便于放置待测物等优势,因此在 THz 传感领域得到了广泛的应用。

本小节介绍基于双开口谐振环结构的超材料对薄膜厚度进行传感的实验,在深入分析了器件传感机理的基础上,对超材料在 THz 薄膜传感方面的性能进行了研究。

本小节所使用的超材料为经典的双开口谐振环结构,其结构参数如图 6.18(a) 所示。器件的基底为厚度为 500 μm、电阻率为 10 kΩ · cm 的高阻硅,上层为 200 nm 厚的金属结构。THz 波段的超材料结构尺寸位于微米量级,利用传统的光刻工艺即可以对其进行制备。超材料器件的加工与前文所述的硅刻蚀工艺略有不同,主要体现在显影之后的步骤上,这里对其进行简单的说明。

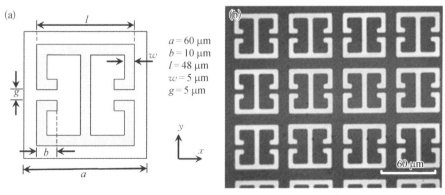

图 6.18　　　　　　　　　　　(a) 超材料器件的结构参数;(b) 样品的显微照片[10]

（1）制作掩膜版。清洗基底材料，涂覆光刻胶，并用显影液进行显影，这些步骤和深硅刻蚀的工艺流程相同。

（2）蒸镀金属。用热蒸镀的方法在光刻胶上表面蒸镀一层金属铜，要求其厚度大于两倍的趋肤深度，这里蒸镀的金属厚度为 200 nm。由于光刻胶上有微结构，被溶解掉的光刻胶部分将露出硅表面，经热蒸发被直接蒸镀上金属，对于存在光刻胶的部分，金属将沉积在光刻胶上。

（3）剥离。由于微结构的上表面覆盖有金属层，采用浸泡剥离法将沉积在光刻胶上的金属剥离。剥离所用的溶液为丙酮溶液，它可以溶解光刻胶，同时一并带走光刻胶上的金属，而直接镀在硅表面上的金属结构将被保留，从而形成超材料。

（4）激光划片。最终得到的超材料样品如图 6.18(b) 所示。在进行传感实验之前，首先对超材料样品的传输性质进行研究，实验装置示意图如图 6.19(a) 所示。首先测试表面未覆盖 PVA 薄膜的超材料样品的传输谱，THz 光束经过抛物面镜会聚后垂直入射样品表面，其光斑直径为 4 mm，偏振方向为竖直方向。保持室温和干燥环境，在垂直于光束入射方向的平面内对样品进行旋转，可以测量其在不同偏振入射光下的传输谱线。

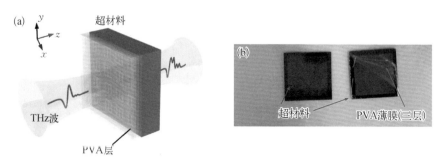

(a) 实验装置示意图；(b) 裸超材料样品和覆盖三层 PVA 薄膜的样品照片[10]　　　　图 6.19

6.4.2　器件传输性能的测试和分析

将测得的时域信号做傅里叶变换，再用空气信号作为参考将其归一化，就可以得到不同入射偏振态下器件的传输光谱，如图 6.20(a) 所示。图 6.20(b) 为利用 FDTD 算法模拟得到的结果。模拟时将金属铜设为完美电导体，硅的参数采用实验测试得到的数据,折射率为 3.4,吸收系数为 $1\,\mathrm{cm}^{-1}$。器件的 x-y 方向设为周期性边界条件,而 z 方向设为开放性边界条件。当入射 THz 波的偏振方向为 x 方向时,在 0.832 THz 处存在一个强度为 32 dB、Q 值为 27 的谐振峰。用 FDTD 算法画出其在谐振频率下超材料表面的电流分布,如图 6.20(c)所示。从图中可以看出,此时电流主要分布在单元结构上下的两条横向金属条上,这是一种电偶极子谐振。而当入射 THz 波的偏振方向为 y 方向时,器件将会发生电感-电流(LC)谐振,其电流分布如图 6.20(d)所示。结构中心的竖直金属条充当电感,而两侧的开口则起到电容的作用,电流在这两部分中反复流动从而形成 LC 谐振,在传输光谱上表现为在 0.40 THz 处出现一个强度为 16 dB 的谐振峰。对于微量传感而言,希望传感器能提供强度更高的局域增强效应,从而增强 THz 波与待测物之间的作用强度,提高传感的精度和灵敏度。对于上述超材料样品,电偶极谐振的谐振峰具有更高的 Q 值,即具有更高的谐振强度,可以极大

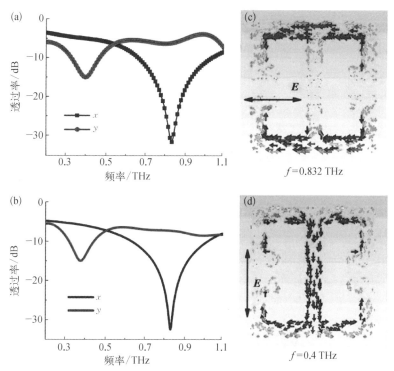

图 6.20　(a,b) 实验和模拟得到的裸超材料结构的透过率谱;(c,d) 水平和竖直偏振时透射谐振峰位置处的电场分布图[10]

地增强电磁波与待测物间的相互作用强度,同时也便于更精确地确定谐振的中心频率。此外,更高的谐振频率对应着更短的波长,也可以给予传感器更高的灵敏度,因此这里选择沿 x 方向入射的偏振光进行后续的传感实验。

6.4.3　PVA 材料在 THz 波段的性质

作为一种重要的无毒无公害塑料材料,PVA 材料被广泛地应用在科学实验中。因为 PVA 材料在 THz 波段具有非常高的透过率,因此这里选择 PVA 进行薄膜传感实验。薄膜的制备方法为旋涂法,其优点是简单、快速、成膜均匀、光滑,并且可以制备厚度小于 $10~\mu m$ 的 PVA 薄膜。旋涂前首先要配制 PVA 溶液,将 PVA 颗粒溶解在去离子水中,使其质量分数为 10%。为加快溶解速度并保证溶解均匀性,对溶液进行水浴加热,在 $95\,{}^{\circ}C$ 下用磁力搅拌子搅拌 $2~h$。然后用旋涂仪将溶液旋涂到超材料样品表面。为保证薄膜的均匀度和平整度,这里使用 $10\,000~r/min$ 的转速,旋涂时间为 $2~min$。最后,用轮廓仪对所制薄膜的厚度进行测量。薄膜厚度正是传感实验所关注的待测量,通过增加薄膜层数的方法来增加膜厚。在上一层薄膜彻底固化之后,在其表面再进行一次旋涂,并保证这两层薄膜之间没有气泡。图 6.19(b) 中展示了一块涂覆有三层 PVA 膜的样品,从揭起的薄膜一角可以发现其均匀且透明。

在进行薄膜传感实验之前,首先对 PVA 材料在 THz 波段的电磁性质进行实验测试。PVA 薄膜仅有数微米厚,而 THz 波的波长则为数百微米量级,波长远远大于样品厚度,这种情况下由薄膜样品引入的相位延迟太小,无法用常规太赫兹时域光谱测量折射率的方法对其进行准确测量。这里使用 PVA 溶液凝固形成的固块样品来进行测量,将其两端切削平整,其厚度为 $1.86~mm$。实验测量得到的折射率谱如图 6.21(a) 所示,在 $0.2\sim1.1~THz$ 频带内,PVA 的折射率处于 $1.59\sim1.60$,伴有小幅的色散。图 6.21(b) 所示为 PVA 的吸收系数,在 $1~THz$ 以下区间均小于 $5~cm^{-1}$。

6.4.4　器件的传感性能及分析

接下来对器件的传感特性进行研究,通过实验和模拟两种方法对不同膜厚时器件的传输特性进行分析,结果如图 6.22 所示,其中模拟使用的 PVA 材料参

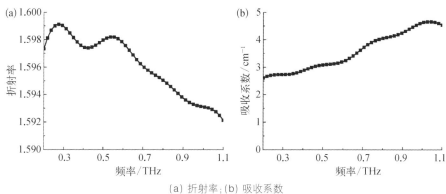

图 6.21
实验测量得到
的 PVA 的折射
率和吸收系数

(a) 折射率;(b) 吸收系数

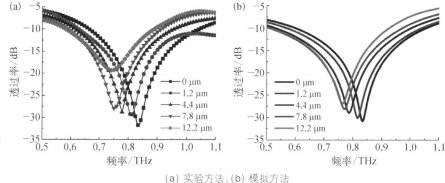

图 6.22
覆盖不同厚度
PVA 薄膜时样
品的透射光
谱[10]

(a) 实验方法;(b) 模拟方法

数为实验测量得到的数据。从图中可以明显看出,随着薄膜厚度的增加,谐振峰逐渐发生红移。图中 0 μm 的曲线表示裸超材料的透过率谱,其谐振峰中心频率位于 0.832 THz 处。当薄膜厚度增加到 7.8 μm 时,谐振峰的频率移动到 0.769 THz 处。在这个过程中,谐振频率的变化和薄膜厚度的增加量并非线性关系,而是呈现一种类似对数线型的变化规律。利用模拟方法依次求出 0 μm、1 μm、2 μm、…、16 μm 等 17 种薄膜厚度时谐振峰的位置,按照对数线型用这些数据拟合出薄膜厚度和谐振中心频率移动量之间的关系曲线,如图 6.23(a)所示。图中的散点为实验测量数据,与拟合曲线吻合得非常好。这表明,对于不同厚度的薄膜样品,传感实验具有不同的灵敏度。定义传感的灵敏度为

$$S(t) = \frac{f_{t-1} - f_{t+1}}{\Delta t} (\text{GHz}/\mu\text{m}) \qquad (6.9)$$

式中,$S(t)$是薄膜厚度为 t 时器件的传感灵敏度;f_{t-1} 和 f_{t+1} 分别是薄膜厚度为 $t-1$ 和 $t+1$ 时谐振的频率位置,而 $\Delta t = 2\ \mu m$。利用模拟得到的数据,根据式 (6.9)计算得到的器件对于不同厚度薄膜的传感灵敏度如图 6.23(b)所示。从该图可以看出,薄膜厚度越小时,器件的传感灵敏度越高。当薄膜厚度为 $4\ \mu m$ 时,传感的灵敏度可以达到 $9.4\ GHz/\mu m$,而这一厚度仅为 $0.8\ THz$ 处电磁波波长的 $1/90$。此外,当薄膜厚度小于 $4\ \mu m$ 时,传感器将会更加灵敏。而当薄膜厚度大于 $16\ \mu m$ 时,谐振频移停滞在 $0.761\ THz$ 而不再红移,这表明薄膜厚度的增加不再影响器件的谐振频率,此时传感灵敏度也逐渐降低为 0。另一个值得注意的现象是,随着膜厚的增大,谐振峰的强度将逐渐减小,如图 6.22(b)所示。当薄膜厚度小于 $8\ \mu m$ 时,谐振峰的强度始终大于 $20\ dB$,这一强度已经可以满足传感测量的要求。

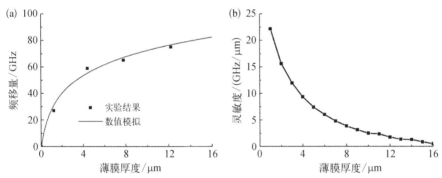

(a) 谐振峰频移量与 PVA 薄膜厚度的关系,其中散点为实验数据,曲线为按对数线型拟合得到的关系曲线;(b) 不同薄膜厚度时传感的灵敏度[10]

图 6.23

为了进一步研究器件的传输机理,采用 FDTD 算法模拟得到了器件内的电场 E_x 分量分布,如图 6.24 所示。图 6.24(a)为裸超材料在 $0.832\ THz$ 处 x-y 平面内的场分布图,从图中可以明显地看出,THz 波在金属开口的两侧激发了强烈的电偶极谐振。图 6.24(b)~图 6.24(f)给出了不同薄膜厚度时器件 x-z 切面内电场的归一化分布。切面的位置如图 6.24(b)中插图中的虚线所示。由于发生了电偶极谐振,电磁波被强烈地局域在器件和空气的交界面处,其强度也获得了极大增强。而增强的谐振场沿着 z 方向具有一定的分布规律,其在离开交界面后将逐渐减弱。因此,PVA 薄膜的引入将会对谐振产生一定的影响,从而导致了谐振峰频率的变化。不同厚度的薄膜产生的影响也不相同,更厚的膜将导致更多的谐振场分布在 PVA 材料中。而 PVA 的折射率比空气大,这相当于增加了谐振系统的光程,因此谐振峰将发生红移。此外,谐振场沿 z 方向的强度分布并非线性,而是指数线型。如图 6.24(e)所示,在离开硅基底表面 7.8 μm 处,场强下降为峰值的 1/e。此时谐振场大部分都分布在 PVA 薄膜中,薄膜厚度的继续增加对谐振场的影响将逐步减弱。在图 6.24(f)中,电偶极谐振场已经完全处于 PVA 薄膜中,因此谐振频率达到了最终值 0.761 THz,不再随着薄膜厚度的增加而变化。综上,谐振的频移量和薄膜厚度呈现对数关系,最大的频移量为 71 GHz。

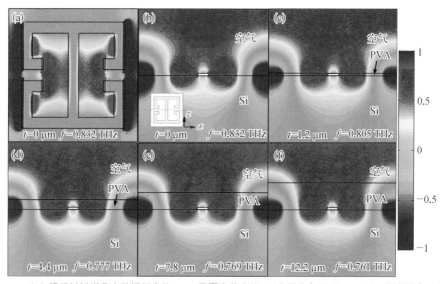

图 6.24　(a) 裸超材料样品在谐振频率处 $x-y$ 平面内的电场 E_z 分量分布图;(b~f) 不同薄膜厚度时 $x-z$ 切面内的电场 E_z 分量分布图,其中(b)中插图中的虚线为切面位置[10]

　　本节对超材料在 THz 波段的薄膜厚度传感特性进行了研究。首先通过实验和模拟的手段对双开口谐振环超材料的传输特性进行了研究,获得了器件在不同偏振 THz 波入射时的透过率谱,并选择电偶极谐振超材料结构进行了传感实验。利用旋涂法将 PVA 薄膜涂覆到超材料表面,并通过涂覆的层数来控制薄膜厚度。然后对器件的传感性能进行了测试,结果表明,当膜厚是 THz 波波长的 1/90 时,器件仍可以获得 9.4 GHz/μm 的传感灵敏度。此外,对传感灵敏度与频率的关系进行了分析,并通过器件表面电场分布变化对传感机理进行了研究。

6.5 机械可调谐太赫兹超材料及其应变传感

由于应力传感器件是传感研究中的一个重要应用方向,因此基于应力传感应用的超材料研究也就吸引了众多研究者的注意。由于太赫兹波对非极性材料具有良好的穿透性,以及太赫兹时域光谱测量技术在时间分辨率和空间分辨率上的优势,基于太赫兹超材料的应力传感器在遥感探测、无损测量等领域有着非常重要的应用。随着新型柔软弹性材料的应用和光刻技术的进步,在弹性基底上制备亚波长周期金属谐振结构已经非常容易。以弹性基底材料的机械延展性为基础,直接利用机械形变来实现超材料谐振频率可调谐的方法也成为可调谐超材料研究的一个热点。本节介绍以弹性树脂为基底材料的机械可调谐太赫兹超材料。通过在弹性基底上制备超材料,并利用机械拉伸产生的形变,在实验上获得了对该超材料谐振频率连续、可逆、可重复的调谐。此外,还可以通过对超材料谐振单元结构的优化设计,实现超材料在两正交方向上互不干扰的拉伸机械调谐。

6.5.1 柔软基底材料在超材料上的应用

虽然超材料的宏观特性主要是由谐振单元结构本身决定的,但其组成材料,包括金属和电介质基底材料,还是能够直接影响超材料的能量耗散,从而影响超材料的宏观特性。构成谐振单元的金属材料应该具有良好的导电性,而构成基底的电介质材料应具有良好的绝缘性,这样才可以使超材料具有最强的电磁响应。在太赫兹波段,超材料的基底多采用高阻硅,它对太赫兹波几乎没有吸收损耗,而且具有良好的绝缘性,易于在表面上镀刻金属结构,且其加工成本低廉,易于大批量生产。但是高阻硅材料坚硬、易碎,不适用于弹性超材料的制备。

为了满足超薄、弹性超材料的制备需求,柔软树脂基底材料被越来越多地应用于超材料的制备中。2008 年,美国波士顿大学的 Tao 等在只有 5.5 μm 厚的高分子聚合物聚酰亚胺(PI)基底材料上制备了太赫兹超材料样品,使超材料具备了弹性、弯折、卷曲等特点[11]。他们一共制备了四种超材料样品,利用太赫兹时域光谱系统测量得到的透射光谱与模拟结果吻合良好,并且样品经卷曲成圆柱后再展开,其谐振频率仍然能够恢复到弯折前的状态,这证明了弹性超薄基底太赫兹超电磁响应的稳定性。

美国加州理工学院的 Pryce 等在 2010 和 2011 年先后发表论文,对工作于中红外波段的开口谐振环(Split Resonant Ring,SRR)超材料进行了拉伸和恢复实验[12]。样品基底为 1 mm 厚的聚二甲基硅氧烷(PDMS)树脂,SRR 谐振单元阵列由金属构成。在拉伸实验中,随着样品的不断拉伸,谐振频率产生了明显平移。然而,对比拉伸前和拉伸形变恢复后的测量结果,虽然基底的形变能够恢复,但是谐振频率无法精确恢复到拉伸之前,这说明了机械拉伸过程对超材料谐振单元结构产生了不可恢复的损坏。2012 年,新加坡国立大学的 Chen 等将在柔软基底材料聚萘二甲酸乙二醇酯(PEN)上制备的 2D 平面太赫兹超材料样品卷曲成圆柱状,通过改变卷曲圆柱的直径实现了超材料谐振的机械可调谐,避免了大机械形变对超材料谐振结构的影响[13]。

6.5.2　单轴机械可调谐太赫兹超材料

本小节介绍一种由 PDMS 弹性基底和"I"形谐振单元结构构成的太赫兹超材料,通过施加拉力使之产生机械拉伸形变,实现了机械调谐功能。

为了简化谐振单元结构,减小金属谐振单元本身在受力形变下的结构形变,突出基底形变,增强谐振频率平移响应的敏感度,选择了"I"形结构作为基本谐振单元,如图 6.25(a)所示。金属层厚度为 100 nm,基底厚度为 100 μm。详细结构尺寸参数如下:$a=63\,\mu$m, $s=48\,\mu$m, $l=60\,\mu$m, $w=5\,\mu$m。当太赫兹波偏振方向以图中 E 方向正入射到超材料表面时,整个谐振单元可以视为偶极振荡。在入射电场的作用下,大量的表面感应电荷聚集于"I"形结构的上下边缘。这些感应电荷在上下两个相邻"I"形谐振结构之间的区域形成不断变换的电势差,类似于平行平板电容间的交变电场,使上下相邻谐振单元之间形成强烈的振荡电场耦合。谐振频率处的瞬时电场分布如图 6.25(b)所示,从图中可以看到在振荡过程中,几乎所有的能量都被集中于相邻谐振单元之间的狭缝区域,所以狭缝宽

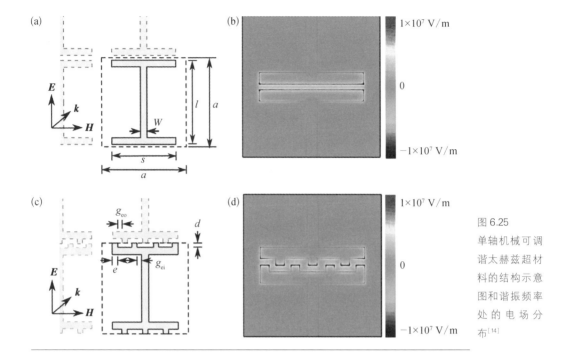

图 6.25
单轴机械可调谐太赫兹超材料的结构示意图和谐振频率处的电场分布[14]

度的微小变化都会强烈地影响超材料的谐振特性,从而改变其谐振频率。由基础电子电路原理可知,振荡频率 f_0 可以由等效电容 C 和等效电感 L 决定,其可以表示为

$$f_0 = 1/2\pi \sqrt{LC} \qquad (6.10)$$

在平行平板电容的理论模型中,电容可以表示为

$$C = \varepsilon \frac{S}{d} \qquad (6.11)$$

式中,ε 为介质的电容率;S 为平行平板面积;d 为平行平板间的距离。考虑到样品金属层的厚度要远远小于构成谐振狭缝区域的金属边缘的长度和狭缝宽度,理论上狭缝区域的电场强度可以用有限长度平行金属线模型代替平行平板模型来描述,这样,狭缝区域的电容就可以进一步近似地表示为

$$C \approx \varepsilon_0 \varepsilon_r \left[1.15 \left(\frac{2t}{g} \right) + 2.80 \left(\frac{2w}{g} \right)^{0.222} \right] s \qquad (6.12)$$

式中，ε_0 为自由空间的介电常数；ε_r 为基底材料的相对介电常数；t 为金属层的厚度；w 为金属结构线宽；$g=a-1$ 为狭缝宽度；s 为狭缝区域的长度。在太赫兹波垂直入射条件下，如果对样品施加一个沿振荡电场方向的外力，样品将会产生形变。由于"I"形结构单元与单元之间并不相连，在外力形变过程中，金属谐振结构本身会产生微小的形变。由于高弹性 PDMS 基底材料良好的机械延展性，外力产生的形变将主要集中于相邻单元结构之间的狭缝区域，所以随着外力作用导致形变加剧，狭缝的宽度 g 随之改变，宏观上超材料的谐振频率得到了有效调制。

利用 CST Microwave Studio 模拟了"I"形单元结构间狭缝宽度对谐振频率的影响，模拟结果如图 6.26 所示。在模拟中，金属材料为金，参数设置如下：高频介电常数 $\varepsilon_\infty=1$，等离子体频率 $\omega_P=1.37\times10^{16}$ rad/s，碰撞频率 $\gamma=6.45\times10^{12}$ Hz。依据太赫兹时域光谱系统的测量结果，PDMS 基底材料的参数设置为相对介电常数 $\varepsilon_r=2.55$，电导率 $\sigma=2.5\times10^{-14}$ S/m。从模拟结果可以得到，假设

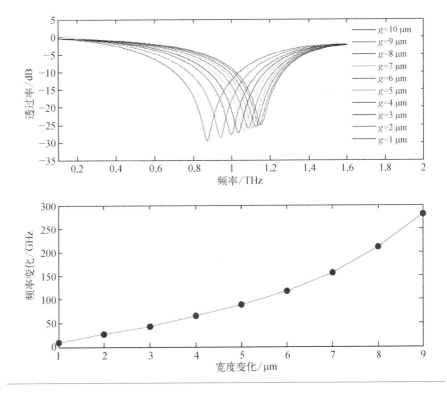

图 6.26
"I"形超材料谐振频率随狭缝宽度变化的模拟结果

初始狭缝宽度为 $g=10\ \mu m$,当狭缝宽度从 $10\ \mu m$ 减小到 $1\ \mu m$ 时,超材料的谐振频率向低频移动,即谐振频率发生红移,由 $1.17\ THz$ 平移到 $0.86\ THz$,谐振频率的平移速度也由 $11.6\ GHz/\mu m$ 增加到 $304.5\ GHz/\mu m$。

为了进一步增强振荡,提高谐振的品质因数和超材料用于应力传感时的灵敏度,采用交叉指狭缝结构来代替上面结构模型中的平行直线狭缝。交叉指模型主要用于微波电路中集成电子元件设计,也被用于短线段耦合的可调谐开口谐振环结构和复合左右手传输线结构中,以获得更强的电容狭缝内电场。如图 6.27 所示,交叉指电容 C_{IDC} 分别由交叉指部分的长度 l_{IDC}、交叉指数目 N、交叉指线宽 w、狭缝宽度 g 及基底材料有效介电常数 ε_{re} 决定,其可以表示为

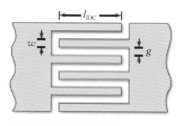

图 6.27 交叉指模型示意图

$$C_{IDC} = \frac{\varepsilon_{re}\,10^{-3}}{18\pi}\frac{K(k)}{K'(k)}(N-1)l_{IDC} \tag{6.13}$$

式中,第一类完全椭圆积分 $K(k)$ 和其补集 $K'(k)$ 的比值系数约为

$$\frac{K(k)}{K'(k)} = \begin{cases} \dfrac{1}{\pi}\ln\left[2\,\dfrac{1+\sqrt{k}}{1-\sqrt{k}}\right] & (0.707 < k \leqslant 1) \\[4mm] \dfrac{\pi}{\ln\left[2\,\dfrac{1+\sqrt{k'}}{1-\sqrt{k'}}\right]} & (0 \leqslant k \leqslant 0.707) \end{cases} \tag{6.14}$$

式中,$k'=\sqrt{1-k^2}$;$k=\tan^2[2.25w\pi/(w+g)]$。平行电容相当于 $N=2$ 的情况,所以平行电容 C_0 可表示为

$$C_0 = \frac{\varepsilon_{re}\,10^{-3}}{18\pi}\frac{K(k)}{K'(k)}l_0 \tag{6.15}$$

式中,l_0 为平行电容平行线长度。所以,交叉指电容又可以表示为

$$C_{IDC} = (N-1)\frac{l_{IDC}}{l_0}C_0 \tag{6.16}$$

交叉指狭缝"I"形振荡单元结构如图 6.25(c)所示。交叉指狭缝结构参数为 $d=3\,\mu m$，$e=4\,\mu m$，$g_{\text{co}}=3\,\mu m$，$g_{\text{ci}}=4\,\mu m$，谐振单元其他部分结构参数与平行直线狭缝模型相同。图 6.25(d)为该谐振单元在谐振频率处的电场分布。在狭缝宽度不变的情况下，交叉指结构相当于更长的平行直线狭缝，与之前的平行直线狭缝结构相比，大大地增强了结构的等效电容，使电磁振荡能量更多地集中于狭缝区域。这将使超材料谐振谱线更加尖锐，从而提高谐振的品质因数，使得由相同狭缝宽度改变量引起的谐振频率平移加大，可调谐带宽加宽，获得更高的响应敏感度。

6.5.3　样品的加工与实验结果

材料样品所用的弹性基底材料聚二甲基硅氧烷(PDMS)，是一种高分子有机硅化合物，由标准旋涂工艺制成。这种材料已经广泛应用于电路芯片封装、生物微机电系统中微流道控制、填缝剂、润滑剂等领域，具有光学透明、惰性、无毒、不易燃、成本低、使用简单和黏附性好等优点。超材料样品的制备流程示意图如图 6.28 所示。(1)将硅基片用有机溶剂清洁，经去离子水冲洗，放置于氮气中干燥。(2)室温下利用电子束蒸发技术蒸镀一层 20 nm 厚的铝层，其作用是在样

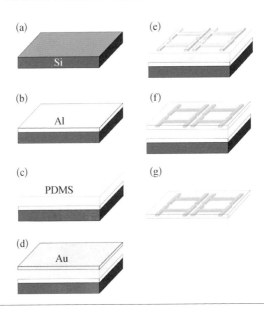

图 6.28
超材料样品加
工流程示意图

品制备完成后使样品与硅基片更易分离。(3) 将 PDMS 预制聚合物试剂与固化剂(Sylgard 184 Elastomer Kit)按 10∶1 的比例混合均匀后,静置 15 min,使混合液中的气泡浮至表面并破裂消除,然后将其旋涂于硅基片上。通过控制旋转的速度和滴液的时间,得到 100 μm 厚的 PDMS 层,并在 70℃ 的烤箱中放置 1 h 使其固化。(4) 在 PDMS 样品基底层制备好后,在室温条件下利用电子束蒸发技术镀 20 nm 厚的铬作为附着层,然后蒸镀上 200 nm 厚的金层。(5) 利用标准光刻技术,将超材料的谐振单元结构刻蚀出来。先将正性光刻胶(AZ5214)旋涂于待刻样品上,然后进行紫外光曝光与显影、硬烘。刻蚀过程中,金层利用盐酸、硝酸和水按 3∶1∶2 的比例配制的王水腐蚀,铬附着层利用高氯酸和硝酸铈铵的混合水溶液腐蚀,最后得到设计的太赫兹超材料的谐振结构。(6) 为了保护附着于弹性基底上的金属谐振结构,避免样品从硅基板上剥离时和实验测量中拉伸形变导致微结构的损坏,在刻蚀完金属谐振结构后再旋涂上一层 10 μm 厚的 PDMS 封盖层。加工后的样品照片以及谐振结构的显微照片如图 6.29 所示。

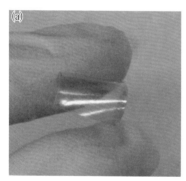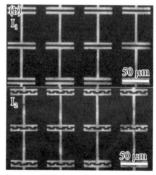

(a) 超材料样品照片;(b) 谐振结构的显微照片,其中 l_1 表示平行直线狭缝结构,l_2 表示交叉指狭缝结构[14]

图 6.29

在实验中,使用光纤耦合的太赫兹时域光谱系统(Tera K15,德国 Menlo Systems 公司)对样品进行测量,如图 6.30(a)所示。系统带宽为 4 THz,在 300 GHz 频率处信噪比可达到 76 dB。太赫兹波由发射天线发出,经过两个塑料太赫兹透镜会聚到样品上,样品上的太赫兹波光斑直径大约为 2 mm,能够覆盖多数 50 μm 尺度的超材料谐振单元结构。带有超材料样品信息的太赫兹波由系统另一端的探测天线探测。超材料样品支架由金属板基座上的金属平台和千分刻度的平移台

组成,样品两端由塑料材质的两个夹子夹住,两个夹子分别固定在了金属平台和
千分刻度的平移台上。通过转动平移台的高精度测微头来精确拉伸超材料样
品。样品架金属基座中心有直径为 12 mm 的圆孔,使得太赫兹波能够穿过样品
和样品架。样品架以拉伸方向平行于纸面放入系统中,使得样品拉伸形变方向
与系统中太赫兹偏振方向平行。

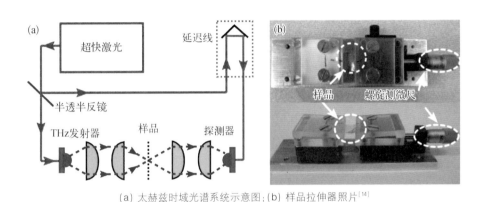

图 6.30　　　　　　　　　　(a) 太赫兹时域光谱系统示意图;(b) 样品拉伸器照片[14]

　　测量前,测量得到样品架两夹子之间的距离 $l_0 = 6.54$ mm,即为样品拉伸前
的原始长度。在实验中,以 $\Delta l_0 = 0.01 l_0 \approx 65\ \mu m$ 为步长进行拉伸,相当于每次
拉伸形变量大约为原始长度的 1%。定义形变率为

$$strain = \frac{l - l_0}{l_0} \times 100\% \tag{6.17}$$

式中,l 为拉伸后的长度。共拉伸十次,总的拉伸形变量为 10%。在每次拉伸
后,用太赫兹时域光谱系统测量三次,三次的平均值作为最终测量结果,最终测
量结果如图 6.31 所示。

　　由实验测量结果可以看到,对于平行直线狭缝结构(I_1)样品,初始无受力条
件下的谐振频率为 0.76 THz。当拉伸形变从 0 到 $10\Delta l_0$ 逐渐增大时,在振荡强
度减弱的同时,谐振频率向高频方向平移了 30 GHz,到达 0.79 THz。对应 10%
的拉伸形变,样品谐振频率的可调谐宽度达到了原始谐振频率的 4%。从交叉
指狭缝结构(I_2)样品的实验结果可以看出,透射光谱的谐振低谷更加尖锐,表示

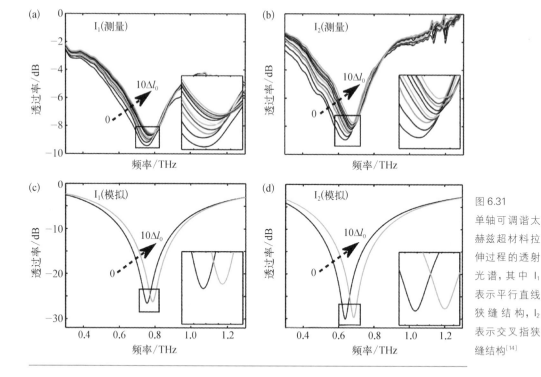

图 6.31
单轴可调谐太赫兹超材料拉伸过程的透射光谱,其中 I_1 表示平行直线狭缝结构, I_2 表示交叉指狭缝结构[14]

结构中谐振更加强烈。当拉伸形变从 0 到 $10\Delta l_0$ 逐渐增大时,谐振频率从 0.64 THz 平移到了 0.69 THz,如图 6.32 所示,样品谐振频率的可调谐宽度达到了原始谐振频率的 6.3%,与 I_1 结构相比较, I_2 结构的品质因数有了大约 10% 的提升,对受力形变更加敏感。在显微镜下观察拉伸过程可以明显看到谐振单元结构的变化,如图 6.33 所示。由显微镜的照片粗略测量可知谐振单元长度(l)每改变

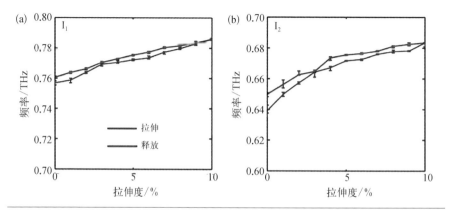

图 6.32
平行直线狭缝结构(I_1)与交叉指狭缝结构(I_2)机械可调谐性能对比[14]

1 μm,狭缝宽度(g)改变量约为 1.5 μm,同时可以明显看到谐振单元结构也有微小拉长。由之前的理论分析可以知道,随着狭缝宽度的增加,谐振减弱,谐振频率向高频方向平移;另外,如果金属谐振单元结构的尺寸增大,谐振相对加强,谐振频率会向低频方向平移。实际拉伸中,这两种效应同时发生,效果相互叠加,并且谐振频率对狭缝宽度变化的敏感度要远远大于单元尺寸变化对谐振频率的影响。上述实验结论可由模拟结果加以证明,当狭缝宽度由 3 μm 增加到 4.5 μm,谐振单元尺寸由 60 μm 增加到 61 μm 时,对于 I_1 结构,模拟计算得到的谐振频率蓝移了 4.2%;对于 I_2 结构,模拟计算的谐振频率蓝移了 6.6%,这一模拟结果与实验测量结果能够很好地吻合。从图 6.31 可以看到,实验和模拟结果中,实验获得的透射光谱线在谐振频率处的最小值与理论结果略有不同,可以归因于样品材料实际的损耗比理论模拟时更大,同时也受到亚波长结构加工精确度的影响。

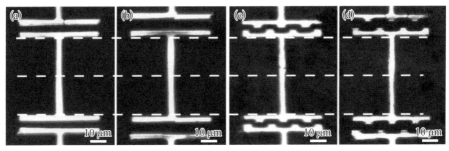

图 6.33
拉伸过程中谐振单元结构形变的显微照片[14]

为了研究机械拉伸可调谐太赫兹超材料能否重复使用,我们不仅测量了样品由 0 到 10% 的拉伸过程,而且也对形变量由 10% 到 0 的恢复过程进行了多次测量,结果如图 6.34 所示。第一次、第二次和第三次的拉伸-恢复过程测量的时间间隔为 24 h,第四次、第五次测量的时间间隔增加到了 48 h。可以说每次测量前,样品都经过了长时间的放置。第一次拉伸-恢复过程后,样品的谐振频率由过程前的 0.64 THz 移动到了 0.65 THz。而之后的几次拉伸-恢复过程,形变前后的谐振频率都稳定在 0.60 THz 处。谐振频率的测量结果证明,除了第一次以外,每次拉伸-恢复后,超材料的谐振结构都能够很好地恢复到初始状态,机械形变对超材料谐振频率的调谐是连续、可逆、可重复的。第一次拉伸导致谐振频率的变化可以用谐振单元结构中金属层的微裂痕迁移模型来解释。研究显示,超薄柔软基底材料上的金属层在加工、拉伸过程中,不可避免地出现连续、起伏的微小褶皱,或者微裂痕、微断裂等。

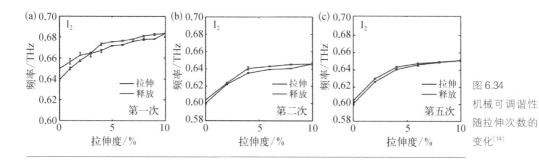

图 6.34
机械可调谐性
随拉伸次数的
变化[14]

6.5.4 双轴机械可调谐太赫兹超材料

单轴机械可调谐太赫兹超材料只能对特定方向的拉伸形变进行传感测量,要想获知其他方向上的受力形变情况,就必须要增加超材料传感器的数量,而且传感器工作方向要沿着各个可能的受力方向放置。在基础力学中,常用到正交分解法分析受力情况,反之,若能够分别测量得到两个正交方向上的受力情况,经过合成就可以得到实际受力的大小和方向。因此在单轴机械可调谐太赫兹超材料研究基础上,有必要发展一种适用于测量两个正交方向上受力的传感器,即双轴机械可调谐太赫兹超材料。

双轴机械可调谐太赫兹超材料的基本谐振单元结构,可以看作是由两个相互正交的"I"形结构叠加而成的,如图 6.35(a)和图 6.35(b)所示。与单轴结构类似,在 100 μm 厚的 PDMS 基底上蒸镀 200 nm 厚的金属谐振单元结构,再覆盖 10 μm 厚的 PDMS 保护层。详细结构尺寸参数如下:$a = 78\ \mu$m,$s = 47\ \mu$m,$e = 9\ \mu$m,$g = 3\ \mu$m,$w = 5\ \mu$m。图 6.35(c)为三种谐振单元结构的模拟结果,由于构成狭缝区域的边缘长度 s 由 48 μm 减小到 47 μm,与单轴结构(图中为蓝色实线)相比,双轴平行直线狭缝结构的谐振频率(图中为红色虚线)产生微小蓝移,证明了振荡有所减弱。当用交叉指狭缝结构取代了平行直线狭缝以后,谐振频率产生了较大红移(图中为绿色虚线)。

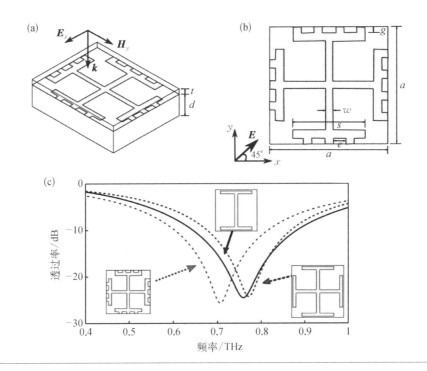

图 6.35
双轴机械可调
谐太赫兹超材
料结构示意图
及三种谐振单
元结构的模拟
结果[15]

当一束偏振方向与 x、y 轴成 45°的线偏振的太赫兹波垂直入射时,由于入射太赫兹波电场的作用,在谐振单元结构中产生大量的表面感应电荷,电场能量强烈地耦合在结构单元之间的狭缝区域。谐振单元结构分别在 x、y 两个方向上做偶极振荡。若在 x 轴方向上施加外力,会导致垂直于 x 轴方向的狭缝宽度发生变化,此时 x 方向上的偶极振荡的谐振频率就会随着狭缝宽度的变化而平移;而由于垂直于 y 轴方向的狭缝宽度没有改变,对应的谐振频率保持不变。图 6.36 为 CST Microwave Studio 的模拟结果,在 x 和 y 方向上的初始谐振频率均为 0.68 THz。当 x 方向应力作用时,垂直于 x 轴方向的狭缝宽度发生变化,随着狭缝宽度由 3 μm 变到 8 μm,在 x 方向上的谐振频率从 0.68 THz 变到 0.78 THz;而在 y 方向上的谐振频率几乎没有变化,即单一方向上的狭缝宽度变化并不影响垂直方向上振荡单元结构的谐振频率。所以,通过分别对两个方向上谐振频率的测量,可以获得两个独立方向上的受力形变信息。

双轴机械可调谐太赫兹超材料的拉伸测量系统如图 6.37 所示,与单轴样品的测量系统相比,增加了两个太赫兹偏振片。如图 6.37 所示,平行于实验平台

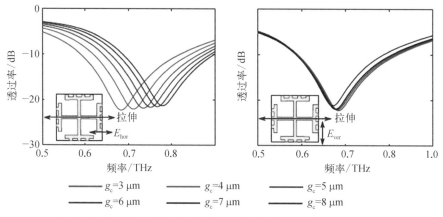

---- g_c=3 μm   ---- g_c=4 μm   ---- g_c=5 μm
---- g_c=6 μm   ---- g_c=7 μm   ---- g_c=8 μm

图 6.36
两个正交方向
上超材料谐振
频率随狭缝宽
度的变化[15]

的方向为 x 方向,垂直于实验平台的方向为 y 方向。首先,调整太赫兹波发射
源天线,使太赫兹波的偏振方向与 x、y 轴各成45°方向,并经过第一片太赫兹偏
振片校对偏振方向,然后经树脂透镜聚焦于样品上。在实验中,太赫兹探测天线
方向与发射天线保持相同。调整第二个太赫兹偏振片透振方向,分别测量 x、y
方向上的太赫兹时域波形,进而得到透射光谱。与单轴拉伸实验相似,共分十次
对样品进行拉伸,每次拉伸形变增加1%。在每一次增加拉伸形变后,通过转动
第二片太赫兹偏振片,分别对两个方向上的太赫兹时域谱进行扫描。

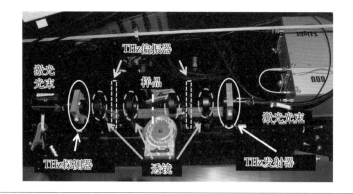

图 6.37
双轴机械可调
谐太赫兹超材
料的拉伸测量
系统[15]

　　实验测量结果如图6.38(a)所示,在没有施加拉伸形变情况下,两个正交方向上
的谐振频率均约为0.70 THz。在施加沿 x 方向的拉伸外力以后,随着形变率由0达
到10%,样品在 x 方向上的谐振频率向高频方向移动,到达0.74THz,最大移动了

36 GHz,大约 6% 的频率带宽范围。而在 y 方向上,谐振频率几乎没有移动。如图 6.39 所示,谐振频率随形变率的变化近似为线性,响应敏感度近似为 3 GHz/$strain$%。

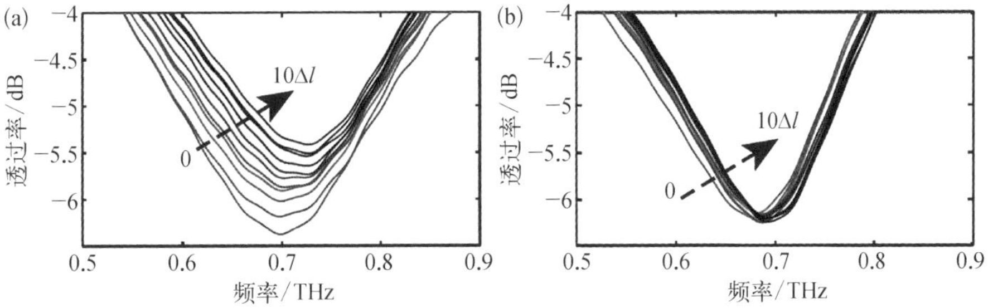

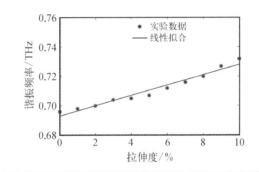

图 6.38
双轴机械可调谐太赫兹超材料拉伸透射光谱的实验结果[15]

(a) x 轴方向;(b) y 轴方向

图 6.39
谐振频率随形变率的变化曲线[15]

本节研究了通过在弹性基底材料 PDMS 上制备超材料谐振单元结构,并利用交叉指狭缝结构代替平行直线狭缝结构,增加了超材料谐振频率的可调谐范围,提高了超材料对机械形变的传感灵敏度。在"I"形谐振结构的单轴机械可调谐太赫兹超材料的基础上,又设计制备了用于多方向受力形变传感的双轴机械可调谐太赫兹超材料,实现了在两个正交方向上机械形变对谐振频率的调谐,并且两个方向上的频率移动互不影响,同时具有良好的稳定性、连续性、可逆性和可重复性,为机械可调谐太赫兹超材料应用于应力传感、结构微形变监测提供了一种新的技术手段。

参考文献

[1]　Fan F,Chen S,Wang X H,et al. Terahertz refractive index sensing based on

photonic column array. IEEE Photonics Technology Letters, 2015, 27（5）: 478 - 481.

[2] Fano U. Effects of configuration interaction on intensities and phase shifts. Physical Review, 1961, 124(6): 1866 - 1878.

[3] Miroshnichenko A E, Flach S, Kivshar Y S. Fano resonances in nanoscale structures. Review of Modern Physics, 2009, 82(3): 2257 - 2298.

[4] Fan S H, Joannopoulos J D. Analysis of guided resonances in photonic crystal slabs. Physical Review B, 2002, 65(23): 235112.

[5] Prasad T, Colvin V L, Mittleman D M. Dependence of guided resonances on the structural parameters of terahertz photonic crystal slabs. Journal of the Optical Society of America, 2008, 25(4): 633 - 644.

[6] Fan F, Gu W H, Wang X H, et al. Real-time quantitative terahertz microfluidic sensing based on photonic crystal pillar array. Applied Physics Letters, 2013, 102(12): 121113.

[7] You B, Lu J Y, Yu C P, et al. Terahertz refractive index sensors using dielectric pipe waveguides. Optics Express, 2012, 20(6): 5858 - 5866.

[8] Fan F, Zhang X Z, Li S S, et al. Terahertz transmission and sensing properties of microstructured PMMA tube waveguide. Optics Express, 2015, 23(21): 27204 - 27212.

[9] You B, Lu J Y, Liu T A, et al. Hybrid terahertz plasmonic waveguide for sensing applications. Optics Express, 2013, 21(18): 21087 - 21096.

[10] Chen M, Fan F, Shen S, et al. Terahertz ultrathin film thickness sensor below $\lambda/90$ based on metamaterial. Applied Optics, 2016, 55(23): 6471 - 6474.

[11] Tao H, Strikwerda A C, Fan K B, et al. Terahertz metamaterials on free-standing highly-flexible polyimide substrates . Journal of Physics D, 2008, 41(23): 232004.

[12] Pryce I M, Aydin K, Kelaita Y A, et al. Highly strained compliant optical metamaterials with large frequency tenability. Nano Letters, 2010, 10（10）: 4222 - 4227.

[13] Chen Z C, Mohsen R, Gong Y D, et al. Realization of variable three-dimensional terahertz metamaterial tubes for passive resonance tenability. Advanced Materials, 2012, 24(23): 143 - 147.

[14] Li J N, Shah C M, Withayachumnankul W, et al. Mechanically tunable terahertz metamaterials. Applied Physics Letters, 2013, 102(12): 121101.

[15] Li J N, Shah C M, Withayachumnankul W, et al. Flexible terahertz metamaterials for dual-axis strain sensing. Optics Letters, 2013, 38(12): 2104 - 2106.

7

太赫兹
磁光器件

THz波处于宏观电子学向微观光子学的过渡频谱区，其与自然物质的相互作用具有与微波和光波显著不同的特性。这一方面使得THz技术蕴含着新的基础科学问题和重大技术创新潜力，另一方面也给THz波的产生、探测和操控带来了挑战。事实上，由于缺乏对THz电磁波基本物理特性及其与物质相互作用规律的深入认识，THz波的传输与调控理论发展较为缓慢，材料和器件技术更是极为缺乏，严重制约了THz科学尤其是其应用技术的发展。

为了突破以上技术瓶颈，近些年国际学术界对THz波电磁传输机理以及关键材料和器件技术展开了大量的研究，并且在THz波导、开关、调制、滤波、放大等原理和器件技术上取得了较大的突破，为THz应用技术发展奠定了重要基础。值得指出的是，这些研究更多关注于物质在THz频段的"电学特性"，而"磁学特性"的研究涉及很少，这归因于磁学特性研究的复杂性。由于电磁波的属性，只有从"电"和"磁"两方面深入认识和理解THz电磁波与物质相互作用的规律，才能真正意义上填补所谓的"太赫兹空白(Terahertz Gap)"。更重要的是，对物质的THz磁性的充分认识，也必将发现大量的新效应和新现象，并催生出一大类具有新颖特性的功能器件，这对于THz科学与技术的发展无疑具有根本性的推动作用。

磁性物质在电磁波领域的应用受到关注主要归因于两个方面的独特性质：一是磁光材料在外磁场的作用下对电磁波的振幅、相位和偏振产生动态调控，即具有磁可调谐性，且当磁光材料被引入或制备成人工电磁结构时(即构成磁光微结构)，将表现出比简单磁光材料更加丰富的新型磁光效应和更强的"光-磁"相互作用；二是磁光材料具有非互易性，它回旋张量形式的各向异性不同于普通晶体，使得它所构成的电磁传输系统在特定条件下可以打破时间反演对称性，实现"光路不可逆"的非互易单向传输，允许正向光高效地通过器件，而禁止光反向通过，如图7.1所示，非互易特性的研究在THz领域中具有特殊而重要的作用。

首先，磁光微结构及单向传输机理是我们探索、认识和理解THz频段磁和磁光特性的重要工具，是研究THz频段"光-磁"相互作用的重要结构载体，包含了极为丰富的基础科学问题。例如，物理学顶级期刊 *Physical Review Letters*

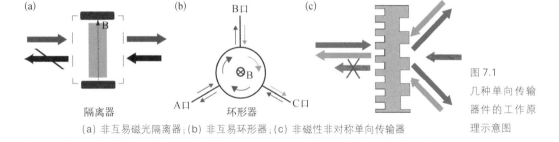

图 7.1
几种单向传输器件的工作原理示意图

(a) 非互易磁光隔离器;(b) 非互易环形器;(c) 非磁性非对称单向传输器

于 2010 年报道了英国牛津大学 Reid 教授提出的激光调制 THz 共振的研究。其利用超快飞秒激光泵浦 Bi：LuIG 磁光单晶,仅凭激光的磁场分量即激发出高达 0.7 THz 的铁磁共振频率,并且利用激光的偏振可以改变 THz 波共振相位达到 $180°$,为 THz 波的幅度调制和相位调制提供了全新的技术方案[1]。相反地,荷兰代尔夫特理工大学和美国波士顿大学的科研人员则利用 THz 波脉冲的瞬态磁场分量,在人工超结构与磁光单晶 $Tb_3Ga_5O_{12}$(TGG)构成的微结构中诱导出强的磁光法拉第效应,实现了 THz 波对光偏振方向的调控[2]。2016 年,荷兰大学 Subkhangulov 等在 *Nature Photonics* 上发表论文,通过 TGG 揭示了 THz 磁光法拉第效应与飞秒激光克尔效应之间的复杂关系,并通过外加磁场实现了从 0.1~1.1 THz 的 THz 共振连续可调。这些基于磁光微结构的研究已经催生出如超快光磁性、磁振子学等诸多 THz 频段的磁学和光学的新效应和新现象,蕴含着巨大的理论和技术创新潜力[3]。

其次,磁光微结构 THz 磁可调谐器件与单向传输器件在 THz 应用系统中有着迫切的实际需求,是构建以 THz 无线通信和安检成像为代表的准光型应用系统的核心器件。THz 准光系统中存在大量元件的反射回波和散射,不但影响到辐射源和探测器等有源器件的使用寿命和工作安全,还给整个系统带来了严重的噪声,降低了系统的稳定性和可靠性。这一情况在最近兴起的强 THz 应用技术领域尤为突出。THz 单向传输器件允许正向光高效地通过器件,而禁止光反向通过,能够有效地解决上述问题,是 THz 应用系统达到最佳性能的重要保障。利用 THz 磁光微结构是满足 THz 非互易传输条件实现高效单向传输的重要途径,同时还可以实现磁场对 THz 波传输特性的高效动态调制,形成磁可调谐器件,也是实现 THz 波调控的重要技术手段,能够提高系统集成度、加快系统小型化,因此具有重要的研究价值。

但是到目前为止,由于缺乏对 THz“磁学特性”及其电磁传输特性的深入理解,THz 单向传输机理尚不清晰,材料和结构基础也比较薄弱,更缺乏高性能的功能器件。因此,应围绕新材料和新结构的 THz 磁学特性及其电磁传输机理开展研究,发展以磁可调控和非互易单向传输为代表的 THz 波传输与调控理论和器件技术研究,既推动 THz 波谱范围内“光-磁”研究的交叉发展与融合,又为 THz 应用提供了器件技术支撑。因此对于 THz 科学的发展和技术进步均具有重要意义。

本章从 THz 磁光材料及其典型磁光效应的基础开始介绍,然后给出一些典型的 THz 磁光微结构功能器件的例子,重点介绍 THz 非互易单向传输机理及其器件的研究。

7.1 THz 磁光材料与磁光效应概述

7.1.1 铁氧体材料在 THz 波段的旋磁性质

在外磁场下饱和磁化的铁氧体显示出旋磁介质的性质,其磁化率张量可由式(7.1)表示(沿 z 方向施加外磁场)[4]:

$$\boldsymbol{\mu} = \begin{bmatrix} \mu & i\kappa & 0 \\ -i\kappa & \mu & 0 \\ 0 & 0 & \mu_0 \end{bmatrix} \tag{7.1}$$

式中,张量元 μ 和 κ 分别由式(7.2)、式(7.3)给出:

$$\mu = \mu_0 \left(1 + \frac{\omega_c \omega_m}{\omega_c^2 - \omega^2} \right) \tag{7.2}$$

$$\kappa = \mu_0 \frac{\omega \omega_c}{\omega_c^2 - \omega^2} \tag{7.3}$$

式中,$\omega_c = \gamma B$ 为回旋频率,又称拉莫尔频率,其中 $\gamma = 1.758 \times 10^{11}$ rad/(T·s) 是

旋磁比，B 为外磁场的磁感应强度；$\omega_m = \gamma M_s$ 为磁化特征角频率，其中 M_s 为材料的饱和磁化强度；μ_0 是真空中磁导率。考虑到铁磁损耗，需要用 $\omega_c = \gamma B - i\mu_0\gamma\Delta H/2$ 替代式(7.2)和式(7.3)中的 ω_c，其中 ΔH 为铁氧体材料的铁磁共振线宽。对于 LuBiIG 单晶铁氧体材料，其在 THz 波段的吸收系数小于 $0.3~\text{cm}^{-1}$，是一种低损耗 THz 磁光材料。其介电常数 $\varepsilon = 4.85$，$\Delta H = 5.1~\text{Oe}$[①]，$M_s = 1~560~\text{Gs}$[②]。以上电磁参数将用于后面的理论和模拟计算中。

当 THz 波入射磁性材料时，所施加的外磁场方向与 THz 波的传播方向垂直，这种磁场配置的方式称为 Voigt 配置，将引起横向磁光效应。外磁场方向与 THz 波传播方向平行的配置，将会引起法拉第旋转。在旋磁材料的 Voigt 配置中，如果入射波为 p 偏振波(即电场极化方向垂直于外磁场，也称 TM 波)，它不与外磁场发生相互作用，由式(7.1)可得 $\mu_{\text{TM}} = \mu_0$，$n_{\text{TM}} = \sqrt{\varepsilon} = 2.2$；相反地，如果入射波为 s 偏振波(即电场极化方向平行于外磁场，也称 TE 波)，它将与外磁场发生旋磁相互作用，由式(7.1)可得

$$\mu_{\text{TE}} = \frac{\mu^2 - \kappa^2}{\mu} = \frac{(\omega_c + \omega_m)^2 - \omega^2}{\omega_c(\omega_c - \omega_m) - \omega^2} \tag{7.4}$$

由式(7.4)计算可知，欲使 LuBiIG 旋磁谐振发生在 1 THz，需要 35.6 T 的外磁场。在 35.7～36.2 T 时，1 THz 下的 $\mu_{\text{TE}} = 1.1 \sim 2.2$，对应的折射率 $n_{\text{TE}} = \sqrt{\varepsilon\mu_{\text{TE}}} = 2.4 \sim 3.2$。然而，当讨论材料的非互易性时，$n_{\text{TE}}$ 和 n_{TM} 这样的标量参数就不足以描述非互易问题，必须使用如式(7.1)描述的张量来求解电磁场方程：

$$\varepsilon^{-1} \cdot \nabla \times (\mu^{-1} \cdot \nabla \cdot E) = \omega^2/c^2 \cdot E \tag{7.5}$$

只有通过 FDTD 或者 FEM 方法才能正确求解这类各向异性的有损介质问题，并且将张量元 μ 和 κ 及其色散关系均考虑其中。图 7.2 为根据式(7.2)和式(7.3)计算的在 0.2 THz 处 LuBiIG 的 μ 和 κ 随磁场变化的曲线以及 κ/μ 的色散关系。需要注意的是，如图 7.2(a)所示，当磁场小于 7.15 T 时，μ 和 κ 的虚部都明显大于 0，这种情况下铁磁共振损耗就不可忽略。κ/μ 的大小反映了材料

---

① $1~\text{Oe} = 79.58~\text{A/m}$。

② $1~\text{Gs} = 10^{-4}~\text{T}$。

的旋磁性(即非互易性)的强弱,只有在铁磁共振附近材料才显示出强的旋磁性,同时也表现出强色散特性。入射波频率越高,发生铁磁共振所需的外磁场也越大。

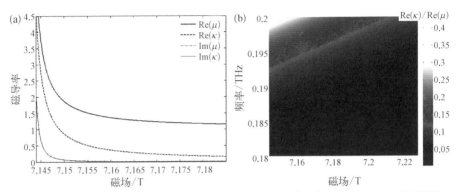

图 7.2

(a) THz 波段铁氧体的磁导率张量元的实部和虚部随磁场变化的曲线;(b) κ/μ 随外磁场和频率变化的色散关系[5]

7.1.2 外磁场下半导体在 THz 波段的旋电性质

在低温和外磁场下,高电子迁移率半导体如 InSb、HgTe、石墨烯等的回旋频率落在 THz 波段,这使得这些材料在较低的磁场下(一般小于 1 T)就能在 THz 波段具有较强的旋电性质。旋电性是由半导体中自由载流子在外磁场作用下形成磁化等离子体而发生回旋共振引起的,与上节中的旋磁性在物理上是一组对易概念,即材料的介电常数是一个非互易张量[6]:

$$\boldsymbol{\varepsilon} = \begin{bmatrix} \varepsilon_{xx} & \mathrm{i}\varepsilon_{xy} & 0 \\ -\mathrm{i}\varepsilon_{xy} & \varepsilon_{xx} & 0 \\ 0 & 0 & \varepsilon_{zz} \end{bmatrix} \tag{7.6}$$

它与式(7.1)具有相同的形式,因此同样具有与铁氧体材料相似的各种磁光效应和非互易性。在 Drude 模型下,InSb 材料的介电性质已在 4.2.2 小节中做了详细介绍,它的最大特点是本征 InSb 在不同温度下的载流子浓度 N 可以发生巨大的变化,由式(4.3)来描述,即它的等离子频率 ω_p 在 THz 波段可以用温度来调控。在外磁场下,InSb 的介电常数变为张量,式(7.6)中三个不同的张量元分别表示为

$$\varepsilon_{xx} = \varepsilon_{\infty} - \frac{\omega_p^2(\omega + \gamma i)}{\omega[(\omega + \gamma i)^2 - \omega_c^2]} \tag{7.7}$$

$$\varepsilon_{xy} = -\frac{\omega_p^2 \omega_c}{\omega[(\omega + \gamma i)^2 - \omega_c^2]} \tag{7.8}$$

$$\varepsilon_{zz} = \varepsilon_{\infty} - \frac{\omega_p^2}{\omega(\omega + \gamma i)} \tag{7.9}$$

式中,回旋频率 ω_c 正比于外磁场,$\omega_c = eB/m^*$,B 为磁感应强度。$\varepsilon_{xy}/\varepsilon_{xx}$ 的大小反映了材料旋电性的强弱。对于 InSb 来说,$m^* = 0.014m_e$,m_e 是电子的质量;$\varepsilon_{\infty} = 15.68$ 是高频极限介电常数;ω 是入射 THz 波的圆频率;ω_p 是等离子体频率,记为 $\omega_p = [Ne^2/(\varepsilon_0 m^*)]^{1/2}$,$N$ 是本征载流子密度,ε_0 是自由空间介电常数;γ 是载流子的碰撞频率,$\gamma = e/(\mu m^*)\omega$,$\mu$ 是载流子迁移率,它是温度的函数,表示为 $\mu = 7.7 \times 10^4 (T/300)^{-1.66}$ cm$^2 \cdot$ V$^{-1} \cdot$ s^{-1},所以 γ 也取决于温度。

此外,InSb 的介电性质很大程度上取决于本征载流子密度 N,并且 N 强烈依赖于温度 T,其遵循式(7.10)[7]:

$$N(\text{cm}^{-3}) = 5.76 \times 10^{14} T^{1.5} \times \exp[-0.26/(2 \times 8.625 \times 10^{-5} \times T)] \tag{7.10}$$

利用式(7.7)、式(7.8)等公式,可以计算得到在不同外磁场和温度下 THz 波段 InSb 介电函数张量元的值,如图 7.3 所示,图中介电函数张量元的正负值分界线对应的频率就是回旋频率 ω_c,在 ω_c 附近介电函数张量元的值发生剧烈的变化,即材料伴随着强烈的色散。当入射 THz 波频率远离 ω_c 时,材料的色散和旋电性就大大减小。如图 7.3(a)和图 7.3(b)所示,材料的介电性质强烈地依赖于外磁场,0~1 T 的磁场可以使 InSb 的 ω_c 在 0~2 THz 变化。如图 7.3(c)和图 7.3(d)所示,温度也强烈地影响着材料的介电性质,它直接决定载流子浓度即等离子体频率 ω_p 的频率位置,尽管它不影响回旋共振的频率位置,但影响了回旋共振的强度。当温度较低($T < 150$ K)时,InSb 表现出电介质的性质,外磁场对其介电性质几乎没有大的影响;当温度较高($T > 210$ K)时,InSb 表现出明显的金属性质,需要更大的外磁场才能使得 InSb 表现出明显的旋电性。因此,当 InSb 处于

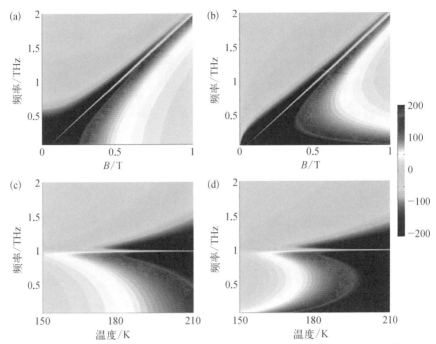

图 7.3   (a,b) ε_{xx} 和 ε_{xy} 在 185 K 温度下与频率和外磁场的函数关系;(c,d) ε_{xx} 和 ε_{xy} 在 0.5 T 外磁场下与频率和温度的函数关系[7]

150~210 K 和 0~1 T 时,可以在 0~2 THz 频段内产生较强的旋电性。

7.1.3   太赫兹波的横向磁光效应

如果太赫兹波在旋电介质中沿着 z 方向传播,磁场沿着 y 方向,则 $\boldsymbol{K}$、$\boldsymbol{E}$ 和 $\boldsymbol{B}$ 彼此正交而形成 Voigt 磁光配置,波动方程可以写成下面的形式[6]:

$$-\beta^2 \begin{bmatrix} E_x \\ E_y \\ E_z \end{bmatrix} + \begin{bmatrix} 0 \\ 0 \\ \beta^2 E_z \end{bmatrix} + \omega^2 \mu_0 \begin{bmatrix} \varepsilon_x & 0 & 0 \\ 0 & \varepsilon_y & -\varepsilon_{yz} \\ 0 & \varepsilon_{yz} & \varepsilon_y \end{bmatrix} \begin{bmatrix} E_x \\ E_y \\ E_z \end{bmatrix} = 0 \qquad (7.11)$$

求解这个张量形式的波动方程可以得到以下两组本征解:

$$E_x \neq 0, \ E_y = 0, \ E_z = 0, \ \beta_1^2 = \omega^2 \mu_0 \varepsilon_x$$

$$E_x = 0, \ E_y = -\mathrm{i} \frac{\varepsilon_{yz}}{\varepsilon_y} E_z, \ \beta_2^2 = \omega^2 \mu_0 \frac{\varepsilon_y^2 - \varepsilon_{yz}^2}{\varepsilon_y} \qquad (7.12)$$

第一个本征解对应的是一个线偏振的本征波。电场矢量 E 垂直于波传播方向 K，并且平行于外磁场 B 的方向。因为传播系数 β 只与 ε_x 相关,因而不受外磁场的影响(但温度引起的载流子变化会造成影响)。第二个本征解对应的是一个椭圆偏振的本征波。电场矢量 E 位于 y-z 平面,垂直于外磁场 B 的方向,传播系数 β 与 ε_y、ε_{yz} 相关,因此会受到外磁场 B 的影响。在块状介质中,正是这两个解引起了 Voigt 磁光双折射效应。因此,在这个条件下构建的微结构,其前、后向传播系数 β 是不同的,这正是实现非互易 THz 波传输的物理机理。

7.1.4　太赫兹波的纵向磁光效应

在法拉第配置下,对于沿着 z 轴传播的平面波,波动方程 $k^2 E - k(k \cdot E) - \omega^2 \varepsilon \mu \cdot E = 0$ 可写为如下形式[6]:

$$-\beta^2 \begin{bmatrix} E_x \\ E_y \\ E_z \end{bmatrix} + \begin{bmatrix} 0 \\ 0 \\ \beta^2 E_z \end{bmatrix} + \omega^2 \mu_0 \varepsilon_0 \begin{bmatrix} \varepsilon_1 & -\mathrm{i}\varepsilon_2 & 0 \\ \mathrm{i}\varepsilon_2 & \varepsilon_1 & 0 \\ 0 & 0 & \varepsilon_3 \end{bmatrix} \cdot \begin{bmatrix} E_x \\ E_y \\ E_z \end{bmatrix} = 0 \qquad (7.13)$$

方程(7.13)存在以下两种圆偏振的本征解:

$$\beta_1 = \omega \sqrt{\mu_0 (\varepsilon_1 - \varepsilon_2)}, \ E_y = j E_x, \ E_z = 0 \qquad (7.14)$$

$$\beta_2 = \omega \sqrt{\mu_0 (\varepsilon_1 + \varepsilon_2)}, \ E_y = -j E_x, \ E_z = 0 \qquad (7.15)$$

在式(7.14)中,$E_y = j E_x$ 的本征波表示沿着 z 轴正方向的左旋波(逆时针圆偏振波,Counter Clockwise Wave,CCW)或者沿着 z 轴负方向的右旋波(顺时针圆偏振波,Clockwise Wave,CW)。$\varepsilon_L = \varepsilon_1 - \varepsilon_2$ 是 β_1 圆偏振本征波的有效介电常数。相反地,在式(7.15)中,$E_y = -j E_x$ 的本征波表示沿着 z 轴正方向的右旋波或沿着 z 轴负方向的左旋波。$\varepsilon_R = \varepsilon_1 + \varepsilon_2$ 是 β_2 圆偏振本征波的有效介电常数。

图 7.4 为不同温度和外磁场下,ε_L 和 ε_R 的实部和虚部的色散关系曲线。图 7.4(a)和图 7.4(c)显示左旋圆偏振波为 Drude 色散模型,在低频段 ε_L 的实部 $\mathrm{Re}(\varepsilon_L)$ 为负值,且随频率单调增加,而 ε_L 的虚部 $\mathrm{Im}(\varepsilon_L)$ 较小且单调减小,在较高频段趋向于 0。$\mathrm{Re}(\varepsilon_L) = 0$ 的频率点被定义为本征波 β_1 的有效等离子体频率

ω_{pl},其可表示为

$$\omega_{pl} = \frac{\sqrt{\omega_c^2 + 4\omega_p^2} - \omega_c}{2} \tag{7.16}$$

当 $\omega < \omega_{pl}$ 时,对于沿 z 轴正方向的左旋波,磁化的 InSb 将表现出金属特性。在磁化的 InSb 中左旋波将快速衰减并被反射,不能透过 InSb 晶体。当 $\omega > \omega_{pl}$ 时,对于沿 z 轴正方向的左旋波,磁化的 InSb 将显示出介电性质,THz 波可以低损耗地透过 InSb。如图 7.4(a)所示,随着温度的升高,ω_p 相应增大,导致 ω_{pl} 移动到更高的频率,并且 $Re(\varepsilon_L)$ 变小。同样地,随着偏置磁场增加,ω_c 相应增大,导致 ω_{pl} 移动到较低的频率,并且 $Re(\varepsilon_L)$ 变大。

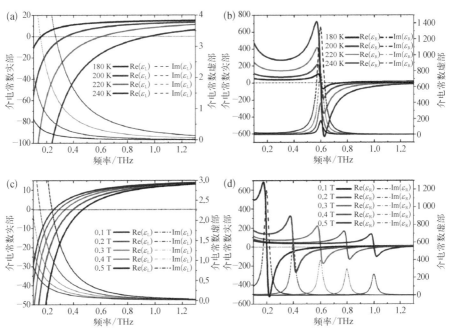

(a) 在 0.3 T 外磁场下,180～240 K 的不同温度时,纵向磁化 InSb 的 ε_L 的实部和虚部随频率变化的曲线;(b) 在 0.3 T 外磁场下,180～240 K 的不同温度时,纵向磁化 InSb 的 ε_R 的实部和虚部随频率变化的曲线;(c) 在 200 K 的固定温度下,0.1～0.5 T 的不同磁场时,纵向磁化 InSb 的 ε_L 的实部和虚部随频率变化的曲线;(d) 在 200 K 的固定温度下,0.1～0.5 T 的不同磁场时,纵向磁化 InSb 的 ε_R 的实部和虚部随频率变化的曲线[8]

图 7.4

图 7.4(b)和图 7.4(d)显示右旋圆偏振波呈现 Lorentzian 色散模型,$Re(\varepsilon_R)$ 可以分成三个区域。在低频范围内 $Re(\varepsilon_R) > 0$,在 $\omega = \omega_c$ 处存在一个奇异点,表

现出强烈的共振,这是 $\mathrm{Re}(\varepsilon_\mathrm{R})=0$ 的第一个点。对于 $\mathrm{Im}(\varepsilon_\mathrm{R})$,它始终大于 0,并且随着频率增加不断增大,在 $\omega=\omega_\mathrm{c}$ 这个点上,$\mathrm{Im}(\varepsilon_\mathrm{R})$ 达到它的峰值,远大于 $\mathrm{Im}(\varepsilon_\mathrm{L})$。 在较高频率下 $\mathrm{Re}(\varepsilon_\mathrm{R})=0$ 的第二频率点被定义为本征波 β_2 的有效等离子体频率,表示为

$$\omega_{\mathrm{p2}}=\frac{\sqrt{\omega_\mathrm{c}^2+4\omega_\mathrm{p}^2}+\omega_\mathrm{c}}{2} \tag{7.17}$$

在式(7.17)中碰撞频率 γ 也被忽略。当 $\omega_\mathrm{c}<\omega<\omega_{\mathrm{p2}}$ 时,存在一个 $\mathrm{Re}(\varepsilon_\mathrm{R})<0$ 的频带,其带宽可以表示为

$$\Delta\omega_{\mathrm{p2}}=\frac{\sqrt{\omega_\mathrm{c}^2+4\omega_\mathrm{p}^2}-\omega_\mathrm{c}}{2} \tag{7.18}$$

当 $\omega<\omega_\mathrm{c}$ 或 $\omega>\omega_{\mathrm{p2}}$ 时,沿 z 轴正方向传播的右旋圆偏振波可以透过 InSb,但在 $\omega_\mathrm{c}<\omega<\omega_{\mathrm{p2}}$ 频带内对于沿 z 轴正方向传播的右旋圆偏振波是禁带。如图7.4(b)所示,随着温度升高,ω_p 相应增大,但 ω_c 保持不变,因此禁带位置不发生变化,但 $\Delta\omega_{\mathrm{p2}}$ 和 $\mathrm{Re}(\varepsilon_\mathrm{R})$ 都变大。如图7.4(d)所示,随着偏置磁场强度变大,ω_c 相应增大,禁带位置向高频移动,同时 $\Delta\omega_{\mathrm{p2}}$ 变小。

由于 ω_{p2} 总是大于 ω_{p1},当 $\omega>\omega_{\mathrm{p2}}$ 时,$\varepsilon_\mathrm{R}\neq\varepsilon_\mathrm{L}>0$,此时可以实现典型的法拉第旋转效应。当 $\omega<\omega_{\mathrm{p2}}$ 时,则可以实现非互易圆二色性。例如,当线偏振波沿 z 轴正方向入射到纵向磁化的 InSb 时,左旋分量可以通过 InSb,但在 $\omega_\mathrm{c}<\omega<\omega_{\mathrm{p2}}$ 频带内的右旋分量是完全禁止传输的,所以输出波是一个左旋波,如图7.5所示。当入射波是 $\omega_\mathrm{c}<\omega<\omega_{\mathrm{p2}}$ 波段的左旋波时,它可以沿 z 轴正方向传播并透过 InSb,但沿 z 轴负方向不能透过 InSb。而

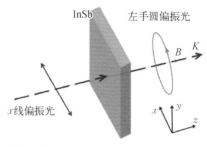

图7.5
纵向磁化的 InSb 晶体中的非互易圆二色性示意图(光传播方向和偏置磁场方向都沿着 z 轴正方向)

右旋波正好相反。因此通过温度和磁场的调控,利用 InSb 晶体的非互易圆二色性,就可以在纵向磁化的 InSb 中实现左旋和右旋波的非互易单向传输。

下面使用 CST 软件的频域求解器来模拟和验证上述理论分析。模拟 $h=$

$100~\mu m$ 厚的 InSb 晶体在不同的温度和外磁场下的透射光谱,结果如图 7.6 所示。当入射 THz 波的频率低于 ω_{pl} 时,左旋圆偏振 THz 波的透射率急剧下降;当 $\omega > \omega_{pl}$ 时,左旋圆偏振 THz 波可以低损耗透过 InSb 晶体,InSb 两个界面之间的 F-P 干涉效应引起透射光谱轻微的周期波动,如图 7.6(a)所示。随着温度的升高,ω_{pl} 和通带移动到更高的频率。相反地,在 200 K 温度下,随着外磁场强度的增加,ω_{pl} 和通带移动到更低的频率,如图 7.6(c)所示。

如图 7.6(b)和图 7.6(d)所示,在右旋圆偏振 THz 波的透射光谱中存在禁带,该禁带的频率起点是 ω_c,当频率大于 ω_{p2} 时透过率开始快速上升,禁带宽度就是式(7.18)中的 $\Delta\omega_{p2}$。 温度的升高不会影响透过率下降沿的位置,但会增加禁带带宽,如图 7.6(b)所示。当温度固定为 200 K 时,磁场强度的增加会使禁带转移到更高的频带,如图 7.6(d)所示。因此,纵向磁化 InSb 可以被看作是左旋圆偏振 THz 波的高通滤波器和右旋圆偏振 THz 波的带阻滤波器。模拟中在一些频带实现了非互易圆二色性,例如,当 $T=200~K$ 和 $B=0.3~T$ 时,在 $0.55\sim0.9~THz$,左旋圆偏振 THz 波可低损耗地通过 InSb,而右旋圆偏振 THz 波被禁

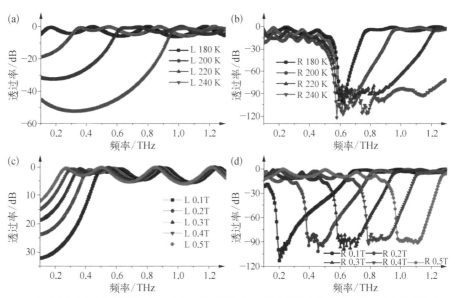

(a,b) 在 0.3 T 外磁场和 180~240 K 的不同温度下,纵向磁化 InSb 中沿 z 轴正方向传播的左旋和右旋圆偏振 THz 波的透射光谱;(c,d) 固定温度为 200 K,在 0.1~0.5 T 的不同磁场下,沿 z 轴正方向传播的左旋和右旋圆偏振 THz 波的透射光谱[8]

图 7.6

止传输,透过率低于 -90 dB,如图 7.6(c)和图 7.6(d)中的蓝线所示。

7.2 磁-硅光子晶体微腔 THz 环形器

磁光微结构器件除了具有可调谐性外,更独特的性质是具有磁光非互易性。所谓非互易传输是指光在系统中的传输是不可逆的,不遵从光路可逆原理,只能沿特定方向单向传输。这样的器件主要有环形器和隔离器,它们在 THz 通信、雷达、成像、光谱、激光等系统中实现了 THz 波定向和隔离传输,对降低反射和散射回波噪声、提升系统性能有着不可替代的作用。

本节讨论使用铁氧体材料构成 THz 光子晶体环形器。图 7.7 所示为环形器的工作原理示意图,光从 A 口输入,B 口输出,而从 B 口输入的光,不能返回 A 口,只能从 C 口输出。如此循环,实现单向传输。在光学波段,磁光子晶体环形器已有相关报道,然而这些报道都未考虑磁性材料的色散和损耗对器件性能的影响,也尚未见 THz 波段环形器的报道。本节提出了一种在硅光子晶体中嵌入铁氧体柱形成微腔结构的 THz 环形器,深入研究了该结构的光子带隙、磁光旋转模式和非互易传输性质,分析了铁氧体材料的色散和损耗对器件性能的影响,以及器件在外磁场下的可调谐性。

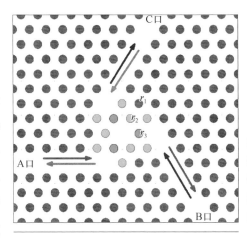

图 7.7
磁-硅光子晶体微腔环形器的结构示意图[5]

7.2.1 磁-硅光子晶体微腔的结构设计

磁-硅光子晶体微腔环形器的基本结构如图 7.7 所示,它由 120°旋转对称的三端口硅光子晶体柱阵列线缺陷波导和位于中心的光子晶体微腔组成,微腔与三支光子晶体波导相连接,连接处被三个半径为 r_3 的铁氧体柱隔开。光子晶体为三角晶格,硅柱半径为 r_1,腔周围硅柱半径为 r_2。铁氧体柱依然采用 7.1.1

小节介绍的 LuBiIG 和该材料在 THz 波段的电磁参数。所施加的外磁场方向沿光子晶体柱轴线方向,即垂直于纸面方向。

本小节所有数值模拟均采用 FEM 方法,它便于解决含有非互易张量和色散材料的电磁问题。模拟结果显示,当 $r_1 = 0.25a$ 时,光子晶体波导的导模位于其带隙 $0.485 \sim 0.575 c/a$ 内,这个频段内的光可以在波导中传输。为使器件工作在 0.2 THz($\lambda = 1.5$ mm)附近,选择归一化频率 $a/\lambda = 0.56$ 使之与 0.2 THz 对应,此时晶格周期为 0.84 mm。在无外磁场时,由模拟可知仅有一个如同图 7.9(a)所示的单极模式在光子晶体微腔中沿 z 方向谐振,谐振频率为 $0.495c/a$,这一频率的光可以在微腔和波导间相互耦合。对整个环形器而言,如图 7.11(a)所示,当 $0.495c/a$ 频率的光从一个端口输入时,将从另外两个端口等功率输出,实现波导分束器的功能。对于一个介质圆柱,电磁场的基模是一个沿 z 方向的偶极子模式,可以看成一对频率相等的在 $x-y$ 平面沿圆柱旋转的右旋和左旋偶极子模式的线性叠加。当磁光介质柱被施加 z 方向的外磁场时,其中的右旋和左旋偶极子模式将发生磁光分裂,两个模式的谐振频率 ω_R 和 ω_L 不再相同。图 7.9(b)所示即为三个铁氧体柱上的右旋偶极子模式,只有这样的一对旋转偶极子模式才能支持环形器的非互易传输功能。这两个模式的有效折射率差越大,$\Delta\omega = \omega_R - \omega_L$ 越大,则磁光耦合越强,器件的非互易性就越强,隔离度就越高。磁光耦合的强度 V_{LR} 可由下式描述:

$$V_{LR} = \frac{\mathrm{i}\sqrt{\omega_L \omega_R} \int \kappa \hat{z} \cdot (\boldsymbol{E}_L^* \times \boldsymbol{E}_R)\mathrm{d}V}{2\sqrt{\int \mu \mid \boldsymbol{E}_L \mid^2 \mathrm{d}V \int \mu \mid \boldsymbol{E}_R \mid^2 \mathrm{d}V}} \tag{7.19}$$

式中,$\boldsymbol{E}_L$ 和 $\boldsymbol{E}_R$ 分别为左旋和右旋模式的电场。从式(7.19)中可以看到,磁光耦合的强度一方面取决于磁光材料的旋磁性 κ/μ 的大小,这是由材料性质决定的;另一方面与旋转模场与磁光材料在空间上的重合度大小有关,因此微腔的非互易性又与微腔的结构设计密切相关。

根据上面的分析,通过微调图 7.7 所示的光子晶体柱的半径 r_2 和 r_3 的大小可以改变铁氧体材料与旋转模场的空间分布,从而在旋磁性不变的情况下提高器件的非互易性。环形器的隔离度 Iso 直接反映了器件的磁光耦合强度：

$$Iso = -10 \times \lg(T_{\text{iso}}/T_{\text{out}}) \tag{7.20}$$

式中，T_{iso} 为隔离端透过率；T_{out} 为输出端透过率。在 7.17 T 磁场下（在 $0.55c/a$ 频率下 $\mu = 1.26$ 和 $\kappa = 0.26$），不同光子晶体柱半径对器件隔离度的影响如图 7.8 所示。由图 7.8(a) 可知，当 $r_3 = 0.25a$ 时，隔离度在 $r_2 = 0.247a$ 处存在一个极值 65.2 dB，在 $r_2 = 0.254a$ 处也存在一个极值 63.5 dB。由图 7.8(b) 可知，当 r_2 取这两个极值时，r_3 取 $0.25a$ 以外的值时都会导致隔离度显著下降。通过上面的优化设计使器件的隔离度达到 60 dB 以上，远远超过了过去文献中报道的光子晶体环形器 30 dB 的隔离度。因此，后面的讨论中选择器件几何参数为 $r_1 = 0.25a$，$r_2 = 0.247a$，$r_3 = 0.25a$。

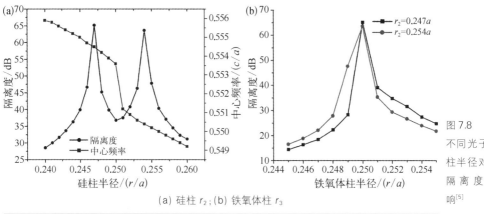

(a) 硅柱 r_2；(b) 铁氧体柱 r_3

图 7.8
不同光子晶体柱半径对器件隔离度的影响[5]

7.2.2　磁·硅光子晶体微腔的模式分析

由 FEM 的本征值求解方法可以计算微腔中的各个模场分布和它们的谐振频率随磁场变化的曲线，分别如图 7.9 和图 7.10 所示。不同于以往光子晶体环形器的设计，如图 7.9(b) 所示，这里的微腔中含有三个铁氧体柱，每个铁氧体柱上都形成一对旋转偶极子，它们与铁氧体柱很好的空间重合度实现了腔中强烈的磁光耦合效应。腔内其他缺陷模式的磁光耦合很弱，不能支持环形器的功能。例如，图 7.9(a) 所示的单极模式就不具有任何非互易性，因为它所处的频率远离铁氧体铁磁共振的频率,使得材料的旋磁性 κ/μ 接近于 0;而图 7.9(c)所示的混合模式仅具有很弱的非互易性,因为它的大部分模场都位于腔的中心,并不与铁氧体柱在空间上重叠。因此,尽管磁-硅光子晶体微腔中存在多种缺陷模式,只有左旋和右旋偶极子模式对实现环形器的功能起到了关键作用。

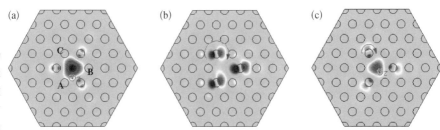

图 7.9
在 7.17 T 磁场强度下,磁-硅光子晶体微腔的模式分布(铁氧体柱的位置在图中由字母标出)[5]

(a) 在 $0.495c/a$ 频率处的单极模式,该模式在 z 方向振动;(b) 在 $0.554c/a$ 频率处的旋转偶极子模式,该模式沿铁氧体柱在 $x-y$ 平面做顺时针旋转;(c) 在 $0.572c/a$ 频率处的混合模式,该模式既包含腔中心的振动模式,又包含在铁氧体柱上的旋转模式

由于外磁场的大小可以改变铁氧体材料在 THz 波段的电磁性质,因此随着外磁场的增大,器件的中心工作频率 $(\omega_L + \omega_R)/2$ 从 $0.52c/a$ 增大到 $0.56c/a$,如图 7.10 所示。如图 7.2(b)所示,由于磁场增大和频率降低这两个因素都会导致铁氧体旋磁性 κ/μ 的减弱,而器件的工作频率又随磁场增大而上升,因此上述两个因素彼此制约,折中的结果是导致在带隙中部的 $0.52c/a\sim0.56c/a$ 存在一个最强的磁光耦合的频率,在此处能获得最大的环形器隔离度。此外,靠近光子带隙边沿的频率,由于微腔对模场的束缚能力的减弱,也是导致磁光耦合减弱的一个因素。

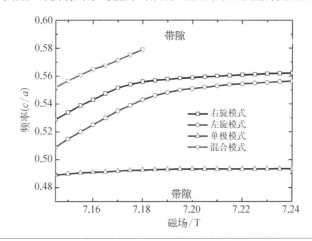

图 7.10
光子晶体微腔中谐振频率随磁场变化的曲线[5]

7.2.3 THz 磁-硅光子晶体环形器的非互易传输与调控

下面研究整个环形器的传输特性。如图 7.11 所示的器件稳态场分布,在无外磁场时,器件在 $0.495c/a$ 处实现了 Y 型波导分束的功能。在 7.17 T 外磁场下,器件在 $0.554c/a$ 处实现了环形器的非互易单向传输功能,即 THz 波由 A 口输入时仅能由 B 口输出,从 B 口输入时由 C 口输出,而不能返回到 A 口,如此循环。当外磁场反向时,这一输入-输出顺序也反向。$0.554c/a$ 的工作频率正好与图 7.10 所示的光子晶体微腔在 7.17 T 磁场强度下旋转模式的谐振频率 $(\omega_L + \omega_R)/2$ 吻合,也与图 7.12 中的传输谱线和隔离度谱线的结果很好地吻合。

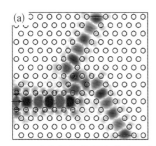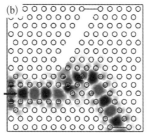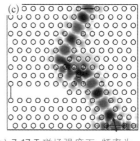

(a) 无外磁场时,从 A 口入射频率为 $0.495c/a$ 的 THz 波;(b,c) 7.17 T 磁场强度下,频率为 $0.554c/a$ 的 THz 波分别从 A 口和 B 口入射

图 7.11
环形器的稳态场分布[5]

为了分析外磁场对器件的调控特性,图 7.12 给出了器件在不同外磁场下的传输谱线和隔离度谱线。首先来看器件的传输性质,图 7.12(a) 中所有谱线的最大透过率都超过了 85%,且谱线的通带随着外磁场的增大向高频移动。因此,通过外磁场调控器件具有可调谐滤波的功能,中心工作频率在 $180\sim205$ GHz。

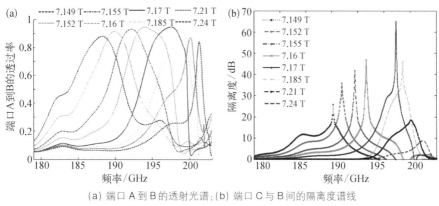

(a) 端口 A 到 B 的透射光谱;(b) 端口 C 与 B 间的隔离度谱线

图 7.12
不同外磁场下的正向透射光谱线和隔离度谱线[5]

这一结果与图 7.10 所示的旋转模式频率移动结果很好地吻合。

  然后来看图 7.12(b) 所示的器件的隔离性质。起初,随着外磁场的增大,器件的隔离度峰值增大,中心工作频率也向高频移动;在 7.17 T 处峰值达到最大值 65.2 dB 后,隔离度峰值又随磁场继续增大而迅速减小。7.24 T 下的磁-硅光子晶体微腔中的旋转偶极子模式[图 7.13(a)]与 7.17 T 下[图 7.9(b)]的模式具有明显不同的特征,这三个偶极子模式不仅存在沿铁氧体柱 x-y 平面的旋转分量,同时也存在 z 方向上的振动分量,可见弱的磁光效应不足以完全打破两个模式间的简并状态。图 7.13(b) 所示的 7.24 T 下环形器的稳态场显示,除大部分能量从输出端 B 出射外,还有部分能量从隔离端 C 出射,环形器没有很好地实现单向隔离传输。造成 7.24 T 下器件隔离度较低的主要原因有:一是由于微腔谐振频率远离铁氧体材料的铁磁共振频率,导致旋磁性 κ/μ 较弱;二是由于微腔谐振频率处于整个光子带隙的边沿,微腔对谐振模式的束缚能力较弱。两者共同作用使得微腔中旋转偶极子的磁光耦合较弱,从而导致环形器的非互易传输能力下降。可见要提高环形器的性能,一方面可以通过优化器件结构,另一方面需要采用在 THz 波段具有大的旋磁效应和低损耗的磁光材料。

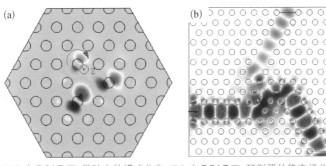

图 7.13 (a) 在 7.24 T 下,微腔中的模式分布;(b) 在 7.24 T 下,环形器的稳态场分布[5]

  本节介绍了一种在硅光子晶体中嵌入铁氧体柱形成微腔结构的 THz 环形器,深入研究了该结构的光子带隙、磁光旋转模式和非互易传输性质。通过对器件结构的优化设计,大大增强了磁光子晶体微腔中的磁光耦合,实现了中心波长在 180~205 GHz 内的可调谐单向传输,其最大隔离度高达 65.2 dB,并进一步探究了不同外磁场下铁氧体材料的旋磁性、色散和铁磁损耗对器件传输和隔离性质的影响。通过不同磁场调控,该环形器可以实现对 THz 波的可控分束、调谐滤波和单向隔离传输等多种功能。

7.3 磁控 THz 磁流体-光子晶体及其传感应用

微弱磁场检测在基础研究、工业生产、空间技术、航空航天、地球勘探等领域有着重大需求。然而,使用 THz 技术对微弱磁场进行传感检测的报道较少,这是由于现有大部分材料的磁响应并不在 THz 频段。从本章可以看到具有 THz 磁光性质的材料都需要在极强磁场或低温下工作,并对 THz 波有强烈的吸收损耗,这就使得高灵敏 THz 磁场传感器的研制陷入瓶颈。因此,寻找一种具有低损耗、强 THz 磁光响应,并在常温下工作的 THz 功能材料,是实现 THz 磁光器件的关键。2012 年,Shalaby 等对有机载液磁流体的 THz 法拉第旋转效应进行了测量,发现它在常温下对 THz 波具有很低的损耗和一定的磁光活性。磁流体是在载液中加入一定比例的磁纳米粒子后形成的具有亚铁磁性的胶体,在外磁场作用下显示出磁光性质,其在光学波段的光学性质与磁光性质已得到深入研究,并已将它应用于光纤高灵敏磁场传感中。但是 Shalaby 等仅仅研究了磁流体在 THz 波段的纵向磁光效应(即 Faraday 效应),对磁流体在 THz 波段的光学性质和磁光性质的研究和认识还很不全面。

本节采用磁流体这种磁性纳米液体材料作为 THz 磁光功能材料,研究了它在 THz 波段的光学性质以及磁光性质,并把它填充到光子晶体结构中构成磁光子晶体,在实验上证实了 THz 磁光微结构器件中的磁光模式分裂与增强效应,为实现外磁场对 THz 波的主动调控和利用 THz 技术进行微弱磁场传感检测奠定了基础。

7.3.1 磁流体的光学特性

因为水对太赫兹波有强吸收,因此选择以有机溶液为载体的磁流体进行研究。这里使用的铁磁流体是由美国 Ferrotec 生产的 EMG900 系列产品,是通过将 10 nm 大小的四氧化三铁纳米颗粒分散在轻质矿物油液体石蜡中构成的,并通过表面活性剂保证颗粒的单分散性。三种铁磁流体纳米颗粒的浓度分别为

3.9％、7.9％和17.7％。从图7.14(a)可以看出,在没有施加外磁场的情况下,纳米粒子是随机分散的。在施加30 mT电磁场对磁流体磁化后,可以明显看到纳米粒子的团簇现象,如图7.14(b)所示。由于团簇现象产生的磁粉团尺度在1～5 μm,因此需要使用50倍显微镜才能观察到。从图7.14(c)可以发现,当铁磁流体没有磁化时,磁流体不存在磁粉团簇链,这表明四氧化三铁颗粒以纳米颗粒的形式均匀散布在载液中(显微镜无法观测到)。在施加外磁场后,纳米颗粒被磁化,聚集成磁粉团。受磁场力、范德瓦耳斯力、液体表面张力等因素的综合影响,形成的磁颗粒团簇大小基本一致,并沿着外磁场方向有序排列,构成磁链结构,如图7.14(d)、图7.14(e)所示。此外,根据反复测试发现,如果没有加热、摇晃和超声等外力影响,这些铁磁流体在一定时间内具有剩磁,这意味着撤掉外磁场后磁链结构仍然可以保持较长时间的稳定。

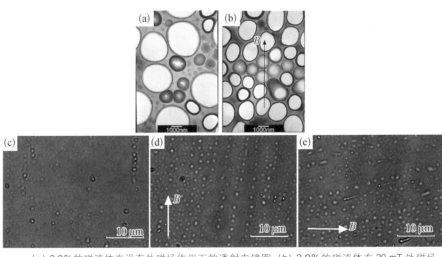

图7.14   (a) 3.9%的磁流体在没有外磁场作用下的透射电镜图;(b) 3.9%的磁流体在30 mT外磁场下的透射电镜图;(c) 没有外磁场作用时磁流体的显微照片;(d,e) 施加外磁场后磁流体的显微照片[9]

利用可以施加外磁场的太赫兹时域光谱系统对磁流体进行了光谱特性的检测。磁流体被填充在一个对太赫兹波高透的石英比色皿中,比色皿内壁间隔3 mm。样品置于THz-TDS系统的焦点处,如图7.15(a)所示。

我们测量了不同浓度的磁流体在没有施加外磁场时的太赫兹时域光谱,空比色皿的太赫兹时域信号为参考信号。图7.15(b)显示了载液和三种浓度磁流

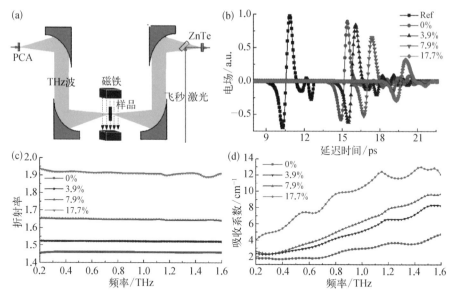

(a) THz-TDS 系统示意图；(b) 参考信号（空比色皿）和 0%（不含纳米颗粒的液体石蜡）、3.9%、7.9%、17.7%的磁流体的时域信号；(c,d) 0%、3.9%、7.9%和 17.7%的磁流体的折射率和吸收系数[9]

图 7.15

体样品的太赫兹时域光谱信号，从图中可以发现相对于参考信号，样品信号的主脉冲延迟时间与磁流体浓度成正比，而样品信号的幅值衰减也与磁流体的浓度成正比。延迟时间与折射率相关，幅值衰减与样品的吸收系数相关，这说明随着纳米颗粒浓度的增加，磁流体的平均折射率和吸收率都在增加。此外，由于样品信号的脉冲波形几乎与参考信号保持一致，这说明磁流体在太赫兹波段的色散不大。

采用第 3 章介绍的太赫兹时域光谱系统参数提取和数据处理方法，可以得到三种磁流体在太赫兹波段的折射率和吸收系数谱，如图 7.15(c)和图 7.15(d)所示。这里定义吸收系数 $\alpha = [\ln(I_1/I_0)]/L$，其中 I_0 是初始强度，I_1 是透射强度，L 是样品厚度，α 的单位是 cm^{-1}。

关于磁流体的折射率特性，从图 7.15(c)可以看到，这些磁流体在 0.2～1.6 THz 频率间的色散非常小，折射率随着频率的增加而略有下降。当太赫兹频率为 1 THz 时，石蜡载液、3.9%、7.9%和 17.7%浓度的磁流体的折射率分别为 1.46、1.52、1.65 和 1.92。而从图 7.15(d)可以看到，随着磁流体浓度的增加，其吸收系数逐渐增大，同时吸收系数随着太赫兹频率增加而有所增加。在频率为 0.2 THz 时,石蜡载液、3.9%、7.9%和 17.7%浓度的磁流体的吸收系数分别为 1.78 cm^{-1}、2.11 cm^{-1}、2.33 cm^{-1} 和 3.98 cm^{-1}。总的来说,这种载体为液体石蜡的磁流体对 THz 波的吸收很低。因此可以得出结论:磁流体在太赫兹波段具有低色散和低损耗的光学特性,并且可以通过控制四氧化三铁纳米颗粒的浓度来控制磁流体的折射率,折射率为 1.5~1.95。这样的光学性质表明它可以作为 THz 波段的折射率匹配液体来使用。

7.3.2 磁流体的磁光特性

本小节介绍磁流体在外磁场横向配置下的磁光特性,即横向磁光效应。在逐渐增加外磁场强度时,我们测量了浓度为 7.9%的磁流体的 THz 时域信号,如图 7.16(a)所示。从图中可以发现在不同强度的磁场下,太赫兹脉冲延迟时间不一样,这说明磁流体的折射率发生了变化。图 7.16(b)显示了在 1 THz 处折射率随着外磁场强度增加的变化趋势,从图中可以看到一个有趣的现象:折射率随着外磁场强度增加的变化过程分为两个阶段,第一个阶段在外磁场强度从 0 增加到 10 mT 时,太赫兹脉冲延迟时间逐渐变大,其对应的磁流体在 1 THz 处的折射率从 1.652 增加到 1.668;第二个阶段是当外磁场强度超过 10 mT 后,太赫兹脉冲延迟时间开始减小,对应的磁流体在 1 THz 处的折射率从在 10 mT 时的 1.668 逐渐降低到 150 mT 时的 1.656。

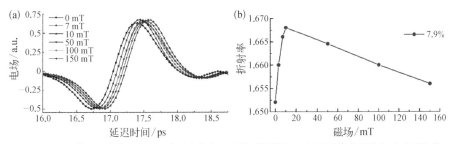

(a) 不同外磁场强度下,7.9%的磁流体的太赫兹时域信号;(b) 不同外磁场强度时,7.9%的磁流体在 1 THz 处的折射率变化[9]

图 7.16

此外,在实验中发现了另一个有意思的现象:当撤去外磁场后,太赫兹脉冲没有返回到初始位置,只是瞬间转回到延迟时间最大的位置。此时如果再次施加外磁场,并将外磁场强度从 0 逐渐增加到 150 mT,在 1 THz 处的折射率从 1.668 再次下降到 1.656,这一过程与之前提到的第二阶段的变化规律完全相同,而没有出现第一阶段的变化规律(从 1.652 到 1.668 的增加过程)。另外,第二阶段的折射率随外磁场强度增加/取消的变化是瞬时的,而第一阶段的变化需要一定的响应时间,这说明这两个阶段的折射率变化的物理过程是不同的。根据以上分析,定义第一个阶段为"结构变化诱导折射率变化的过程",这个过程与弱磁场下磁流体的磁化过程密切相关;定义第二个阶段为"Voigt 磁光效应诱导双折射的过程",这个过程源于磁流体在达到饱和磁化(即形成稳定磁链)后,受横向磁场调控的磁等离子体效应。在下面两节的讨论中,我们将根据实验数据具体分析这两个阶段磁流体折射率的变化情况。

1.结构变化引起的折射率变化

这里研究第一阶段的磁流体折射率随外磁场的变化规律。图 7.17 显示了浓度为 3.9%、7.9% 和 17.7% 的磁流体在不同强度外磁场下的折射率变化。这三种磁流体的最大折射率差分别为 0.012、0.016 和 0.002,尽管三个样本具有不同的折射率和色散,但其随外磁场强度变化的趋势是一致的。在外磁场的作用

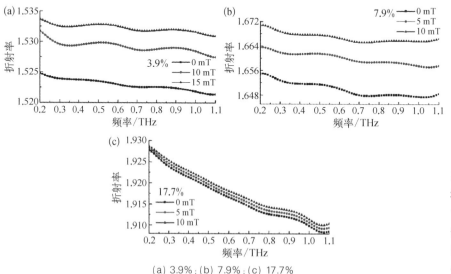

(a) 3.9%;(b) 7.9%;(c) 17.7%

图 7.17
3.9%、7.9% 和 17.7% 的磁流体在弱磁场下的折射率变化[9]

下，被磁化的磁纳米颗粒开始团簇形成磁粉团，当这个磁粉团的磁场力与范德瓦尔斯力、载液张力等达到平衡时，达到饱和稳定状态，此时磁纳米颗粒形成沿着磁场方向的有序链。在磁链形成过程中磁流体在微观结构上的变化诱导了折射率的变化，一旦磁链饱和磁化后，这些磁链趋于稳定，结构不再变化，因此不再对折射率变化有贡献。如果去掉外磁场，在不对磁流体进行如超声振动、加热等去磁处理的情况下，这个磁化状态可以保持较长的一段时间。

基于以上分析，利用 Bruggman 有效介质理论来拟合这种结构变化诱导的折射率变化。由于磁流体的折射率是矿物油和纳米颗粒的综合作用，磁流体的初始状态和最终状态分别为单分散状态下含纳米颗粒的矿物油和具有磁链排布的磁纳米颗粒的矿物油。以这两种介质的混合状态作为中间态，在不同外磁场作用下，磁流体中磁链状态的体积分数 f 决定了磁流体折射率的变化。因此，在磁链形成过程中的磁流体的折射率可以表示为式(7.21)[10]：

$$n = \frac{1}{2} \left\{ \varepsilon_1(2-3f) + \varepsilon_2 3f - 1 + \sqrt{\left[\varepsilon_1(2-3f) + \varepsilon_2(3f-1)\right]^2 + 8\varepsilon_1\varepsilon_2} \right\}^{1/2}$$

$$(7.21)$$

式中，ε_1 是没有磁化时分散状态的介电常数；ε_2 是饱和磁化后的介电常数；f 是铁磁流体中磁链状态的体积分数，与磁化率成正比，并且可以用 Langevian 方程来描述[11]：

$$f = \frac{M}{M_s} = \coth(kH) - \frac{1}{kH} \tag{7.22}$$

式中，M 为施加特定电磁场后的磁化率；M_s 分别为浓度为 3.9%、7.9% 和 17.7% 的磁流体的饱和磁化率，分别设定为 20 mT、40 mT 和 90 mT；k 是与温度和纳米颗粒浓度相关的系数；H 是外磁场的强度。图 7.18 所示的初始状态和最终状态的实验数据可以分别取为 ε_1 和 ε_2。在温度一定的情况下，随着纳米颗粒浓度的增加，k 减小，因此分别选择三种不同浓度磁流体的拟合系数 k 为 0.94、0.76 和 0.55。根据式(7.21)和式(7.22)，拟合 1 THz 处三个样品的折射率变化，如图 7.18 所示。从图中可以看出，三条理论曲线都与各自的实验数据吻合得很好，这说明把等效介质理论与 Langevian 磁化模型相结合确实可以很好地描述磁流体结构变化引起的折射率变化。

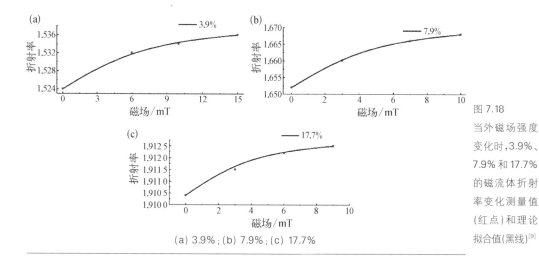

图 7.18
当外磁场强度变化时,3.9%、7.9% 和 17.7% 的磁流体折射率变化测量值(红点)和理论拟合值(黑线)[9]

(a) 3.9%; (b) 7.9%; (c) 17.7%

2. 横向磁光效应引起的双折射

下面讨论折射率变化的第二阶段。当外磁场的强度继续增加时,磁流体中的磁链簇结构在显微镜下保持稳定,因此,磁流体的折射率变化不再受磁流体内部结构变化的影响。正因为这些有序的磁链簇结构的存在,使得磁流体在宏观上表现出磁性,因此可以用磁等离子体模型来描述其磁光性质。磁流体的磁光特性来源于这些磁粉团的自旋磁矩,在外磁场作用下自旋磁矩的定向排列使得磁流体具有铁磁材料的磁光特性,如法拉第效应和 Voigt 横向磁光效应。

实验中磁场在系统里的摆放为 Voigt 横向磁光配置,如图 7.15(a)所示。根据理论分析,在这种磁场配置下,只有 p 偏振 THz 波会受到外磁场的影响,而 s 偏振光与外磁场没有关系。如图 7.19 所示,当外磁场强度从 10 mT 增加到 150 mT 时,p 偏振方向的太赫兹波入射样品,浓度为 3.9%、7.9% 和 17.7% 的磁流体在 1 THz 处的折射率 n_p 分别下降了 0.009、0.013 和 0.008。而当太赫兹辐射源的偏振方向偏转 90°(即入射光为 s 偏振方向)时,折射率并没有改变。因此,双折射现象出现与否完全依赖于电磁场的偏振态,这一特性与磁光材料的 Voigt 磁光效应相同。

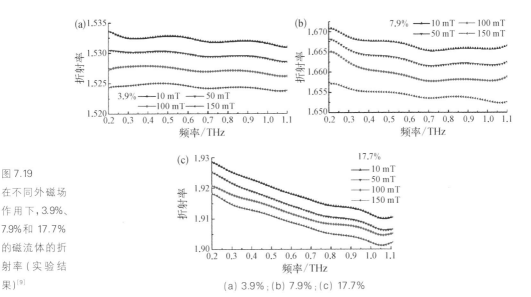

图 7.19
在不同外磁场
作用下, 3.9%、
7.9% 和 17.7%
的磁流体的折
射率 (实验结
果)[9]

(a) 3.9% ; (b) 7.9% ; (c) 17.7%

7.3.3 磁流体填充 THz 光子晶体的实验与分析

系统的磁光效应可以通过人工电磁谐振得到显著增强,若将磁流体填充到
光子晶体中,利用光子晶体的导模谐振效应增强这一磁光微结构器件在 THz 波
段的磁光效应,有望获得高灵敏度的磁场传感,下面通过实验和理论加以证实。

1. 无外磁场时的结果

实验装置如图 7.20 所示,磁流体被 0.5 mm 厚的石英玻璃片封装于硅光子
晶体芯片 PC_1 和 PC_2 中,磁场依然采用 Voigt 配置,即磁场方向垂直于 THz 波
的传播方向和偏振方向。未施加磁场时填充四种不同浓度的磁流体的实验结
果,如图 7.21 所示。对于 PC_1,未填充磁流体时的光子晶体导模谐振位置在
0.87 THz,填充磁流体后谐振频率明显地向高频移动,并随着磁流体浓度的增
加,谐振谷进一步蓝移,且谐振谷的透过率下降,浓度为 7.9% 的磁流体的导模谐
振位置在 1.02 THz,而浓度为 17.7% 的磁流体的导模谐振位置移动到 1.1 THz。
PC_2 呈现出与 PC_1 完全一致的实验结果,谐振谷从 1.42 THz 移动到 1.7 THz。
还要注意到,随着填充液体折射率的增大,谱线线型逐渐由对称变为不对称。这

是由于填充液体后,光子晶体周期性平面的界面间将存在明显的 F－P 效应,在 6.1.1 小节中分析过 F－P 效应的存在将引入非对称因子,使得谐振遵循式(6.5) 描述的 Fano 模型。由于折射率越大,界面的相位失配和 F－P 效应越强,谱线的不对称性就越显著。

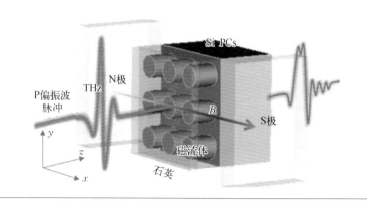

图 7.20
磁流体填充光子晶体的实验装置图[12]

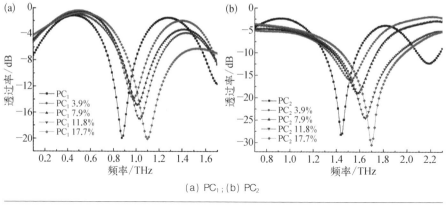

(a) PC$_1$;(b) PC$_2$

图 7.21
不同浓度磁流体在未磁化状态下填充光子晶体的实验透射光谱[13]

由于未施加磁场,磁流体并不具有 THz 磁光响应,填充不同浓度磁流体所带来的导模谐振蓝移一定是由磁流体的折射率不同造成的。通过对硅光子晶体进行建模,将光子晶体柱间隔空间的介质设定为这几种磁流体所对应的折射率和吸收系数,由 FDTD 算法计算模型的透过率,结果如图 7.22 所示。从图中可以发现,对于 PC$_1$ 和 PC$_2$,各折射率下的模拟谱线与各浓度磁流体的实验谱线吻合得非常好。通过将磁流体微量地填充到 THz 光子晶体中,测量光子晶体导模谐振谷的平移量,就可以得到磁流体中纳米颗粒浓度的定量信息,进而分辨磁流体的型号和种类。这种传感检测方式无须将大量磁流体样品填充进比色皿中进行测量,再计算材料的折射率和吸收谱线来进行判断,提高了传感灵敏度和可靠性,证明了 THz 光子晶体在微流体传感中的重要应用。

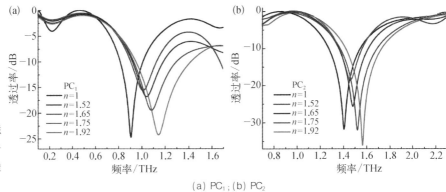

图 7.22
不同折射率磁
流体填充光子
晶体的模拟透
射光谱线[13]

(a) PC₁;(b) PC₂

2. 有外磁场时的结果

由于在外磁场下的磁流体在 THz 波段具有磁光效应,因此磁流体填充的 THz 硅光子晶体就成为磁光-介质混合型的光子晶体(Ferrofluid Filled Photonic Crystal,FFPC)。按如图 7.20 所示施加由弱到强的外磁场进行 THz - TDS 实验,测得的填充浓度为 7.9% 的磁流体的 FFPC 的透射光谱线如图 7.23(a)所示。已知磁流体的折射率会随磁场增大而减小,但图 7.23(a)所示的光子晶体导模谐振谷在外磁场增大过程中并非简单地向低频移动,而是先分裂为两个谐振谷,然

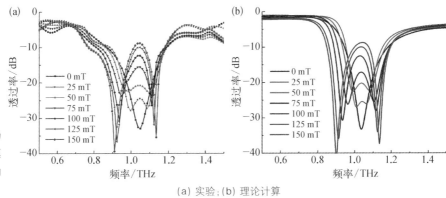

图 7.23
在不同外磁场
下,磁流体填
充光子晶体的
透射光谱线[12]

(a) 实验;(b) 理论计算

后随磁场增大分别向低频和高频方向移动,谐振强度也逐渐增强,1.02 THz 频率处的原谐振谷的透过率逐渐增大,由谷变为峰。在 150 mT 下,低频谐振约移动到 0.9 THz,高频谐振移动到 1.14 THz,原谐振频率处透过率由 -35 dB 上升到 -10 dB。因此,FFPC 在外磁场下发生了磁致谐振分裂和诱导透明现象,在 1 THz 附近实现了外磁场调控的 THz 波强度调制,强度调制深度为 25 dB,而谐振频率移动超过 100 GHz。

无论是在光学波段还是在 THz 波段,无论是铁氧体、InSb 还是石墨烯,大量磁光器件中存在着磁光模式分裂现象,并且这一效应支撑着该类磁光器件的核心功能,如单向传输、磁光增强或诱导透明等。人工电磁诱导透明效应因其模拟了量子系统的行为而具有重要的物理意义,近年来受到广泛关注。而磁致相干诱导透明作为实现电磁诱导透明的一种重要方式,通过实验加以证实的报道仅有少数几例。上述研究工作的价值在于通过磁流体填充光子晶体在 THz 波段观察到了这一重要的物理现象。

磁流体在外磁场下的折射率变化是由横向磁光效应引起的,并且磁流体需要遵循式(7.6)所示的非互易张量及其张量元形式。在 Voigt 配置中,p 偏振波在磁光介质中的电场矢量是椭圆偏振,但是在均匀统一的磁光介质中传输过程电位移矢量是线偏的,且保持该偏振态不变,因此左、右旋光不存在有效折射率差异,也就不会发生磁光分裂。但是当磁光系统不再是均匀的,而是磁光-介质混合微结构时,如在 FFPC 中,p 偏振波在磁流体中的电场矢量是椭圆偏振,在硅柱中时却为线偏振,这种偏振态的相位失配会导致左旋和右旋模式的有效折射率不再相等,从而发生磁光分裂。因此在 Voigt 配置下,只有磁光-介质混合型的人工磁光微结构材料才具有磁光分裂效应。

下面采用 FEM 方法数值求解 FFPC 的周期性单元在 1 THz 下的本征模式及其模场分布。模拟所需的材料的电磁参数采用 7.3.2 节中根据实验数据拟合出的数据,其中 $\varepsilon_\infty = 2.9$、$\omega_p = 3.4 \times 10^{12}$ rad/s、$\gamma = 6.2 \times 10^{12}$ rad/s 和 $\omega_c = 1.25 \times 10^{13} \times B$ rad/(s·T),代入式(7.7)和式(7.8)得到在 1 THz 处磁流体的 $\varepsilon_{xx} = 2.85$ 和 $\varepsilon_{xy} = 0.4i$,硅的介电常数为 $\varepsilon_{Si} = 11.7$;在 x 和 y 方向各设置一对周期性边界条件。模拟结果证实了器件中的本征模式正是左旋(CCW)和右旋(CW)磁光模

式,如图 7.24(a)所示。这两个模式分别绕着磁流体与硅光子晶体柱的界面沿逆时针和顺时针方向在 $x-y$ 平面内进行旋转,在垂直于周期平面的 z 方向没有振动分量。同时证实了,这两个模式在外磁场下有着不同的有效折射率 n_- 和 n_+,无磁场时 $n_+=n_-$,施加外磁场后两者开始分裂,左旋模式的有效折射率 n_+ 随着磁场增大而增大,右旋模式的有效折射率 n_- 则随着磁场增大而减小,当外磁场达 150 mT 时,两者间的有效折射率差 Δn 达到 0.023。这样单个光子晶体导模谐振就变为两个磁光导模谐振,而磁光旋转模式有效折射率的变化会引起对应磁光导模谐振频率的移动,满足

$$\omega_{\pm}=\sqrt{\frac{\omega_c^2}{4}+\omega_0^2}\pm\frac{\omega_c}{2} \tag{7.23}$$

式中,$\omega_0=2\pi\times1.02\times10^{12}$ rad/s 为无外磁场时的原始导模谐振频率;磁流体回旋频率 $\omega_c=1.25\times10^{13}\times B$ rad/(s·T) 正比于外磁场。因此 $\omega_{\pm}$ 是外磁场的函数,这里的下标"+"为左旋磁光导模谐振,W_+ 随外磁场增加向高频移动,"−"为右旋磁光导模谐振,W_- 随外磁场增加向低频移动。如图 7.24(b)所示,根据式(7.23)计算的谐振频率随外磁场变化的曲线与实验数据吻合得很好。

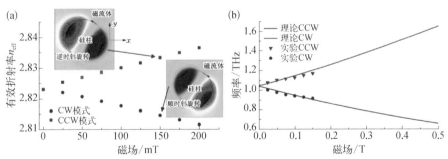

图 7.24 (a) 磁流体填充光子晶体的左旋和右旋磁等离子体模式的有效折射率随外磁场的变化(数值模拟结果),插图为左、右旋模式的模场分布与旋向;(b) 磁等离子体导模谐振的中心频率随外磁场的变化(实验与理论计算结果)[12]

既然光子晶体在填充磁流体后的导模谐振谱线遵从 Fano 线型,在 FFPC中,磁光导模谐振的电场的复振幅谱可以用 Fano 模型来描述:

$$E_{\pm}(\omega)=\frac{\rho_{\pm}-r_{\pm}(\omega-\omega_{\pm})/\gamma_{\pm}}{1+\mathrm{i}(\omega-\omega_{\pm})/\gamma_{\pm}}\exp(\mathrm{i}k_0n_{\pm}h) \tag{7.24}$$

式中，$\rho_\pm = (n_\pm - 1)/(n_\pm + 1)$ 为振幅透射比；$r_\pm = \sqrt{1 - \rho_\pm}$ 为振幅反射比；$\gamma_\pm$ 为谐振线宽；$n_\pm$ 为模式的有效折射率；k_0 为真空中的波矢量；h 为模型厚度。两个磁光模式的叠加将形成干涉效应，其强度谱可写为

$$I(\omega) = [E_+(\omega) + E_-(\omega)] \times [E'_+(\omega) + E'_-(\omega)]/4 \qquad (7.25)$$

式中，$E'_\pm(\omega)$ 为 $E_\pm(\omega)$ 的复共轭。将不同外磁场下模拟计算得到的 $n_\pm$ 和 $\omega_\pm$ 以及实验测得的 $\gamma_\pm$ 参数代入式(7.24)和式(7.25)计算，可以得到 Fano 模型下器件的透射光谱线，如图 7.23(b)所示，可见理论计算得到的谱线与图 7.23(a)所示的实验谱线非常一致。因此，FFPC 在外磁场下的 THz 波诱导透明效应是由分裂的两个磁光旋转模式的相干叠加产生的。

利用上述效应中谐振峰的移动进行的磁场传感具有高达 1 mT/GHz 的灵敏度，这是因为在磁光分裂和相干诱导透明过程中，增强了磁流体与 THz 波的相互作用，同时产生了磁光增强效应，提高了器件的灵敏度。

本节在实验上系统地研究了不同浓度的有机载液磁流体在 THz 波段的光学性质和横向磁光效应，发现了磁流体在 THz 波段的折射率和吸收系数随着磁纳米颗粒浓度变化的关系。在实验上发现并从理论上证实了 THz 磁流体填充的磁-硅光子晶体在 THz 波段的磁致导模谐振分裂和相干诱导透明效应，为 THz 波的磁场调控和利用 THz 技术进行微弱磁场传感奠定了基础。磁诱导透明频段范围内器件可实现调制深度为 25 dB 的强度调制，利用此效应中谐振峰的移动特性进行的磁场传感的灵敏度可高达 1 mT/GHz。

7.4　金属-磁光表面等离子体 THz 隔离器

前两节中采用铁氧体材料构造出磁光子晶体器件，显示了磁光微结构器件的可调控特性和非互易传输性质。然而，要使铁氧体材料在 THz 波段具有磁光响应，需要施加很大的外磁场，如工作在 0.2 THz 的器件大约需要 7 T 的外磁场，更高的工作频率则需要更大的磁场，这大大限制了铁氧体材料在 THz 波段的应用。

接下来两节中,采用 InSb 作为磁光材料,它在小于 1 T 的磁场下就具有较强的 THz 磁光效应;采用"金属-空气-磁光介质"这种非对称 SP 波导结构,实现另一种非常重要的非互易器件——隔离器。不同于环形器有多个端口,隔离器是一种两端口单向传输器件,光从 A 口输入 B 口输出,但从 B 口入射的光则不能从 A 口返回。

7.4.1 金属-磁光表面等离子体波导的色散和模式特征分析

要实现波导的单向传输,就需要使正负传播方向上的光子晶体的带隙或磁表面等离子体(Magnetic Surface Plasmon Polaritons,MSPP)模式发生分裂,表现出非对称的光子带隙和色散关系曲线。这需要在物理上打破传输系统的时间反演对称性,要求系统中有非互易介电张量和结构上的非对称性。这里选择 InSb 作为 THz 磁光非互易材料,下面通过设计非对称的器件结构来实现系统的非对称性。这种结构不仅要能实现单向传输,还要能通过结构设计提高 THz 波与磁光材料的相互作用,增强器件的磁光非互易效应,提高正向传输透过率和隔离度。

金属-磁光表面等离子体波导(Metal-Magneto Optic Surface Plasmon Waveguide,MMSPW)隔离器的结构如图 7.25 所示,它由一个金属壁和一列方形半导体 InSb 柱构成。InSb 柱宽 $L=60\ \mu m$,柱中心间距 $a=100\ \mu m$,柱高 $200\ \mu m$。一维柱阵列与金属壁间的空气间隙构成波导结构,波导宽 $w=50\ \mu m$。 器件工作时在沿半导体柱轴线方向(z 方向)施加一个均匀磁场形成 Voigt 配置,由于这里采用的 InSb 为旋电磁光材料,故正好与前面的铁氧体相反,入射 THz 波为 TM 偏振波(电场矢量在 x-y 平面内)时才具有磁光效应。在单向传输频段内的 THz 波仅能从器件的输入端入射,在柱阵列与金属壁间的波导中传输后从输出端出射;从输出端入射的 THz 波会很快从柱阵列右边沿泄漏到周围的空气中,无法在此波导中传输,从而实现单向传输的功能。

这里利用 FEM 方法计算了 MMSPW 正反传播方向上的色散关系曲线和模式分布,结果分别如图 7.26 和图 7.27 所示。如图 7.27 所示,将单个结构单元中 y 方向的两个边界设置为一对周期性边界条件,在 x 方向上左边界设置为完美

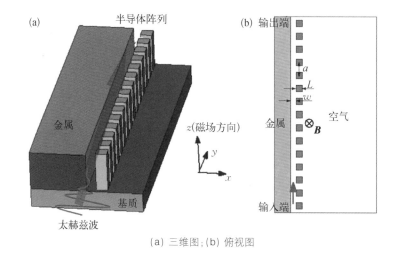

(a)
半导体阵列

z(磁场方向)

金属

基质

太赫兹波

(a) 三维图;(b) 俯视图

(b) 输出端

a

L

w

金属 空气

⊗ B

输入端

图 7.25

金属-磁光表面等离子体波导隔离器的结构示意图[7]

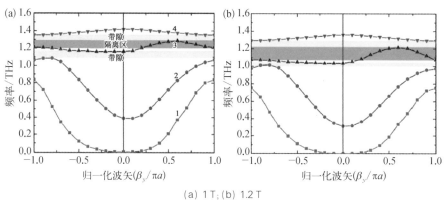

(a) 1 T;(b) 1.2 T

图 7.26

在 195 K 温度下,MMSPW 的光子带隙结构,图中标注出的黄色频带为光子带隙、绿色频带为单向隔离传输频带[7]

模式1
周期边界
金属边界
InSb
空气
开放边界
周期边界

模式2

模式3

模式4

图 7.27

$\beta_y / \pi a = 1$ 时,各模式的分布,FEM 中使用的边界条件也在模式 1 中标出[7]

电导体边界条件,右边界设置为开放性边界条件。这样由于 InSb 材料的旋电性和边界条件的非对称性,使得波导的时间反演对称性被破坏,如图 7.26 所示,正负传播方向上的波导色散关系曲线是不同的。又由于引入周期结构,色散关系曲线还在 THz 波段表现出显著的光子带隙特性,落在光子禁带内的 THz 频率将不能在 MMSPW 中传输。材料的旋电性带来简并模式的磁光分裂,使得这一结构产生与各向同性材料光子晶体明显不同的带隙和多个模式,各个模式的性质有很大不同,即使同一模式在正负传播方向上的色散和局域性质也有差异。

如图 7.27 所示,模式 1 是一个沿着 InSb 柱右边沿传播的 MSPP 模式,模式 2 和模式 4 为 InSb 柱中的旋转磁光模式,通过磁光耦合沿着一维 InSb 柱阵列传播。这三个模式在空间上的局域性很弱,在很短的传播距离内就大量泄漏到右侧的空气中,因此不能在 MMSPW 中稳定传输。只有模式 3 被很好地限制在 InSb 柱阵列左边沿和金属壁之间的波导中,是可以稳定地支持 THz 波在 MMSPW 中传输的 MSPP 模式。更重要的是,模式 3 在正向和反向传输方向上对应的频带有显著的不同,如图 7.26(a)所示,正向波为 1.16~1.28 THz,而反向波为 1.16~1.20 THz。由于模式 3 的反向波具有极低的群速度(色散关系曲线很平,斜率接近于 0),能量几乎局域在入射端口处而不向前传播。因此在 195 K 的温度和 1 T 磁场下,MMSPW 在 1.20~1.28 THz 可以实现单向传输功能。如图 7.26(b)所示,外磁场变为 1.2 T 时,器件隔离频带变为 1.08~1.21 THz。根据式(7.7)~式(7.9),InSb 的介电张量随温度和外磁场强烈变化,因此在不同外磁场和温度下,MMSPW 的光子带隙结构发生移动,单向传输 MSPP 模式对应的频带位置和带宽发生变化,器件可以实现宽带可调谐功能。

7.4.2 金属-磁光表面等离子体波导的非互易传输与调控

隔离器的性能主要由两个方面来决定:一是正向传输时的透过率 $T_正$,高的正向透过率意味着低的插入损耗;二是反向波的透过率 $T_反$ 与正向波透过率之比,即隔离度,表示为 $Iso = -10\lg(T_反/T_正)$,反向波越小、正向波越大,则隔离度越大,器件的单向传输能力越强。

这里利用 FEM 计算 MMSPW 的正向与反向传输光谱,并以此计算隔离度,如图 7.28 所示。以 195 K 温度和 1 T 外磁场时的谱线为例分析,图 7.28(a)中的传输谱线与图 7.26(a)中的带隙结构很好地吻合。对于正向波,在 1.18~1.28 THz 处有一个高透过率通带,最大透过率为 95%,对应模式 3 的频带。正向波和反向波在 1.12 THz 和 1.38 THz 处都有透过率较低的通带,对应着模式 2 和模式 4,其他频率为禁带。图 7.28(b)显示出反向波在 1～1.5 THz 频段内的透过率都很低。图 7.28(c)显示了器件的隔离度谱线,30 dB 隔离度带宽超过了 80 GHz,而其中最大隔离度高达 90 dB,插入损耗小于 5%,可以很好地实现单向传输功能。

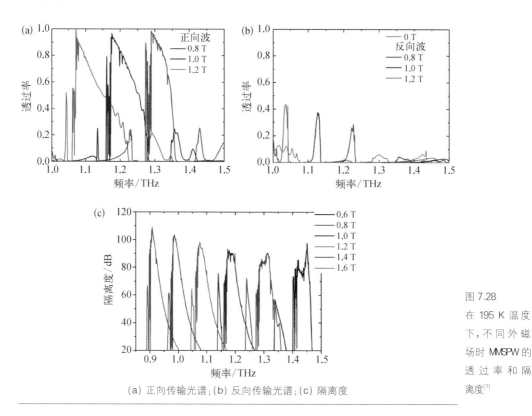

图 7.28
在 195 K 温度下,不同外磁场时 MMSPW 的透过率和隔离度[7]

(a) 正向传输光谱;(b) 反向传输光谱;(c) 隔离度

如图 7.28(a)所示,随着外场强度的增加,传输光谱的通带向低频移动,带宽增大。相应地,当磁场从 0.6 T 增大到 1.6 T,隔离度谱线的中心频率从 1.44 THz 移动到 0.92 THz,如图 7.28(c)所示。在这一过程中,隔离度谱线的带宽基本保持 80 GHz 不变,而最大隔离度随着磁场增加而增加。图 7.29 显示了器件在不同频率处的单向传输的稳态电场分布。对于 1.2 THz,正向波可以通过,反向波不能通过,这是由表面磁等离子体模式 3 的非互易传输特性决定的;对于 1.3 THz,正向波和反向波都不能通过,这是由 MMSPW 的光子禁带决定的。

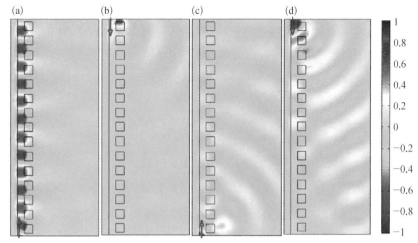

图 7.29
在 195 K 温度
和 1 T 磁场下,
不同传输方向
和频率的 THz
波入射 MMSPW
时的稳态电场
分布[7]

(a) 正向波,1.2 THz;(b) 反向波,1.2 THz;(c) 正向波,1.3 THz;(d) 反向波,1.3 THz

下面进一步介绍在固定工作频率时外磁场和工作温度对器件传输性能的影响。首先,图 7.30(a)显示了 195 K 下 0.8～1.4 THz 频率时透过率随外磁场变化的关系。随着磁场的增加,透过率升高达到峰值,不同频率下的正向透过率峰对应的磁场是不同的,工作频率越低对应达到最大隔离度峰值的外磁场将越大。随着磁场进一步增加,正、反向透过率达到一个恒定值,因为根据图 7.3(a)和图 7.3(b)可以知道,一个更大的外磁场在 THz 波段不会对 InSb 的介电性质产生影响。

其次,图 7.30(b)显示了器件对 1.2 THz 入射波在 0～4 T 外磁场下的透过率随温度变化的关系。而根据图 7.3(c)和图 7.3(d)的分析结果,可知 160～

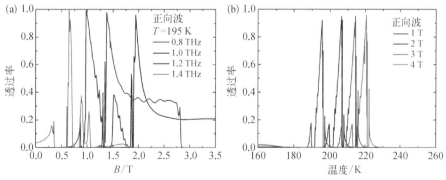

(a) 在 195 K 和不同频率下,THz 波的透过率随磁场的变化谱线;(b) 器件对 1.2 THz 入射波在不同外磁场下的透过率随温度的变化谱线[7]

图 7.30

220 K 工作温度是合理的范围。从图 7.30(b)可以看出,低的工作温度能使器件在更小的磁场强度下达到最大的隔离度。当温度接近于室温时,需要一个很大的外磁场才能使器件工作。因此,外磁场和工作温度都强烈地影响着 MMSPW 的单向传输性能,也可以说隔离器的工作频带可以通过外磁场和温度来进行控制。

7.4.3　金属-磁光表面等离子体透镜的色散特性

表面等离子体透镜能够通过 SPP 的光学异常透射效应实现超衍射极限的亚波长聚焦。由于 SPP 通过表面等离子体透镜狭缝后具有不同的相位延迟,因此通过器件结构的合理设计就可以控制输出光束的波前分布。在 THz 波段,Hu 等提出了基于"InSb-空气-InSb"对称波导结构的主动 THz 表面等离子体透镜,通过外磁场控制透镜的焦距长短。尽管该器件中采用了 THz 磁光介质并激发了 MSPP,但由于器件在正反传播方向上具有对称性,不能打破系统的时间反演对称性,因此不能实现非互易传输。

上一小节中的波导器件通过引入非对称和周期性结构实现了很高隔离度的单向 THz 波传输。然而,由于其是亚波长单波导结构,更加适用于片上集成 THz 系统,而对于自由空间中的 THz 传输系统很难将 THz 波高效低损地耦合到此类波导器件中。为此,本小节将介绍一种"金属-空气-InSb-金属"非对称周期性多波导阵列结构来实现隔离器功能,其实质是形成表面等离子体透镜的线栅结构。它既具有平板透镜的聚焦功能,又能实现自由空间 THz 波的大幅面、易耦合的单向隔离传输。

金属-磁光表面等离子体透镜(Metal-Magneto Optic Surface Plasmon Lens,MMOPL)的结构示意图如图 7.31(a)和图 7.31(b)所示,它是由周期排布的"金属-空气-InSb-金属……"线栅构成的,金属、InSb 栅及空气狭缝宽均为 $W = 20\ \mu m$,传播方向长度(即器件厚度)为 $H = 0.5$ mm,整个器件的面积大于 3 mm× 3 mm。施加的外磁场方向垂直于纸面,如图 7.31(b)所示,入射波偏振方向平行于纸面,即为 TM 波。相比于之前的单波导器件,该器件为面阵器件,其幅面大于自由空间中传输的 THz 波束大小,这样无须任何耦合器件就能够将自由空间

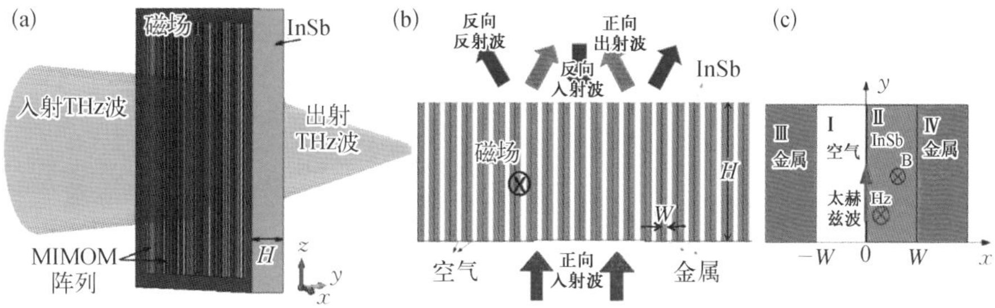

图 7.31
金属-磁光表
面等离子体透
镜的结构示
意图[14]

(a) 三维图；(b) 俯视图；(c) 一个波导单元示意图

中的 THz 波耦合到波导器件中，大大减小了器件的插入损耗。

THz 波在 MMOPL 中传输的过程可以看作在一系列独立的"金属-介质-磁光-金属"（Metal-Dielectric-Magneto Optic-Metal，MIMOM）波导中的传输，THz 波实质在两个金属板间宽为 $2W$ 的空气- InSb 混合磁光波导中传输，如图 7.31(c)所示。这是由于 THz 波在金属中的趋肤深度远低于器件中金属栅宽度 W，故每个 MIMOM 是独立的，各波导中的 SPP 波只有在出口处发生干涉效应。对于单个 MIMOM 结构，入射 TM 波的电磁分量 H_z 和 E_y 在图 7.31(c)中所示的四个区域内可以表示为如下时谐形式：

$$\text{I}\ (-W < x < 0):\ H_z = Ae^{k_1 x} + Be^{-k_1 x},\ E_y = -\frac{\text{i}k_1}{\omega\varepsilon_0\varepsilon_d}(Ae^{k_1 x} - Be^{-k_1 x})$$

$$\text{II}\ (0 < x < W):\ H_z = Ce^{k_2 x} + De^{-k_2 x}$$

$$E_y = \frac{(\text{i}\beta\varepsilon_{xy} - \varepsilon_{xx}k_2)}{\text{i}\omega\varepsilon_0(\varepsilon_{xx}^2 + \varepsilon_{xy}^2)}Ce^{k_2 x} + \frac{(\text{i}\beta\varepsilon_{xy} + \varepsilon_{xx}k_2)}{\text{i}\omega\varepsilon_0(\varepsilon_{xx}^2 + \varepsilon_{xy}^2)}De^{-k_2 x}$$

$$\text{III}\ (x < -W):\ H_z = Ee^{-k_3(x-W)},\ E_y = -\frac{\text{i}k_3}{\omega\varepsilon_0\varepsilon_m}Ee^{-k_3(x-W)}$$

$$\text{IV}\ (x > W):\ H_z = Fe^{k_3(x+W)},\ E_y = \frac{\text{i}k_3}{\omega\varepsilon_0\varepsilon_m}Fe^{k_3(x+W)} \tag{7.26}$$

式中，$k_1^2 = \beta^2 - k_0^2\varepsilon_d$，其中 ε_d 为 I 区域中介质的介电常数；$k_2^2 = \beta^2 - k_0^2\varepsilon_v$，其中 $\varepsilon_v = \varepsilon_{xx} + \varepsilon_{xy}^2/\varepsilon_{xx}$ 为 II 区域中磁光材料的介电函数；$k_3^2 = \beta^2 - k_0^2\varepsilon_m$，其中 ε_m 为金属的介电函数；A、B、C、D、E、F 均为待定系数。考虑到 $x = -W$、$x = 0$、$x = W$ 时的电磁场连续性边界条件和 $x = \pm\infty$ 时的无限远边界条件，可以消去式

(7.26) 中的未定振幅系数 $A \sim F$，得到 MIMOM 波导的色散方程：

$$\left(\frac{k_2 k_3}{k_1^2}\frac{1}{\varepsilon_m \varepsilon_v}+\frac{1}{\varepsilon_d^2}-\mathrm{i}\frac{\beta k_2}{k_1^2}\frac{\varepsilon_v \varepsilon_{xy}}{\varepsilon_m \varepsilon_v \varepsilon_{xx}}\right)\tan(k_1 W)+\left(\frac{k_3}{k_1}\frac{1}{\varepsilon_d \varepsilon_v}+\frac{k_2}{k_1}\frac{1}{\varepsilon_d \varepsilon_m}-\mathrm{i}\frac{\beta}{k_1}\frac{\varepsilon_{xy}}{\varepsilon_d \varepsilon_v \varepsilon_{xx}}\right)=0$$

$$(7.27)$$

因此，可以通过式(7.27)或 FEM 方法求解其 TM 偏振波的本征值问题，其在不同外磁场下的色散关系曲线如图 7.32 所示。

在图 7.32 中，$\beta>0$ 表示正向传播，$\beta<0$ 表示反向传播。当无外磁场时，图 7.32(a)显示波导在正反传播方向上的色散关系曲线是对称的，这是普通互易波导的传输特性，色散关系曲线在 1.5～1.65 THz 频段存在一个由一阶 SPP 产生的光子带隙（粉色区域所示），注意带隙上方是存在二阶 SPP 的，它紧贴着空气 $n=1$ 的色散关系曲线。当施加一个 0.1 T 的外磁场时，由于此时 InSb 具有旋电性，SPP 将分裂为两个 MSPP，它们在 $x\text{-}y$ 平面内具有相反方向的角动量并分别形成右旋和左旋模式。又由于 MIMOM 的结构是不对称的，这两个 MSPP 具

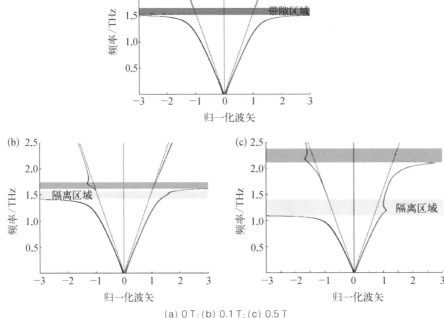

(a) 0 T；(b) 0.1 T；(c) 0.5 T

图 7.32
MIMOM 波 导
TM 波色散关系
曲线[14]

有了不同传播常数,导致波导的色散关系曲线发生分裂,正反向传播的色散关系曲线变得不对称,正向波分支向高频移动,而反向波分支向低频移动,如图7.32(b)所示。对应的各分支 MSPP 所产生的光子带隙也发生相应的移动,而使得正反向传播的光子带隙也不再在频带上重合。如图 7.32(b)黄色区域所示,反向波的光子禁带位于 1.45~1.55 THz,而正向波在这一频带范围内具有一阶色散关系曲线,即依然可以在波导中传播。因此这一频带就成为仅允许正向波通过而禁止反向波传输的单向隔离传输频段。相似地,图 7.32(b)和图 7.32(c)中蓝色区域也是仅允许反向波通过的隔离频段,后面主要讨论位于低频的那个隔离频段(图中黄色区域)。如图 7.32(c)所示,当外磁场增大到 0.5 T 时,随着MSPP 的增强,两分支的分裂增大,隔离频段对应的带宽随之增大并移动到1.1~1.4 THz。可见,由于 InSb 介电性质在磁场和温度下的可调性,MIMOM中的 MSPP 具有很宽的可调谐范围。

7.4.4　金属-磁光表面等离子体透镜的非互易传输与调控

MMOPL 功能的实现是建立在 MIMOM 波导传输性质的基础上的。它具有两个基本的功能:一是对 THz 波的聚焦,这与普通 THz 透镜类似;二是对THz 波单向隔离传输,这是它不同于普通 THz 透镜的特征。因此下面将重点讨论器件的单向传输特性。

利用 FEM 方法模拟器件在 185 K 时不同外磁场下的正向与反向功率透射光谱,结果如图 7.33 所示,对应的隔离度谱线如图 7.34 所示。如图 7.33(a)所示,在未施加外磁场时,器件的正反向透射光谱线相同,并在 1.42~1.55 THz 内具有极低的透过率,对应着图 7.32(a)所示的 SPP 波光子带隙区域。这里还使用金属代替 MIMOM 结构中的 InSb 形成普通的表面等离子透镜,构成 MIM 结构计算其透射光谱作为对比,结果没有观察到任何明显的 SPP 光子带隙或透射峰。当施加外磁场时,器件的正反向透射光谱线就变得不同,这里以 $B = 0.5$ T为例说明,透射光谱线与图 7.32(c)所示色散关系曲线很好地吻合:对于正向波,它在 1.1~1.45 THz 内具有很高的透过率(能流密度大于 3 W/m^2);而反向波却在这一频段具有极低的透过率(能流密度小于 10^{-10} W/m^2)。因此这一频段即为图 7.34 所示的隔离频段,器件获得的 30 dB 隔离度带宽超过 300 GHz,且在 1.24 THz 处具有高达 110 dB 的最大隔离度。在隔离频段外,正反向透过率都与 $B=0$ T 时的结果相近。因此,该 THz 隔离器在 185 K、0.5 T 下在 1.1～1.45 THz 实现了高性能的单向隔离传输。

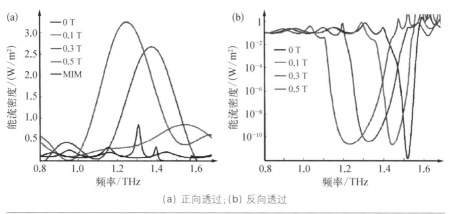

(a) 正向透过;(b) 反向透过

图 7.33
185 K 时,不同外磁场下 MMOPL 的能流密度[14]

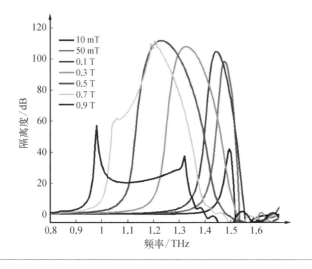

图 7.34
185 K 时,不同外磁场下 MMOPL 的隔离度谱线[14]

　　随着外磁场的增大,正向波的通带向低频移动,且最大透过率增大;而反向波的禁带也向相同的低频移动,且带宽变宽。相应地,图 7.34 所示的隔离度谱线的谱峰也向低频移动,且隔离度带宽增大。当外磁场继续进一步增大($B>$0.7 T)时,隔离度谱线的峰值迅速下降。其原因是 InSb 的回旋频率 ω_c 随着磁场增大逐渐增大而远离工作的 THz 频段,InSb 的旋电性也随之减弱,从而使器件的非互易效应减弱。可见,外磁场从 0 增大到 0.9 T 的过程中,该隔离器的中心工作频率可以大范围地从 1.5 THz 移动到 1 THz,实现宽带调控功能。

下面进一步讨论外磁场和温度对器件的调控。图 7.35(a) 显示了三个不同频率点下 185 K 时器件隔离度随外磁场的变化曲线,随着磁场增加每个频率下的隔离度都会达到一个峰值,然后随磁场继续增加而下降。对于更低的工作频率,反而需要一个更高的外磁场才能达到隔离度峰值。图 7.35(b) 显示了三个不同频率点下 0.5 T 时器件隔离度随温度的变化曲线。根据图 7.3(c) 和图 7.3(d) 可知,MSPP 在 150~210 K 内可由一较小的外磁场产生。当温度接近室温时,就需要一个极大的外磁场。温度越低,工作频率下器件达到最大隔离度所需施加的外磁场就越小。因此,外磁场和温度都强烈地影响着 MMOPL 的单向传输特性,器件的工作频段可以通过外磁场和温度进行灵活的调控。

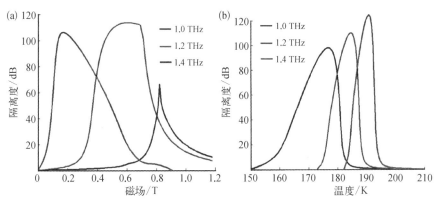

图 7.35　(a) 185 K时,不同频率下器件隔离度随磁场的变化;(b) 0.5 T时,不同频率下器件隔离度随温度的变化[14]

最后来关注器件对正向波的传输和聚焦能力。图 7.36 所示的正反向稳态场分布显示了器件在 0.5 T、185 K 下对 1.25 THz 频率 THz 波实现了单向传输,且正向 THz 波被聚焦在距器件后表面 1 mm 处。在器件隔离频段外,MMOPL 与普通金属表面等离子体所具有的透射和聚焦能力是相同的,而在隔离频段内却有很大的不同,图 7.37 显示了这种区别。在图中所示的所有情况中,只有

"0.5 T、185 K、1.25 THz"这种情况下是具有单向传输特性的,其余九种情况均不具有单向传输特性,它们要么没有 InSb 材料,要么是没有外磁场或磁场过大,要么是温度过高,或者是工作频率在隔离频段外。具有单向传输特性时的透过率明显远远高于不具有单向传输能力的情况,原因在于在 MMOPL 中传输的能量都不能耦合为反向传输模式,因为反向传输是禁止的,所有进入波导的能量除了材料损耗外都要以正向波的形式从 MMOPL 中出射。在这一过程中,具有非互易性的 MSPP 被不断增强[图 7.36(d)所示的逆过程],在出射端口处很强的 MSPP 被耦合到自由空间中并发生增强的光学异常透射效应。由于在非互易传输过程中 MSPP 磁光增强效应对光学异常透射的贡献,导致 MSPP 光学异常透射效应强于普通互易传输的 SPP 波的光学异常透射效应,这使得 MMOPL 的非互易传输透过率大大高于普通金属或半导体的表面等离子体狭缝阵列的传输透过率。

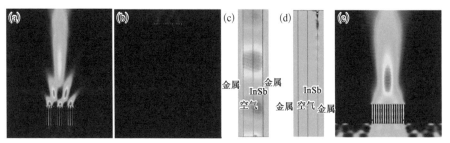

(a,b) 在 0.5 T、185 K、1.25 THz 下,MMOPL 的正向波和反向波能流密度场分布;(c,d) MMOPL 中单个波导单元正向波和反向波分布;(e) 普通表面等离子体透镜结构的能流密度场分布[14]　图 7.36

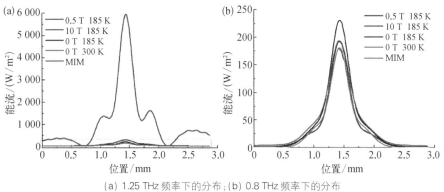

(a) 1.25 THz 频率下的分布;(b) 0.8 THz 频率下的分布

图 7.37
不同外磁场和温度下器件焦点处正向波的能流密度沿 x 方向的空间分布[14]

本节采用"金属-空气-磁光介质-金属"波导阵列这一特殊的非对称结构设计了具有非互易传输特性的金属-磁光表面等离子体透镜,它不仅具有聚焦特性,还实现了 THz 隔离器的功能,可实现 1.1~1.45 THz 高达 110 dB 隔离度的单向隔离传输,并且这一隔离频带可以通过外磁场或温度加以调控。研究发现,当器件实现单向传输时正向波能量透过率大大超过了未实现单向传输时该器件的能量透过率,并将这一现象初步解释为磁表面等离子体波传输中由于满足相位匹配条件使得光学异常透射得到了增强。

7.5　THz 磁光超表面隔离器

本节介绍一种在太赫兹波段具有非互易传输特性的磁光超表面结构器件,即 THz 隔离器。其基本设计思路是将磁光材料 InSb 制备成超表面结构,利用各向异性材料(磁等离子体介质材料)的超表面结构谐振产生的非互易传输特性实现隔离器的功能。"π"字形单元晶格结构的几何尺寸如图 7.38 所示。图中标明了器件工作时太赫兹波的入射方向、偏振方向和外磁场的配置方式。利用 CST 中有限元频率求解器完成器件的模拟仿真。由于利用的是单元结构本身的谐振,因此设定单元结构的边界条件为电边界和磁边界,用以简化模拟计算时间。

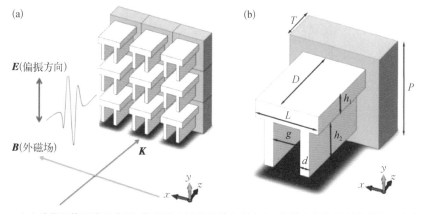

图 7.38
磁光超表面结构的示意图[15]

　　(a) 该装置的三维示意图,指出了太赫兹波的入射方向、偏振方向和外磁场的配置方向;(b) 单元晶格结构的几何形状,$D = 100\ \mu m$,$T = 40\ \mu m$,$L = 70\ \mu m$,$P = 100\ \mu m$,$h_1 = 21\ \mu m$,$h_2 = 50\ \mu m$,$d = 10\ \mu m$,$g = 30\ \mu m$

7.5.1 器件的非互易传输特性与产生机制

通常情况下,对隔离器性能的评估主要考虑两个因素:一是正向入射的透射率要高,即插入损耗小;二是反向传输和正向传输之间的高隔离度。这里使用CST模拟仿真了器件正向传输的光谱$|S_{21}|^2$和反向传输的光谱$|S_{12}|^2$,如图7.39(a)所示,其中传输方向 $\boldsymbol{K}$、偏振态 $\boldsymbol{E}$ 和磁场方向 $\boldsymbol{B}$ 的配置同图7.38(a)一致。从图中可以看到正向传输的光谱和反向传输的光谱中都存在一个谐振谷,但是反向传输的谐振频率要低于正向,我们可以利用这个特性实现高效的隔离功能。当频率为反向谐振频率的太赫兹波正向入射器件的时候,由于正向谐振频率与反向谐振频率不重合,因此该频率的 THz 波可以低损耗地正向传输;当反向入射器件的时候,因为位于谐振位置,因此被禁止传输。图7.39(a)的插图中显示了这个器件的隔离度光谱,其中 $Iso=|S_{21}|^2-|S_{12}|^2$。从图中可知,当温度 $T=195\text{ K}$、磁场 $B=0.3\text{ T}$ 时,器件的反向传输光谱$|S_{12}|^2$在 0.68 THz 处的透射强度为-44.79 dB,而正向传输光谱 $|S_{21}|^2=-1.79\text{ dB}$,所以隔离度可达$Iso=43\text{ dB}$。当 0.68 THz 的太赫兹波正、反向入射器件时,器件的磁场分布如图7.39(b)所示,可以看到频率为 0.68 THz 的电磁波可以从端口 1 传输到端口 2,但是不能从端口 2 传输到端口 1,即实现了隔离传输功能。

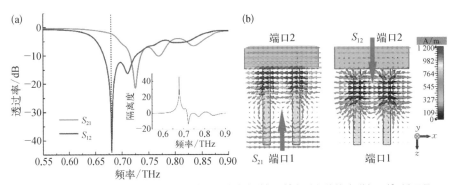

(a) 当 $T=195\text{ K}$、$B=0.3\text{ T}$ 时,器件的正向传输光谱$|S_{21}|^2$和反向传输光谱$|S_{12}|^2$,插图是隔离器的隔离度光谱;(b) 当 $T=195\text{ K}$、$B=0.3\text{ T}$ 时,频率为 0.68 THz 的太赫兹波正、反向入射器件时 $x\text{-}z$ 截面上的磁场分布[15]

图 7.39

下面讨论这个磁等离子体超表面非互易传输的产生机制。仿真模拟了入射波偏振方向和外磁场方向不同时器件的正向和反向的透射光谱,如图 7.40 所示。我们用 E_x-B_x 来表示入射波偏振方向和磁场方向均沿着 x 的方向。从图中可以看到这些光谱中出现了两个谐振,我们定义为 V_1 和 V_2。V_1 在 0.7 THz 附近,V_2 在 0.94 THz 附近。其中谐振 V_2 只在 E_x-B_x 和 E_x-B_y 时出现,而谐振 V_1 只在 E_x-B_y 和 E_y-B_x 时出现。而只有在 E_y-B_x 情况下,谐振 V_1 的后向传输谱和前向传输谱不一样,实现了非互易隔离传输功能。其他情况下,前向和后向传输光谱是重叠的。

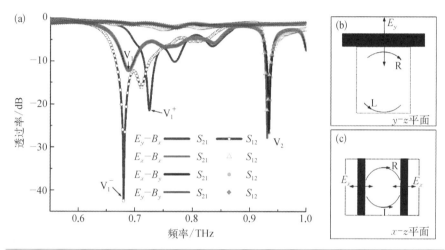

在 E_y-B_x 的配置下,THz 波在 InSb 等离子体中传输,y-z 平面中会有椭圆偏振的电场分量 E_y 和 E_z;在 E_x-B_y 的配置下,x-z 平面中具有 E_x 和 E_z 分量。谐振 V_1 只出现在这两种情况下,表明这个谐振与 InSb 中的椭圆偏振模式相关。这种椭圆偏振模式形成旋转变化的电场会引起磁偶极子共振。如图 7.39(b) 所示的磁场场强分布,当频率为 0.68 THz 的太赫兹波入射时,InSb 微结构产生磁偶极子共振。当谐振强度很大时,传输的电磁波能量被这个谐振局限在微结构器件上。当材料参数(温度、磁场等)固定时,谐振频率和强度主要取决于与入射波偏振方向正交的 InSb 微结构的宽度。

这种谐振也与结构对称性强烈相关。E_y-B_x 和 E_x-B_y 情况下的磁偶极子共振是不同的,这是由超表面结构的不对称性引起的。如图 7.39(b)所示,假设圆偏振光在正向传输的 x-z 平面中是左旋的话,反向传输则是右旋的。如果装

置结构沿 x 方向对称[图 7.40(c)]，前向传输和后向传输(左右旋转波)是完全等效的，所以前向传输和后向传输是互易的。但是，当超表面在入射波偏振方向上是非对称结构的时候(即 E_y-B_x 的情况，沿 y 方向是非对称几何结构)，前向传输与后向传输的情况就不一样了，如图 7.40(b)所示。由于左右旋转磁等离子体模式传输的等效折射率不同，所以正向传输和反向传输的谐振频率分别向高频和低频移动，分裂成 V_1^- 和 V_1^+。正是因为这一对不对称的非互易谐振模式，导致器件正反向传输的高度隔离。因此，超表面结构的不对称性、入射太赫兹波的偏振方向以及外磁场方向三个因素决定了这个器件的谐振和非互易传输特性。这种与磁光等离子体相关的微结构谐振定义为"磁光超表面谐振"。

另外，在 E_x-B_x 和 E_x-B_y 两种配置情况下，THz 波在磁等离子体结构中都具有 x 方向的偏振分量 E_x，由此可推知谐振 V_2 是由超表面结构中的 E_x 偏振激发的，这类似于传统介质超表面谐振(MIE 散射谐振)的结果。在 E_y-B_y 的配置中，THz 波在磁等离子体结构中只有 y 方向偏振分量 E_y，因而既没有与 E_x 相关的 V_2 谐振，也没有与椭圆偏振相关的 V_1 谐振。

根据上述讨论我们可以得出：(1)谐振的产生和谐振频率与单元结构、入射光的偏振态以及外磁场的强度相关。(2)实现非互易传输的第一个条件是入射波与受外磁场调制的磁等离子体相互作用，超表面结构应当由磁光材料构成，并且太赫兹波的偏振方向应与外磁场方向正交；第二个条件是在满足第一个条件的基础上，超表面的结构要在入射波的偏振方向上具有不对称性。这样才能打破传输系统的时间反演对称性，实现非互易传输。

7.5.2　器件的可调节性

由于 InSb 的磁光特性与外磁场强度和温度有很强的相关性，因此可以通过调节磁场强度和温度的方式实现对隔离器的主动调控。图 7.41(a)和图 7.41(b)为器件在 $T=195$ K 和不同外磁场强度下的反向透射光谱和隔离度谱，从图中可以看到随着外磁场强度增大，谐振峰和隔离峰向高频移动。此外，正向最大隔离度随着磁场强度增加到 0.3 T 时达到最大值，之后随外磁场的增加而减小。但是其反向隔离度(即正向入射不透，反向入射可透)逐渐增大，但这种随磁场增加隔离方向翻转的情况并不是我们所期望的。通过模拟仿真可知：在温度 $T=195$ K 时，通过调节外磁场的强度，可以调节磁等离子超表面隔离器工作的中心频率（$0.55\sim0.8$ THz），但最佳的隔离效果只能在外磁场强度 $B=0.3$ T 时获得。

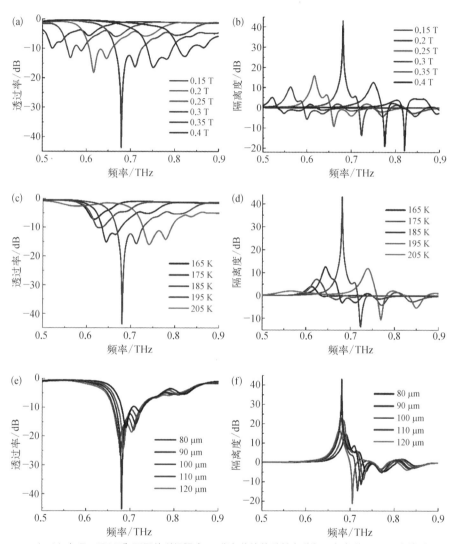

图 7.41　（a,b）在 $T=195$ K 和不同外磁场强度下，背向传输的透射光谱和隔离度谱；（c,d）在外磁场强度 $B=0.3$ T 和不同温度下，背向传输的透射光谱和隔离度谱；（e,f）当 $B=0.3$ T 和 $T=195$ K 时，不同 InSb 层厚度下的背向传输的透射光谱和隔离度谱[15]

　　通过模拟仿真还研究了器件的隔离效果对温度的依赖关系。如图 7.41（c）和图 7.41（d）所示，当外磁场强度 $B=0.3$ T 时，随着温度的升高，谐振峰和隔离峰对应的强度逐渐增大,在 195 K 时,峰值强度达到最大值,温度继续上升时,峰值逐渐减小。因此可以通过改变温度(从 165 K 到 205 K)实现器件的可调谐(从 0.6 THz 到 0.75 THz)。

下面讨论器件隔离度对几何参数的依赖性。通过模拟得到了 InSb 层厚度不同时(从 80 μm 到 120 μm)器件的透射光谱和隔离度谱。如图 7.41(e) 和图 7.41(f) 所示,当外磁场强度 B=0.3 T、温度 T=195 K 时,随着 InSb 层厚度的增加,谐振峰和隔离峰移动到了较低的频率,而正向传输谐振的强度先增加后减小,当厚度为 100 μm 时,其隔离度远高于其他情况。这说明当磁等离子效应与器件结构在特定频率下的谐振完美匹配时,才能有效地增强磁光模式的分裂,从而获得最大的非互易传输隔离度。

另外,还考虑了几何参数的鲁棒性。当 L、d、h_1、h_2 和 g 的偏差在 ± 1.5 μm 以内时,器件依然保持较好的隔离效果。例如,当表面结构的尖锐角变化为半径为 1.5 μm 的圆角时,隔离度稍微下降但仍然超过 35 dB。因此,这种具有微米级精度的器件可以通过 MEMS 技术的深度反应离子刻蚀进行加工制备。

7.5.3 柱型磁光超表面结构的太赫兹隔离器及磁场传感器

这一小节介绍一种柱状磁光超表面结构,与"π"字形磁光超表面结构相比,柱状磁光超表面更适用于现代微加工技术进行制备,同时这种超表面结构在温度 T=218 K 时,可以将器件的共振"锁定"在固定频率,外磁场强度在 0.23 T 到 0.35 T 变化时,隔离度可以一直保持在 30 dB 以上。而当温度大于或者小于 218 K 时,磁光超表面的谐振位置受磁场强度变化的影响较大,利用这一特性可以实现磁场传感功能。

柱状磁光超表面的结构示意图如图 7.42 所示。同"π"字形磁光超表面器件类似,该器件有两层不同的材料层:顶层由 InSb 组成,厚度为 100 μm;底层为二氧化硅,厚度为 50 μm。晶胞周期 P=120 μm。 如图 7.42(b) 所示,周期单元结构中由三个 InSb 材料的圆柱组成,其中两个 InSb 圆柱的半径 r=22 μm,另一个大圆柱的半径 R=31 μm。 较小的圆柱在 x 轴方向上与边界的距离 d=30 μm,在 y 轴与边界的距离 h_1=35 μm。 较大的柱子在 x 轴的中心,与 y 轴的边界

距离 $h_2 = 35~\mu m$。如图 7.42(a)所示,太赫兹波沿着 z 轴正方向入射,偏振沿 y 轴方向,外磁场施加于 x 轴正方向。在此配置下,K、E 和 B 这 3 个矢量彼此正交。同"π"字形磁光超表面器件一样,周期单元结构对 E 偏振方向来说是非对称的,因此也可以实现非互易单向传输。

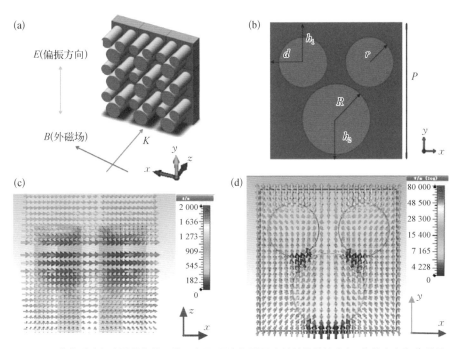

图 7.42

(a) 柱状磁光超表面结构的三维示意图,图中标明了太赫兹波传播方向、偏振方向和外磁场方向;(b) 周期单元结构的平面图,其中 $P = 120~\mu m$,$r = 22~\mu m$,$R = 31~\mu m$,$d = 30~\mu m$,$h_1 = 35~\mu m$,$h_2 = 35~\mu m$;(c,d) 当温度 $T = 218~K$ 和外磁场强度 $B = 0.29~T$ 时,频率为 0.75 THz 的太赫兹波在 x-z 面上的磁场分布和在 x-y 面上的电场分布[16]

如图 7.43(a)所示,与"π"字形磁光超表面一样,磁光超表面谐振同样出现在圆柱结构的超表面的透射光谱中,其正反向谐振 V_- 和 V_+ 也发生了分离。通过改变温度和外磁场强度可以优化磁光超表面的谐振。当温度 $T = 218~K$、外磁场强度 $B = 0.29~T$ 时,太赫兹波在器件中反向传输时,在频率为 0.75 THz 处有很强的谐振,谐振强度可达 43 dB;而正向传输时的谐振频率为 0.85 THz。因此,它同样可以作为 THz 隔离器使用,在 0.75 THz 处隔离度 $I_{SO} = |S_{21}|^2 - |S_{12}|^2 = 42.1~dB$,10 dB 工作带宽为 10.2 GHz,插入损耗小于 3 dB,如图 7.43(d)所示。图

7.42(c)和图 7.42(d)展示了频率为 0.75 THz 的太赫兹波通过器件时的磁场分布和电场分布,从图中可以看到 InSb 圆柱中发生了磁偶极子谐振,当 0.75 THz 的太赫兹波反向传输时,由于强谐振的存在,能量无法传输。

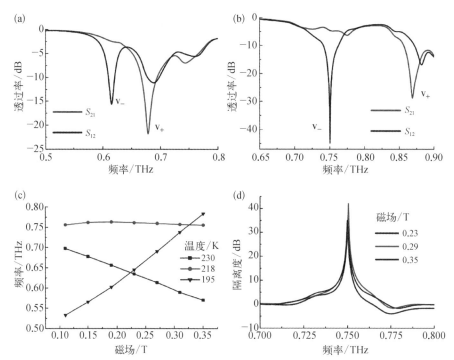

(a) 当温度 $T = 185$ K 和外磁场强度 $B = 0.3$ T 时,太赫兹波正向传输的透射光谱$|S_{21}|^2$和反向传输的透射光谱$|S_{12}|^2$;(b) 当温度 $T = 230$ K 和外磁场强度 $B = 0.29$ T 时,太赫兹波正向传输的透射光谱$|S_{21}|^2$和反向传输的透射光谱$|S_{12}|^2$;(c) 在不同温度 $T = 195$ K、218 K 和 230 K 下,隔离度最大值对应的频率随磁场变化的情况;(d) 当 $T = 218$ K 时,外磁场强度 $B = 0.23$ T、0.29 T 和 0.35 T 时的隔离度光谱[16]

图 7.43

由于磁等离子体的介电特性会受到温度和磁场的影响,导致磁光超表面谐振强度和位置的变化。通常情况下,当温度和磁场变化时,器件对应的隔离度最大值的频率位置会发生移动。图 7.43(c)显示了不同温度下,随着磁场的增加,隔离度峰值频移的情况。当 $T > 218$ K 时,随着磁场的增加,隔离度峰值频率向低频方向移动,$T < 218$ K 时隔离度峰值频率向高频方向移动。当温度刚好为 218 K,磁场从 0.11 T 变化到 0.35 T 时,隔离度峰值频率固定在 0.75 THz,而且隔离度也可以保持在 30 dB 以上,如图 7.43(d)所示。这说明在这个温度下,隔离器在外磁场强度发生变化时依然能保持很好的工作状态。在其他温度下,磁

光超表面谐振频率随磁场强度变化的频移接近线性变化,根据这种磁场、温度变化的规律,可以拟合一个谐振频移的公式:

$$\omega_v = k(\omega_{p0} - \omega_p)\omega_c + \omega_0 \qquad (7.28)$$

式中,ω_c 为回旋频率,是随磁场变化的物理量;对应的 ω_{p0} 为等离子频率 ω_p 在 $T = 218$ K时的值;ω_0 为一个常数;k 为线性系数。

7.5.4 外磁场强度传感

上面提到在其他温度下,磁光超表面谐振的频率受到外磁场强度变化的影响,这一特性使得磁光超表面可以作为磁场传感器来使用。此外,如果磁场的方向反向,正向传输和反向传输的磁光超表面谐振频率位置会发生对调,由此可以判断磁场的方向。如果反向传输的谐振频率低于正向传输的谐振频率,则磁场的方向沿着 x 轴的正方向,如图 7.42(a)所示。如果出现相反的情况,则磁场的方向沿着 x 轴的负方向。

为了进一步研究器件的传感特性,设定外界温度 $T = 230$ K。图 7.44 展示了磁光超表面谐振频率随着外磁场强度从 0.11 T 到 0.59 T 的频移情况,表明"磁光超表面"器件确实可以用来探测磁场强度变化。当外磁场强度为 0.11 T 时,谐振频率为 0.698 THz,随着外磁场强度的增加,谐振频率向低频方向移动,谐振强度可以保持在 15 dB 以上;当外磁场强度增加到 0.59 T 时,谐振频率为 0.456 THz,在这个过程中移动了 242 GHz。定义灵敏度参数 S 为单位磁场强度

图 7.44
当温度 $T =$ 230 K,外磁场强度从 0.11 T 增加到 0.59 T,磁光超表面的背向传输光谱[16]

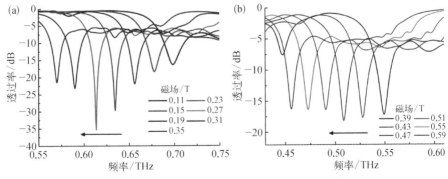

（特斯拉）变化所引起的谐振峰频移量（GHz/T）的大小，由式（7.28）推得

$$S = k(\omega_{p0} - \omega_p) \qquad (7.29)$$

在温度 $T = 230\ \text{K}$ 时，可以计算出 $\omega_p = 2.548 \times 10^{13}\ \text{THz}$，$\omega_{p0} = 2.044 \times 10^{13}\ \text{THz}$，$k = 1.018 \times 10^{-13}$，

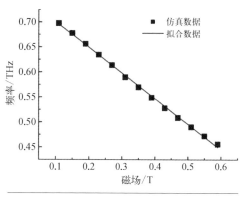

图 7.45
磁光超表面谐振峰频率随磁场增加的变化规律，其中黑点是模拟仿真的结果，红线是由公式计算的结果，其灵敏度 $S = -513.05$ GHz/T[16]

灵敏度 $S = -513.05\ \text{GHz/T}$。图 7.45 展示了谐振峰频率随磁场变化的规律，黑点是模拟仿真的结果，与式（7.29）计算的结果拟合度很高。这表明外磁场的强度可以通过器件谐振频率和式（7.29）精确计算，是一种在太赫兹波段的磁场传感新方法。

7.6　THz 法拉第磁光偏振转换器

对于二维材料和器件，施加纵向磁场更方便。作为经典的纵向磁光效应，法拉第效应可以引起磁光材料中线性偏振光的非互易旋转，如果能够实现大的法拉第旋转角度，就可以广泛应用于偏振旋转器、隔离器和磁光调制器中。在 THz 波段，已经在一些高电子迁移率半导体中观察到了法拉第旋转现象，例如 InSb、HgTe 和石墨烯。Shuvaev 等首次在室温下观察到在太赫兹光谱范围内 HgTe 薄膜中的巨磁化法拉第效应[17]。当 $B = 1\ \text{T}$ 时，在 70 nm 厚的 HgTe 薄膜中法拉第旋转角的最大值在 0.35 THz 处达到 0.21 rad，相应的韦尔代（Verdet）常数 V 高达 $3 \times 10^6\ \text{rad} \cdot \text{T}^{-1} \cdot \text{m}^{-1}$。Fallahi 等也提出一个石墨烯太赫兹超表面结构来操控巨磁化法拉第旋转，实现的法拉第旋转角达到 0.1 rad，调节带宽超过 1 THz，并且通过对 1 T 到 7 T 强度的磁场调节，实现了器件在 0.5～5 THz 频率间的可调谐[18]。Tamagnone 等报道了一个基于单层石墨烯的 THz 非互易隔离器，在 7 T 的强偏置磁场下，该隔离器在 2.9 THz 处实现了约 20 dB 的单向隔离传输，器件插入损耗为 7.5 dB[19]。虽然这些材料具有很大的 Verdet 常数，但由于它们相对于 THz 波长较

薄的厚度,所能实现的法拉第旋转角度受到限制,并且需要非常强的磁场。

本节介绍一种 InSb-金属光栅结构的双层磁等离子体结构,用来实现 THz 波单向传输、磁调制和偏振转换。利用 InSb-金属光栅结构的磁表面等离子体共振和两个金属光栅之间的 F-P 效应大大增强了 InSb 材料的磁光效应,实现了高隔离度单向传输功能。此外,还研究了该器件对外磁场、温度和器件结构参数的依赖性以及实现可调谐的磁控方法。

7.6.1 双层磁等离子体的结构与工作原理

InSb-金属光栅结构的示意图如图 7.46 所示。在 InSb 晶体的前后表面上制备两个正交的金属光栅。一个是沿 y 轴的垂直光栅(这里定义为正表面),另一个是沿着 x 轴的水平光栅(即后表面)。InSb 的厚度 $h = 100\ \mu m$,光栅常数 $a = 30\ \mu m$,金属栅格的宽度 $d = 28\ \mu m$,金属光栅的厚度为 $200\ nm$,选择金作为光栅材料。

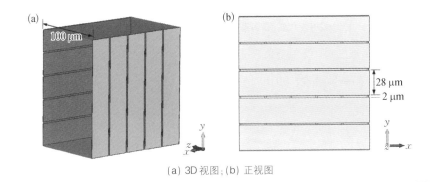

图 7.46
双层磁等离子体结构[8]

(a) 3D 视图;(b) 正视图

金属光栅只能传输 TM 模式,也就是说只有与光栅方向正交的线偏振光才能通过金属光栅。双层磁等离子体的工作原理如图 7.47(a)所示,当 x 方向的线偏振波正入射到双层磁等离子体光栅时,该光线可以透过金属光栅,由于纵向磁化的 InSb 具有磁光效应,将其偏振态转变为椭圆偏振光。其中的 y 偏振分量能通过水平光栅输出,因此该器件可以实现从一个线偏振态到正交偏振态的偏振转换。当 x 方向的线偏振波从后向入射到双层磁等离子体的水平光栅时,THz 波不能透过金属光栅,即相当于图 7.47(b)示意的传输过程。因此,可以在双层磁等离子体器件中实现单向传输,但这不是非互易单向传输。

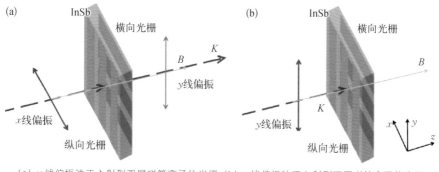

(a) x 线偏振波正入射到双层磁等离子体光栅;(b) y 线偏振波正入射到双层磁等离子体光栅

图 7.47 双层磁等离子体的工作原理图,其中外磁场平行于 THz 波传播的方向[8]

7.6.2 器件的传输特性

为了验证上述分析,用 CST 软件的频域求解器模拟了这种双层磁等离子体结构的传输过程。在 x 方向线偏振平面波正入射器件的条件下,模拟得到了 $T = 180\,K$ 时不同磁场强度下的透射光谱,如图 7.48 所示。从图中可以看到,在 $0.1\sim1.5\,THz$ 有 $P_0\sim P_3$ 四个透射峰和三个共振峰(谷)。如图 7.48(a)所示,随着磁场强度从 $0.001\,T$ 增加到 $0.08\,T$,峰值透过率逐渐从 0 增加到 0.78。当磁场继续从 $0.08\,T$ 增加到 $0.3\,T$ 时,结果如图 7.48(b)和图 7.48(d)所示,峰值透过率不再增加,但 $P_1\sim P_3$ 透射峰的带宽变大,而第一透射峰 P_0 逐渐分裂为两个透射峰和一个共振峰。

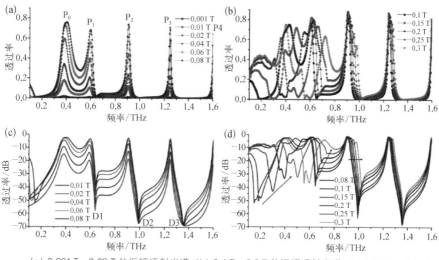

(a) 0.001 T~0.08 T 的振幅透射光谱;(b) 0.1 T~0.3 T 的振幅透射光谱;(c) 0.01 T~0.08 T 的功率透射光谱;(d) 0.08 T~0.3 T 的功率透射光谱

图 7.48 在温度 $T = 180\,K$ 和不同磁场强度下,x 方向线偏振波正入射双层磁等离子体结构时的模拟透射光谱[8]

图 7.49 显示了器件在 $P_0 \sim P_3$ 峰值频率处的三维电场分布和 x-z 切平面的场分布。第一个透射峰 P_0 的场分布与 P_1、P_2、P_3 存在很大的不同,P_0 在 InSb 中几乎没有能量分布,大部分能量局域在 InSb 和金属光栅的两个界面处。但是对于 $P_1 \sim P_3$ 透射峰,InSb 内部存在局域共振模式。这种现象来源于这种双层磁等离子体结构中的两种不同的机制。P_0 透射峰来源于磁化的 InSb 和金属光栅结构之间的界面处的磁表面等离子体共振(MSPR)。图 7.50(b)显示表面等

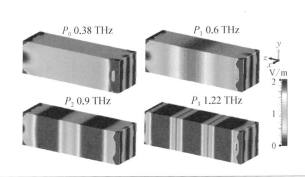

图 7.49

在 0.06 T 和 180 K 下,四个频率透射峰的功率流密度在双层磁等离子体中的模拟分布[8]

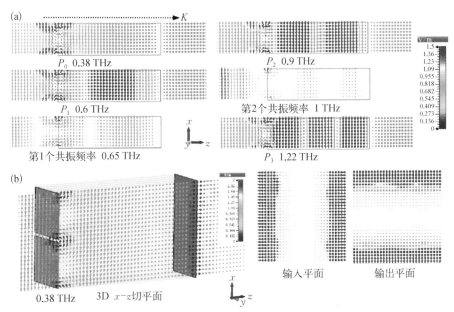

(a) 在 0.06 T 和 180 K 下,前四个透射峰和两个共振频率处双层磁等离子体的 x-z 截面内的电场分布;(b) 3D x-z 切平面中的双层磁等离子体激元的电场分布,第一个传输峰值为 0.38 THz 的输入和输出平面[8]

图 7.50

离子体在金属-InSb界面处的场分布和共振,其主要存在于金属栅格间隙处。P_0
透射峰的频率位置可以定性地描述为 $f_{SPP}=c/(n_{SPP}\cdot g)$,其中 n_{SPP} 是表面等离
子激元模式的有效折射率,g 是器件的几何因子,所以该频率峰值受两个因素影
响:一个是 InSb 的光学性质,其主要是取决于温度 T 的载流子浓度和磁场 B 的
回旋共振特性;另一个是金属光栅的几何形状。g 值的大小由光栅周期 a、光栅
宽度 d 和 InSb 的厚度 h 确定。如果 a、d 或 h 增加,g 就会增加。虽然这里很
难写出一个简单的解析表达式,但通过数值模拟的方法可以在下面的讨论中得
到谐振频率对这些几何参数的依赖关系。

$P_1 \sim P_3$ 是第一至第三级 F-P 共振,两个金属光栅形成谐振腔以产生 F-P
共振,其中

$$4n_{eff}h=(m+1)\lambda_{P_m}\ (m=1,\ 2,\ 3) \tag{7.30}$$

式中,m 是 F-P 共振的阶数;λ_{P_m} 是相应的谐振波长(即透射峰的波长);h 是
InSb 的长度;n_{eff} 是金属共振腔中被磁化的 InSb 的有效折射率。可以发现,当
$m=1$、$h=100\ \mu m$、$n_{eff}=2.5$ 时,$\lambda_{P_1}=500\ \mu m$,$\lambda_{P_2}=333.3\ \mu m$,$\lambda_{P_3}=250\ \mu m$,与
模拟透射峰值 $f_{P_1}=0.6\ THz$、$f_{P_2}=0.9\ THz$、$f_{P_3}=1.22\ THz$ 能很好地吻合。此
外,高阶模式的频率大于理论公式计算结果得到的频率,这是因为 InSb 的有效
折射率随着频率的增加而增加。

此外,从图 7.50(b)中的电场矢量振动方向,我们可以注意到电场沿输入平
面的 x 轴共振。在通过 InSb 传输后,电场振动方向沿着输出平面的 y 轴。因
此,x 方向线性偏振的 THz 波可以在某些频率点有效地转换成一个 y 方向线性
偏振波,并且这些 y 方向线性偏振的透射峰峰值可以通过调节外磁场(0~
0.08 T)灵敏地从 0 调节到 80%,因此这种双层磁等离子体可以用作在极弱磁场
下具有良好滤波输出特性的理想偏振转换器和灵敏磁光调制器。

7.6.3　器件的工作机理与结构优化

在弱磁场下,这些 MSPR 和 F-P 共振如何产生正交极化的高透射峰峰值
呢? 这里我们做一个更深入的分析。由于弱磁场下的回旋共振频率 ω_c 很低,因

此 InSb 的磁光效应在 THz 波段很弱,尽管磁光效应较弱,入射 x 方向偏振波的偏振态可通过 InSb 改变,并产生部分 y 偏振分量通过水平光栅面输出。MSPR 位于 InSb 和金属光栅的交界面,这是一个准静态共振场,其群速度非常慢,因此 InSb 表面中的局部振荡场与磁光介质相互作用较强,因此更多在 MSPR 频率处的 y 偏振分量转换成 x 分量,尽管此时材料本身的磁光效应很弱。对于 F-P 共振,虽然一次共振 y 分量很小,但 F-P 共振频率处的波可以在两个金属光栅之间得到多次反射,每 2 h 后,y 分量输出一次。由于该 F-P 腔的 Q 值非常高,y 分量的传输在多次振荡后大大增强。一般而言,MSPR 和 F-P 共振增加了有效的磁光相互作用距离,并且增强了器件中的磁光材料中有限磁光效应下的磁光旋转。显然,如图 7.48(a)和图 7.48(c)所示,增加外磁场可以改善材料的磁光效应,从而 y 分量的转换得到显著增加。然而,在谐振频率之外,即使磁场增加,转换效率总是非常低,这是因为在非谐振频率处不存在材料的磁光增强。

当磁场进一步增强时,y 偏振分量的转换趋于饱和,F-P 共振峰的带宽变大,并且 MSPR 峰逐渐分裂成两个峰,这是因为在强外磁场下,表面等离子体激元分裂为具有不同有效折射率的一对顺时针和逆时针的磁表面等离子体激元模式。因此,0.05～0.1 T 时的弱磁场足够维持该器件良好工作。

接下来,还计算了在 0.05 T 时不同温度下正向和反向 x 线偏振波的功率透射光谱,如图 7.51(a)所示。随着温度的升高,InSb 中载流子浓度增加,ε_L 和 ε_R 上升,导致透射峰移动到更高的频率。所有反向波的透过率都低于 -60 dB,因此在这个装置中实现了线性极化波的单向传输。隔离度被定义为 $Iso = T_p - T_n$,其中 T_p 和 T_n 分别是正向波和反向波的功率透射率(以 dB 为单位)。隔离度曲线如图 7.51(b)所示,我们可以发现此时的隔离度峰与图 7.48(a)中的正向透射峰相对应,所以由于在该双层磁等离子体中 MSPR 和 F-P 共振对磁光效应的增强而导致器件具有高的隔离度,MSPR 峰值的最大隔离度超过 75 dB,而 F-P 峰值的隔离度在 60～70 dB,低于 MSPR 峰值,这表明 MSPR 的磁光增强效应比 F-P 共振更显著。

最后,讨论器件几何形状对器件性能的影响。首先,如图 7.52(a)所示,光栅网格宽度 d 从 28 μm 变为 16 μm,随着 d 的下降,F-P 峰值显著下降。由于在

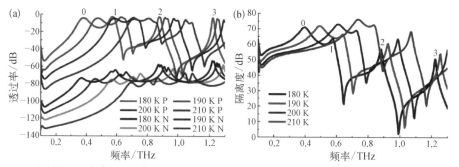

（a）0.05 T 时,在不同温度下,双层磁等离子体的功率透射光谱,x 线性偏振波正常入射到双层磁等离子体的前后表面,这些表面由 P(正)和 N(负)标记以表示图中的传播方向;（b）根据（a）的数据计算的器件在 0.05 T 时不同温度下的隔离谱[8]

图 7.51

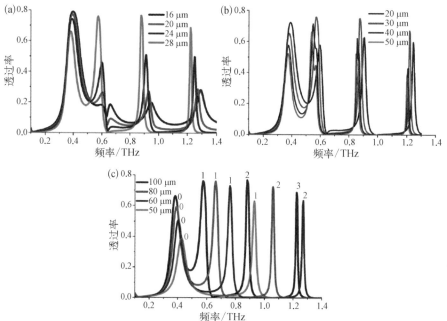

（a）固定 InSb 长度为 100 μm 和光栅周期为 30 μm,将光栅网格宽度从 16 μm 变化到 28 μm;（b）固定栅格间隙为 2 μm 和 InSb 长度为 100 μm,将光栅周期 a 从 20 μm 变为 50 μm;（c）固定光栅网格宽度为 28 μm 和光栅周期为 30 μm,将 InSb 长度 h 从 50 μm 变为 100 μm

图 7.52
具有不同几何形状的双层磁等离子体的透射光谱[8]

这种情况下 F - P 腔的 Q 值逐渐减小,所以 F - P 共振变弱,并且在这些频率点处的磁光旋转输出衰减。相反地,由于光栅网格宽度 d 的变化对 MSPR 的谐振强度和频率位置没有影响,所以 MSPR 峰值略高。其次,在图 7.52(b)中,光栅周期 a 从 20 μm 变为 50 μm,所有谐振峰以相同的频率移动到较低的频率。最后,如图7.52(c)所示,两个金属光栅之间的 InSb 长度 h 从 $100~\mu m$ 变为 $50~\mu m$,由于腔长度较短,F－P 谐振按照式(7.30)按比例地移动到较高的频率。InSb 长度对 MSPR 的影响很小,这是由 InSb－金属表面上的磁光材料的特性决定的,所以只有 MSPR 峰稍有移动。如果只有一个金属光栅,转换效率将低于双层金属光栅,并且因为没有高 Q 值的 F－P 腔,所以 F－P 共振峰不会出现,但是 MSPR 仍然存在。

本小节提出了一种双层磁等离子体结构来实现单向传输和线性偏振转换,并且在其透射光谱中发现了几个高 Q 值的透射峰。通过研究这些透射峰产生的原因,在这个器件中发现了两种磁光增强机制:InSb－金属表面上的 MSPR 和两个垂直金属光栅之间的 F－P 共振。此外,还研究了该器件对外磁场、温度和几何参数的依赖性和可调谐性。仿真结果表明,该装置实现了大于 70 dB 的单向传输,也可以作为完美正交线偏振转换器和磁光调制器,其振幅调制深度达到 80%。这种磁等离子体器件可以广泛应用于 THz 应用系统中的 THz 隔离器、调制器、偏振转换器和滤波器等。

参考文献

[1] Reid A H M,Kimel A V,Kirilyuk A,et al. Optical excitation of a forbidden magnetic resonance mode in a doped lutetium-iron-garnet film via the inverse Faraday effect. Physical Review Letters,2010,105(10):107402.

[2] Kumar N,Strikwerda A C,Fan K B,et al. THz near-field Faraday imaging in hybrid metamaterials. Optics Express,2012,20(10):11277-11287.

[3] Subkhangulov R R,Mikhaylovskiy R V,Zvezdin A K,et al. Terahertz modulation of the Faraday rotation by laser pulses via the optical Kerr effect. Nature Photonics,2016,10(2):111-114.

[4] Pozar D M. 微波工程. 张肇仪,周乐柱,吴德明,等译. 3 版. 北京:电子工业出版社,2006:380-396.

[5] Fan F,Chang S J,Niu C,et al. Magnetically tunable silicon-ferrite photonic crystals for terahertz circulator. Optics Communications,2012,285(18):3763-3769.

[6] Zhang K Q,Li D J. Electromagnetic theory for microwaves and optoelectronics.

Berlin: Springer, 2008: 535 - 560.

[7] Fan F, Chang S J, Gu W H, et al. Magnetically tunable terahertz isolator based on structured semiconductor magneto plasmonics. IEEE Photonics Technology Letters, 2012, 24(22): 2080 - 2083.

[8] Fan F, Xu S T, Wang X H, et al. Terahertz polarization converter and one-way transmission based on double-layer magneto-plasmonics of magnetized InSb. Optics Express, 2016, 24(23): 26431 - 26443.

[9] Chen S, Fan F, Chang S J, et al. Tunable optical and magneto-optical properties of ferrofluid in the terahertz regime. Optics Express, 2014, 22(6): 6313 - 6321.

[10] Bernasconi J. Conduction in anisotropic disordered systems: Effective-medium theory. Physical Review B, 1974,9(10): 4575 - 4579.

[11] Mori H. Transport, collective motion, and brownian motion. Progress of Theoretical Physics, 1965,33(3): 423 - 455.

[12] Fan F, Chen S, Lin W, et al. Magnetically tunable terahertz magnetoplasmons in ferrofluid-filled photonic crystals. Applied Physics Letters, 2013, 103 (16): 161115.

[13] Fan F, Chen S, Wang X H, et al. Terahertz refractive index sensing based on photonic column array. IEEE Photonics Technology Letters, 2015, 27 (5): 478 - 481.

[14] Fan F, Chen S, Wang X H, et al. Tunable nonreciprocal terahertz transmission and enhancement based on metal/magneto-optic plasmonic lens. Optics Express, 2013, 21(7): 8614 - 8621.

[15] Chen S, Fan F, Wang X, et al. Terahertz isolator based on nonreciprocal magneto-metasurface. Optics Express, 2015, 23(2): 1015 - 1024.

[16] Chen S, Fan F, He X J, et al. Multifunctional magneto-metasurface for terahertz one-way transmission and magnetic field sensing. Applied Optics, 2015, 54(31): 9177 - 9182.

[17] Shuvaev A M, Astakhov G V, Pimenov A, et al. Giant magneto-optical Faraday effect in HgTe thin films in the terahertz spectral range. Physical Review Letters, 2011, 106(10): 107404.

[18] Fallahi A, Perruisseau-Carrier J. Manipulation of giant Faraday rotation in graphene metasurfaces. Applied Physics Letters, 2012, 101(23): 231605.

[19] Tamagnone M, Moldovan C, Poumirol J M, et al. Near optimal graphene terahertz non-reciprocal isolator. Nature Communications, 2016, 7: 11216.

太赫兹
液晶可调控器件

得益于液晶材料高双折射、宽工作带宽以及便于外场调控等优点,液晶器件在可见光和微波波段获得了广泛的应用,相关技术也日臻成熟。近年来,研究人员将液晶材料应用到 THz 波段,希望能借助液晶材料的上述优点实现对 THz 波的主动调控功能。本章主要介绍太赫兹波段液晶的光学各向异性和可调谐特性,以及基于人工微结构与液晶相结合的太赫兹可调控功能器件。

8.1 太赫兹波段液晶简介

液晶(Liquid Crystal,LC)早在 1888 年由奥地利植物学家 Reintizer 在一个植物胆固醇的实验中首先发现,他把胆甾醇苯酸酯加热到 145.5℃(熔点)时会熔融成浑浊的液体,继续加热到 178.5℃(清亮点)会变成清亮的液体。后经德国物理学家雷曼系统的研究,发现这种浑浊液体的机械性能与各向同性液体相似,但是它们的光学性质与晶体相似,是各向异性的,这种处于中介相的物质就被称为液晶。此后经历了半个多世纪的探索性研究,直到 20 世纪 50 年代末期液晶理论才初步建立。

8.1.1 液晶的分类与性质

根据液晶相的成分和出现的物理条件,液晶可以分为热致液晶和溶致液晶。溶致液晶是由多种组分混合而成的,通过改变溶液的浓度而破坏结晶晶格,从而出现液晶相,溶致液晶主要是溶质和溶剂之间的相互作用而引起的长程有序,常见的洗衣粉溶液和肥皂水都是溶致液晶。热致液晶是由单成分的纯化合物或均匀混合物构成的,通过改变温度而破坏结晶晶格,从而出现液晶相,实验中常用的液晶有 5CB、E7 等。

根据液晶分子的排列状态不同,热致液晶又可分为近晶相液晶、向列相液晶和胆甾相液晶。近晶相液晶是由棒状或条状分子互相平行排列形成的层状结构,层内分子的长轴相互平行,其方向可垂直于层面或与层面成倾斜排列,其分子排列整齐,规整性接近晶体,如图 8.1(a)所示。液晶材料中最常见的是向列相液晶,该液晶的棒状分子与长轴基本平行,具有长程取向有序性,但其重心排列却是无序的,在受到外力的影响下,排列方向易发生改变,如图 8.1(b)所示。胆甾相液晶分子分层排列,层与层之间相互平行,分子长轴在层内排列是互相平行的,在相邻层间是成螺旋状改变的,其螺距的长度与温度有关[1],如图 8.1(c)所示。

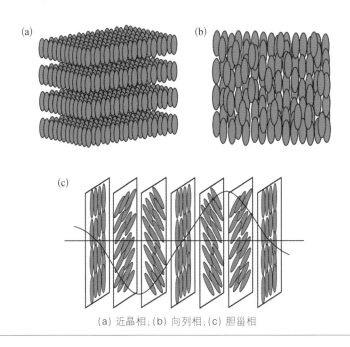

(a) 近晶相;(b) 向列相;(c) 胆甾相

图 8.1
热致液晶的分类

　　向列相液晶分子成棒状结构,且取向有序,从光学性质上可以看成单轴晶体,在平行和垂直于光轴方向上存在两个不同的介电常数 $\varepsilon_{\parallel}$ 和 $\varepsilon_{\perp}$,介电各向异性表示为 $\Delta\varepsilon=\varepsilon_{\parallel}-\varepsilon_{\perp}$。通过实验发现不同类型的液晶分子,其分子的长轴方向偏向平行或垂直于分子电偶极矩(电场的方向),在外电场的作用下,正性液晶分子的长轴方向平行于分子电偶极矩(即 $\Delta\varepsilon>0$),负性液晶分子的长轴方向垂直于分子电偶极矩(即 $\Delta\varepsilon<0$)。液晶的折射率也是各向异性的,当入射光的电场方向垂直于液晶指向矢时(即垂直于单轴晶体的光轴方向,o 光),其体现为寻常光折射率 n_{o},而当入射光的电场方向沿着液晶的指向矢时(e 光),液晶材料体现为异常光折射率 n_{e},双折射系数表示为 $\Delta n=n_{e}-n_{o}$。除此之外,液晶的电阻率、电导率和黏滞系数也都表现为各向异性。由此可见,对于不同偏振态的入射光,液晶材料表现出不同的光学特性。

正是由于这种各向异性的特性,液晶在材料、物理和化学等基础科学中均扮演着十分重要的角色。液晶材料具有明显的优点,如功耗小、驱动电压低、可靠性高、显示信息量大、彩色显示、无闪烁、对人体无害、成本低廉、便于携带等,在显示领域有着不可忽视的重要地位,液晶显示已经入选很多国家的战略新兴产业。另外,在非显示领域,液晶光电子器件主要用于光通信领域的可调谐无源器件,实现对光信号的控制和分配,即通过外加电场或磁场等外力来改变液晶分子的转向,进而对电磁波的强度、相位、偏振等进行有效调控,如光开关、滤波器、光衰减器、偏振控制器、空间光调制器等已被广泛应用于可见光波段和微波波段。由于液晶具有良好的电光调制特性,因此对于液晶光子学器件的研究和开发也从可见光、近红外波段逐渐向长波方向如中远红外、THz 波段乃至微波波段延伸。

8.1.2 THz 波段液晶材料的研究现状

常见向列相液晶在 THz 波段的光学性质(主要是光学各向异性和吸收损耗)已经得到广泛研究。例如,2003 年,Pan 等率先对液晶 5CB 在 THz 波段的各向异性进行了研究,发现在 0.3~1.4 THz 内的双折射系数 Δn 为 0.13~0.21[2]。2009 年,Wilk 等分别研究了液晶(5CB、6CB、7CB 和 8CB)在 THz 波段的光学性质,除了折射率和吸收系数,还给出了在不同电场和温度条件下的双折射值[3]。2010 年,Yang 等研究了 E7 混合液晶的光学常数,在 0.2~2.0 THz,n_e 为 1.690~1.704,n_o 为 1.557~1.581,当温度为 26~70℃时,其消光系数小于0.035,且没有尖锐的吸收峰[4]。随后,一些具有更高双折射系数的新型向列相液晶混合物被报道,如 2012 年,南京大学 Wang 等合成了 Δn 为 0.306 的 THz 高双折射液晶 NJU－LDn－4[5];2013 年,Reuter 等报道了 Δn 为 0.32~0.38 的 THz 液晶[6]。综上所述,液晶在 THz 波段具有较高的双折射系数和低的吸收系数。

液晶最具吸引力的性质是它的 THz 光学性质可以通过改变外电场、磁场或者温度进行调控,制备成能实现特定功能的 THz 可调谐器件,特别是可调谐相位延迟器($\pi/2$ rad 相移对应 1/4 波片;π 对应半波片),它也是实现偏振转换器和空间光调制器的基础。然而,在双折射系数一定的条件下,工作波长越长,产生相同的相位延迟就需要越厚的双折射材料,这就导致现有液晶 THz 相移器的厚度往往都在百微米以上的量级。例如，Hsieh 等报道了利用 125 V 横向偏置电压驱动 570 μm 厚的 E7 液晶盒获得可调谐 1/4 THz 波片，但是器件的响应时间长达 2 min[7]。Lin 等用金属栅施加纵向电场驱动 256 μm 厚液晶盒，在 130 V 下和 1.88 THz 处获得 66°相移[8]。而 Wu 等采用 50 μm 厚液晶盒、石墨烯透明电极施加纵向电场，驱动电压仅需 5 V，但由于液晶层厚度不足，1 THz 处相移仅有 10°[9]。可见，THz 可调相移器需要足够大的液晶厚度，而厚液晶层将导致驱动外场高、响应时间长、调谐范围窄、插入损耗大、器件稳定性差等一系列技术问题。

最近几年，研究人员尝试通过一些新技术来改善 THz 液晶器件的性能，例如采用新型 THz 透明纳米导电薄膜电极可以减小正负电极间的距离从而降低驱动电压，同时增强表面锚定作用，一定程度上提高调谐范围。台湾成功大学 Yang 等采用 ITO"纳米须"作为 E7 液晶盒的电极，在 17 V 电压下可使 500 μm 厚液晶盒在 1 THz 附近实现 $\pi/2$ 相移的调谐范围[10]。南京大学陆延青教授课题组采用多孔石墨烯和金属亚波长光栅作为 THz 透明电极并辅以表面锚定层，制备了 THz 液晶可调谐相移器，在 50 V 电压下 2.1 THz 处可实现 π 相移的调谐范围[11]，如图 8.2 所示。

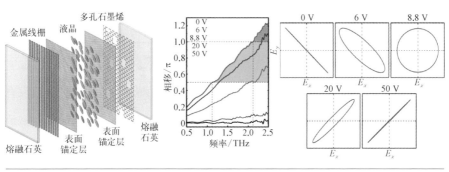

图 8.2
基于多孔石墨烯电极的 THz 液晶相移器结构示意图、在不同电压下相移谱线和在 2.2 THz 频率下的输出偏振态[11]

将超材料、超表面等人工电磁微结构与液晶结合，可以实现主动可调器件，并有望提升器件的调谐范围、缩短器件响应时间。近年来，基于液晶的 THz 可调吸收器、开关、可调谐滤波器被广泛报道。Isić 等提出了一种基于向列相液晶的可调控 THz 超材料吸收器，实现了谐振频率为 15％的红移，最大振幅调制深度达 23 dB，响应时间为 50 ms[12]。Padilla 等研制了基于液晶可调吸收单元的 THz 振幅型空间光调制器，15 V 电压下调制深度达到 75％，但其吸收频率峰只发生了 5% 的频移[13]，如图 8.3 所示。Chen 等利用 50 μm 厚的液晶层制备了连续可调的 THz 开关，响应时间为 1.004 ms[14]。这类 THz 液晶可调谐器件主要通过改变液晶折射率（而非相移或偏振变化）引起人工微结构谐振峰的频移，来实现可调谐滤波、开关等功能。但把液晶可调双折射作为 THz 偏振转换机制引入 THz 微结构功能器件设计中的报道在近期才开始出现。例如，2019 年，南京大学报道了可开关的 THz 超表面 Fano 谐振器，器件中液晶层起到可调波片的作用，在 0.66 THz 范围内实现了 50% 的调制深度[15]。

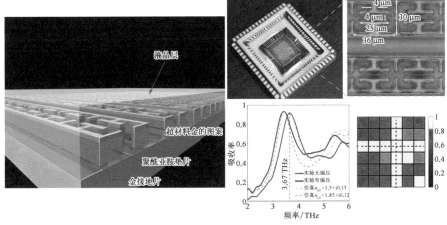

图 8.3
基于液晶可调吸收单元的 THz 空间光调制器结构图、照片和吸收谱线[13]

8.2　随机分布液晶层在 THz 波段的光学特性

通过改变驱动方式，利用低磁场驱动液晶器件能够很好地克服上述缺点。因此，磁场驱动的液晶 THz 器件吸引了科学家广泛的研究兴趣。对于波长在百微米量级的 THz 波来说，为了实现高效的相位调制，液晶层的厚度需要达到几个毫米。但是在毫米厚的液晶层中，传统的预取向技术很难使得液晶分子形成均匀一致的定向排列，此时液晶分子指向矢整体呈现随机分布状态。本节介绍毫米量级随机排列液晶层的磁光特性。制备了一组无预先取向处理的 3 mm 厚液晶盒，通过 THz - TDS 系统研究了弱磁场对随机分布的毫米厚度液晶层光学特性的影响。

8.2.1 实验材料与测试系统

本小节主要研究 5CB、E7 和 BNHR 三种热致液晶在 THz 波段的光学性质。5CB(4 -正戊基- 4′-氰基联苯) 是液晶显示领域中最常用的液晶单体之一。E7 和 BNHR 属于高双折射液晶混合物,其中 E7 的组成比例为 5CB(51%)、7CB(25%)、8OCB(16%)和 5CT(8%),对应的化学表达式如图 8.4(a)～图 8.4(d)所示,常用于可见光波段的聚合物分散液晶器件和液晶显示领域。

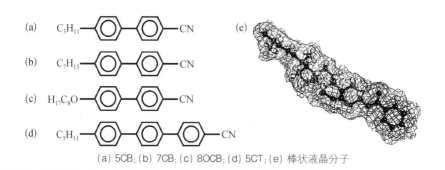

(a) 5CB;(b) 7CB;(c) 8OCB;(d) 5CT;(e) 棒状液晶分子

图 8.4
液晶分子表达式和示意图

上述三种材料的液晶分子都为长棒状结构,如图 8.4(e)所示,室温时为乳白色悬浊液,介电各向异性为正($n_\mathrm{o}<n_\mathrm{e}$),它们的化学稳定性高,在可见光波段的双折射系数分别为 $\Delta n_\mathrm{5CB}=0.16$、$\Delta n_\mathrm{E7}=0.21$ 和 $\Delta n_\mathrm{BNHR}=0.25$,其中 BNHR 液晶的黏滞系数最高,其他具体物理参数如表 8.1 所示。

LC	n_o	n_e	Δn	$\gamma/(\mathrm{mm}^2 \cdot \mathrm{s}^{-1})$
5CB	1.54	1.70	0.16	23
E7	1.53	1.74	0.21	40
BNHR	1.53	1.78	0.25	57

表 8.1
液晶材料在可见光波段的物理参数

注:n_o 和 n_e 分别代表液晶的寻常光折射率和非寻常光折射率;所有参数均在室温和波长为 589.3 nm 的条件下测得。

实验装置如图 8.5(a)所示。为了实现液晶分子的随机排列,使用厚度为 1.25 mm 的熔融石英片为上下基板,在不进行预取向处理的情况下粘合为厚度为 3 mm 的液晶盒,如图 8.5(b)所示。测量时,液晶盒被放置在 THz - TDS 系统的焦点位置,并利用图 8.5(a)中的一对电磁铁提供可调节的静磁场,调节范围为 0～60 mT。外磁场方向为 Voigt 配置,即方向正交于 THz 波的传播方向及偏振方向。

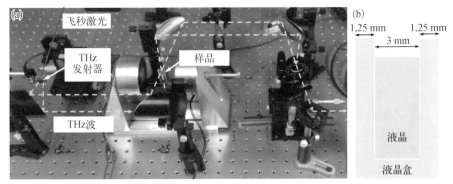

图 8.5 　　(a) 嵌入可调静磁场的太赫兹时域光谱系统装置图；(b) 3 mm 液晶盒示意图[16]

8.2.2　实验结果与分析

当不施加外磁场时，液晶盒中随机排列的液晶分子等价于各向同性介质。首先，我们测量未添加液晶时空盒的时域信号，并将其作为参考信号，再依次测量填充三种不同液晶材料后的时域信号，结果如图 8.6(a) 所示。对于各时域信号而言，样品信号相对参考信号的延迟时间正比于样品的折射率，对应的振幅衰减正比于液晶对 THz 波的吸收。通过对时域信号做傅里叶变换，可以得到三种液晶材料的折射率和吸收系数，如图 8.6(b) 和图 8.6(c) 所示。

在没有磁场的情况下，5CB、E7 和 BNHR 在 0.2 THz 处的折射率分别为1.633、1.675 和 1.694，且在 0.2～1 THz，各液晶具有较小的色散。由图 8.6(c) 可知，这三种材料在 0.2 THz 的吸收系数分别为 1.1 cm^{-1}、0.6 cm^{-1} 和 1.3 cm^{-1}，且随着频率的增加逐渐变大。通过对比发现，相比于传统液晶 5CB 和 E7，BNHR液晶具有更大的折射率。

8.2.3　液晶在 THz 波段的磁致双折射

本小节研究外磁场对随机分布液晶层光学特性的影响。实验测试原理如图8.7(a) 所示，沿 x 轴的线偏振 THz 波垂直入射到液晶盒，外加磁场的方向分别垂直于 THz 的传播方向和偏振方向。当外磁场为 0 时，液晶分子处于随机分布状态，整体呈现各向同性，所以在各个方向上的折射率相等 $[n_x(0) = n_y(0) =$

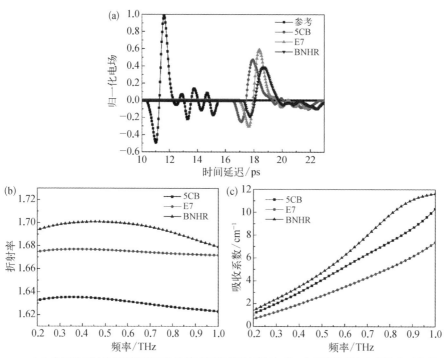

(a) 未加磁场时参考信号及 5CB、E7 和 BNHR 的时域信号；(b,c) 三种液晶各向同性态时的折射率和吸收系数[16]

图 8.6

n_{iso}]。当外磁场不为 0 时,液晶分子沿着磁场方向转动,此时的液晶层可以视为具有光学各向异性的单轴晶体。随着磁场逐渐增强,液晶分子也逐渐向着外磁场方向排列。当施加足够高的磁场时,液晶分子将平行于磁场方向排列,即液晶分子指向矢与 y 轴平行。当磁场强度为 30 mT 时,液晶分子已经平行于磁场方向排列,此时测量得到的折射率 n_x(30 mT)是寻常光折射率。图 8.7(b)显示了5CB 样品的折射率随着磁场的增大而减小,在 1 THz 时 5CB 的寻常光折射率为1.565。在图 8.7(c)所示的 E7 样品谱线中,我们也可以发现折射率逐渐减小的过程,得到 1 THz 时 E7 的寻常光折射率为 1.585。然而,有趣的是如图 8.7(d)所示,当施加磁场强度为 5 mT 时,BNHR 样品的折射率出现了一个剧烈的跳变,1 THz 处的折射率从 1.680 降到 1.596。之后,随着磁场增大至 30 mT,折射率仅降低至 1.581。上述过程表明,处于随机分布状态的 BNHR 液晶分子在相同弱磁场条件下指向矢变化明显。同时,连续平滑的折射率谱线也表明了随机排列

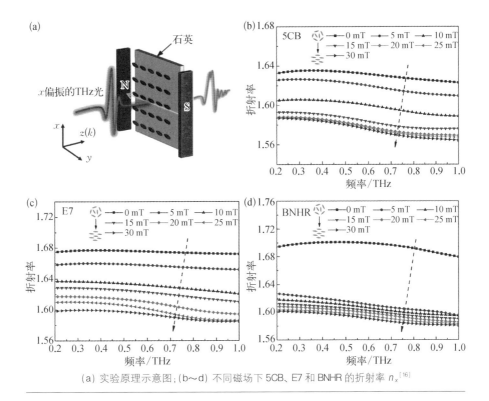

图 8.7　（a）实验原理示意图；（b～d）不同磁场下 5CB、E7 和 BNHR 的折射率 n_x[16]

液晶层的小畴和缺陷对其在 THz 波段的光学特性几乎没有影响。

对于随机排列的液晶分子,其各向同性态折射率 n_{iso} 可以表示为

$$n_{iso}^2 = \frac{2n_x(B)^2 + n_y(B)^2}{3} = \frac{2n_o^2 + n_e^2}{3} \tag{8.1}$$

式中,$n_x(B)$ 表示 x 方向测量的折射率;$n_y(B)$ 表示 y 方向测量的折射率;n_o 表示寻常光折射率,对应着测量的折射率 $n_x(30\ mT)$;n_{iso} 对应着测量得到的折射率 $n_x(0)$;n_e 为非寻常光折射率。当 $B = 30\ mT$ 时,液晶分子呈现同向排列,可由式(8.1)推导出非寻常光折射率 n_e 的近似表达式:

$$n_e = \sqrt{3n_{iso}^2 - 2n_o^2} \tag{8.2}$$

联立式(8.1)和式(8.2),可以得到上述三种液晶在 0.2～1 THz 频段的光学参数,如表 8.2 所示。5CB、E7 和 BNHR 样品的最高双折射系数分别为 0.168、0.249 和 0.311。因此,相同条件下,填充 BNHR 的液晶盒能够增强其相位调控能力。

表 8.2
THz 频段液晶
的光学各向异
性参数

类　　型		5CB	E7	BNHR
THz 各向异性 (0.2～1 THz,20℃)	n_o	1.565～1.587	1.585～1.60	1.581～1.602
	n_{iso}	1.623～1.635	1.672～1.677	1.679～1.701
	n_e	1.727～1.733	1.821～1.834	1.860～1.883
	Δn	0.14～0.168	0.221～0.249	0.279～0.311

8.2.4　可调控 THz 相位延迟器

为了研究上述液晶层的相移特性,定义其等效双折射系数表达式为 $\Delta n_{eff} = n_e(B) - n_o(B) = n_y(B) - n_x(B)$。 施加外加磁场后,液晶层的相移 $\Delta\delta(B)$ 表达式为

$$\Delta\delta(B) = \frac{2\pi f}{c}\Delta n_{eff}d = \frac{2\pi f}{c}\left[n_y(B) - n_x(B)\right]d \tag{8.3}$$

当没有外磁场时,液晶层处于光学各向同性,不会产生相位延迟,此时液晶层不能视为相位延迟器。然而,当施加外磁场时,由式(8.3)可得,相位延迟将正比于 THz 波段频率、液晶的等效双折射系数 Δn_{eff} 和液晶盒的厚度 d。

根据式(8.3),我们可以得到图 8.8(a)所示的三种液晶材料在 30 mT 时的相移与频率的关系图。由图可知,5CB、E7 和 BNHR 三种样品分别在 0.34 THz、0.23 THz 和 0.2 THz 处能够实现 π 的相位延迟,甚至分别在 0.61 THz、0.45 THz 和 0.35 THz 实现 2π 以上的相位延迟。因此,3 mm 厚的 BNHR 样品盒可以在整个测试频段(0.2～1 THz)起到半波片的作用。通过研究 5CB 和 E7 的相移与磁场强度间的关系,得到图 8.8(b)和图 8.8(c)所示的曲线。正如预期的那样,相移能够随着磁场强度的增加而连续升高。所以,THz 波入射 5CB 样品或 E7 样品时,利用磁场调控的方式可以分别在 0.61 THz 或 0.45 THz 以上的频段得到任意偏振态的透射光束。

有趣的是,BNHR 样品的相移变化规律与其他两种材料明显不同,如图 8.8(d)所示。当磁场由 0 增加到 5 mT 的过程中,相移曲线出现了一个明显的跳变,在 5 mT 时的相移比同条件下其他两种材料的相移变化大很多,并且在磁场从 5 mT 增至 30 mT 的过程中,相移仅出现缓慢的增长。上述过程意味着,当磁

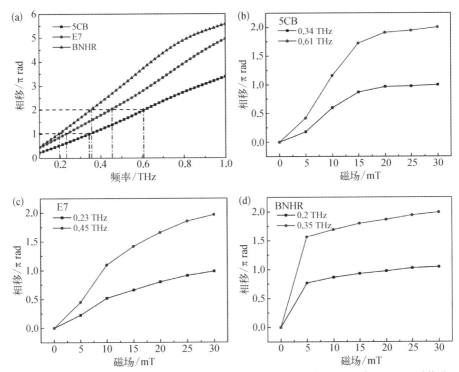

(a) 三种液晶材料在 30 mT 时的相移与频率的关系;(b) 5CB 在 0.34 THz 和 0.61 THz 时的磁场强度与相移的关系曲线;(c) E7 在 0.23 THz 和 0.45 THz 时的磁场强度和相移的关系曲线;(d) BNHR 在 0.2 THz 和0.35 THz 时的磁场强度和相移的关系曲线[16]

图 8.8

场强度仅为 5 mT 时,大部分液晶分子能近似均匀地一致排列。当施加低于 5 mT的弱磁场时,BNHR 液晶层发生了从各向同性介质到单轴晶体的转变。此外,通过图 8.8(d)发现,当 BNHR 样品的驱动磁场为 5 mT 时,该样品在 0.35 THz就能够实现一个 1.5π rad 的相位延迟。这些结果表明毫米厚随机排列的液晶层在低磁场时也能够实现对相位进行有效宽谱调控,并且对于相同层厚的情况,BNHR 液晶材料能够实现更大的相位调控,同时所需的驱动磁场却更低。

8.2.5 液晶 BNHR 的动态响应

本小节对 BNHR 液晶层相位突变的动态过程进行研究。图 8.9(a)和图 8.9(b)为 BNHR 样品盒的驱动磁场分别为 5 mT 和 15 mT 时,在 0.35 THz 频率处相移和吸收系数与时间关系的曲线图,黑色点画线对应着相移的变化情况,蓝色点画线对应着吸收系数的变化情况。如图 8.9(a)所示,当初始磁场为 5 mT 时,液晶层的相移在起初的 4 min 内缓慢变化,在随后的 4~6 min 内出现了大幅变化,从 0.06π rad 增至 1.2π rad,在之后的时间里相移逐渐达到饱和值 1.5π rad。这意味着驱动磁场为 5 mT 时,BNHR 液晶需要 10 min 才能达到稳定状态。这个较长的弛豫过程取决于三个因素,分别为 BNHR 液晶的高黏滞系数 γ、低驱动磁场 B 和液晶层的厚度 d。在相移突变的过程中,对应的吸收系数也出现了一个极大值,从 2.9 cm^{-1} 增至 6.5 cm^{-1}。这种吸收峰源于随机分布的液晶分子发生剧烈的排列变化。当液晶层达到稳定态时,分子排列趋于稳定,对应的吸收系数也逐渐回归到低值。

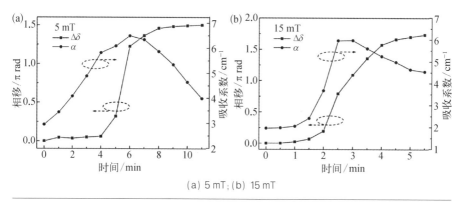

(a) 5 mT;(b) 15 mT

图 8.9
在不同磁场强度下,BNHR 液晶相移与吸收系数随时间的变化曲线[16]

当初始的磁场强度为 15 mT 时,相移和吸收系数随时间的变化规律与低磁场时现象类似,如图 8.9(b)所示。当驱动磁场增强时,弛豫时间明显缩短。同时由于高驱动磁场,稳定态的相位延迟达到 1.73π rad,与图 8.8(d)曲线中对应的相移相符。所以与传统液晶材料 5CB 和 E7 相比,BNHR 样品具有调制深度大、驱动磁场低和工作频带宽的优点。基于这种液晶材料的 THz 器件能够实现可调滤波器、相位延迟器、可控分束器、可控吸收体等,在对调制速率要求不高的领域广泛应用。

在本小节中,制备了一组 3 mm 厚的随机排列液晶盒,并利用 THz - TDS 系统测量了三种不同的液晶(5CB、E7、BNHR)在 THz 波段的磁响应特性。实验结果表明,在 0.2~1 THz 频段,毫米厚随机排列液晶层在低驱动磁场作用下表现出明显的双折射效应。通过对比实验发现,相比于传统 5CB 和 E7 液晶,

BNHR 样品具有较大的相位调制深度,所需的驱动磁场也较低。此外,还研究了 BNHR 在弱磁场下的动态响应过程,结果表明,当施加初始磁场时,BNHR 的折射率和吸收系数随着时间发生规律性变化直至稳定状态,且可以通过增强磁场大幅缩短弛豫时间。这类无预取向的随机排列液晶为制备可调控 THz 相位控制器提供了一种有效的方案,除了具有工艺简单和成本低廉的优点外,还具备驱动磁场低、相位调制深度大和宽工作带宽的特点。

8.3 基于双频液晶的电控太赫兹波片

双频液晶的折射率可以由外加交变电场的频率进行主动调节,本节对双频液晶在太赫波段的光学性质进行了研究,并且关于外加交变电场频率对液晶光学各向异性的调控机制进行了讨论。

8.3.1 样品的制作和测试方法

本小节对 DP002‐016、DP002‐026、DP002‐122 这三种不同型号的双频液晶在太赫兹波段的光学性质进行了测试,表 8.3 是三种液晶的基本参数。$T_{N\text{-}1}$ 是液晶从液晶态转变为各向同性态时的相变温度,γ 是液晶黏滞系数,t 是对偏压频率的响应时间。室温下测试这三种液晶不会导致液晶相变,而且这三种液晶对偏压频率的响应速度也是比较快的。

表 8.3 双频液晶的物理参数

DFLC	$T_{N\text{-}1}/℃$	$\gamma/mm^2 \cdot s^{-1}(25℃)$	t/ms
DP002‐016	104	48	2.56
DP002‐026	116	51	20.49
DP002‐122	94.9	26.1	5.32

为了研究液晶的光学性质,我们设计制作了图 8.10(a)所示的液晶盒,它由两片厚度为 $500\ \mu m$ 的石英片构成,石英片之间夹着五根直径为 $600\ \mu m$ 的铜丝,确定中间液晶层的厚度为 $600\ \mu m$,铜丝用来当作电极。为保证施加的电场强度均匀且不影响太赫兹波的传输,电极间距固定为 $3\ mm$,如图 8.10(b)所示。向电

极之间填充液晶,然后用紫外光胶固定密封。为了研究双频液晶光学性质随偏压频率和强度的变化规律,施加频率在 $1\sim100\,\text{kHz}$、电压在 $0\sim90\,\text{V}$ 变化的方波信号。

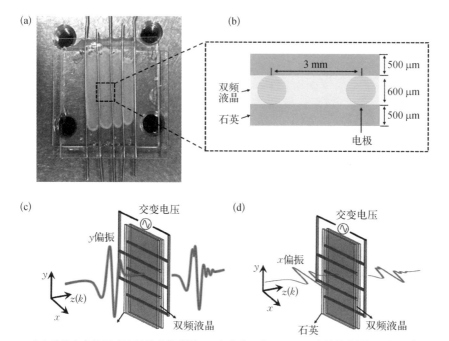

（a）液晶盒实物图；(b) 液晶盒横截面及几何参数示意图；(c,d) 太赫兹波偏振方向与外加电场方向平行和垂直的配置示意图[17]

图 8.10

我们利用 THz-TDS 系统对 x 偏振和 y 偏振分别进行测试,图 8.10(c)、图 8.10(d)给出了外加电场方向和太赫兹波偏振方向的关系。对时域信号进行傅里叶变换可以得到相应的振幅透过率和相位分布信息,然后利用式（8.4）、式(8.5)计算出折射率 $n(\omega)$,消光系数 $\kappa(\omega)$ 和吸收系数 $\alpha(\omega)$:

$$n(\omega)=1+\frac{c\Delta\delta(\omega)}{\omega d} \tag{8.4}$$

$$\kappa(\omega)=\frac{-\ln\left(t(\omega)\dfrac{[n(\omega)+1]^2}{4n(\omega)}\right)c}{\omega d}\,,\ \alpha(\omega)=\frac{2\omega\kappa(\omega)}{c} \tag{8.5}$$

式中,c 是真空光速;ω 是入射 THz 波的角频率;d 是液晶层的厚度;$\Delta\delta(\omega)=$

$\Delta\delta_s - \Delta\delta_r$是测试样品与参考信号之间的相位差;$t(\omega) = T_s/T_r$是测试样品的振幅透过率。

8.3.2 无外加电场时双频液晶的太赫兹光学性质

首先对不加偏压时的双频液晶在太赫兹波段的光学性质进行研究,利用THz-TDS系统测量得到了如图8.11(a)所示的空气(Air)、空液晶盒(Blank Cell)和分别填充了三种双频液晶的样品(LC 016、LC 026、LC 122)的时域信号。以空气信号为参考得到空液晶盒和三种液晶样品盒的透过率谱[图8.11(b)],空液晶盒的透过率为80%,损耗为20%。器件的插入损耗包含两个部分,一部分是材料本身对太赫兹波的吸收,另一部分是界面反射损耗。考虑到空气-石英界面的菲涅尔反射,空液晶盒的石英-空气-石英结构带来的反射损耗恰好为20%,这说明间隔为3 mm的金属电极对太赫兹波传输的影响很小,可以忽略不计。与空液晶盒相比,由于液晶材料对太赫兹波的吸收,三种液晶样品盒的插入损耗要更大,而且频率越高损耗越大。例如在0.66 THz处,LC 016液晶样品的插入损

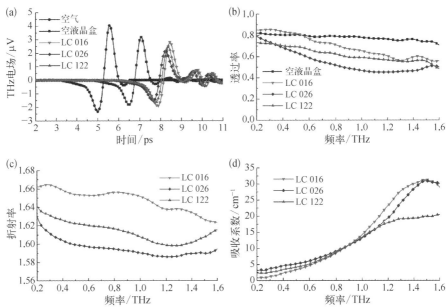

(a) 空气、空液晶盒、无外加电场时三种液晶样品盒的时域信号;(b) 空液晶盒和无外加电场时三种液晶样品盒的透过率曲线;(c,d) 无外加电场时三种液晶的折射率和吸收系数[17]

图 8.11

耗为 26%,比空液晶盒的插入损耗大 6%,但是在 0.2~0.55 THz,它的透过率与空液晶盒相比还要略高一些,这是因为液晶-石英界面的菲涅耳反射损耗小。

然后利用式(8.4)、式(8.5),以空液晶盒为参考,得到三种液晶在不加偏压时的折射率和吸收系数[图 8.11(c)和图 8.11(d)]。在未施加偏置电压时,液晶分子是随机排布的,分子取向杂乱无章,此时可以把 600 μm 厚的液晶层视为各向同性。对比三种型号的液晶样品,在测试频率范围(0.2~1.6 THz)内,LC 016液晶的折射率最大并且表现为负色散。三种液晶的吸收系数曲线在低于 1 THz时比较接近并且都小于 20 cm^{-1},所以双频液晶本身带来的吸收损耗在太赫兹波段是可以接受的。接下来主要以 LC 016 液晶为对象进行讨论。

8.3.3 外加电场下双频液晶光学各向异性

通常情况下,向列液晶的分子会趋于沿电场方向取向排列,使液晶表现出各向异性。实验中所使用的双频液晶与传统向列液晶的不同之处在于,它的分子排列不止与电场的强度有关,也会受到交变电场频率(定义为 f_M)的影响。分别测量了入射 THz 波为 x 偏振和 y 偏振时液晶的折射率 n_x 和 n_y,配置如图 8.12(a)~图 8.12(b)中插图所示。

给液晶样品施加强度为 30 kV/m 的交变电场,频率从 1 kHz 增加到100 kHz。图 8.12(a)、图 8.12(b)分别对应两个偏振方向下,电场频率为 1 kHz、50 kHz 和 100 kHz 时的时域信号。对于 x 偏振,时域信号主峰随着交变电场频率增加而滞后,对 y 偏振则正好相反。根据式(8.4)以空液晶盒为参考计算得到的液晶折射率随交变电场频率有相同的变化趋势[图 8.12(c)、图 8.12(d)]。图8.12(e)、图 8.12(f)是根据式(8.5)计算得到的液晶的消光系数 κ_x 和 κ_y 随外加电场频率的变化曲线,从图中可以看到,随着外加电场频率的增加,κ_x 减小而 κ_y 增加,但两者变化很小。以 1 THz 处为例,当外加电场频率从 1 kHz 增加到100 kHz时,κ_x 从 0.088 减小到 0.057,κ_y 从 0.020 增加到 0.057。κ_x 和 κ_y 都小于0.10,说明在改变外加电场频率时,双频液晶对太赫兹的吸收损耗都很小。

由于双频液晶的折射率存在一定的色散,所以为了简化讨论定义式(8.6)为群折射率,用时域信号的延迟来讨论液晶折射率的变化,并在图 8.13(a)中画出

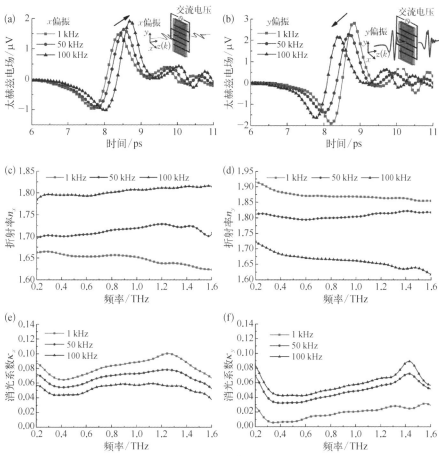

图 8.12　(a,b) x 偏振和 y 偏振太赫兹波经过不同频率外加电场作用、LC 016 液晶盒后的时域信号；(c,d) 对应的折射率 n_x、n_y；(e,f) 对应的消光系数 κ_x、κ_y[17]

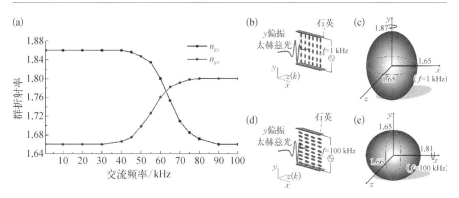

图 8.13　(a)群折射率随外加电场频率变化的曲线，黑色线对应 y 偏振下的折射率 n_{gy}，红色线对应 x 偏振下的折射率 n_{gx}；(b,c) 外加电场频率为 1 kHz 时的液晶分子排列取向和液晶折射率椭球示意图；(d,e) 外加电场频率为 100 kHz 时的液晶分子排列取向和液晶折射率椭球示意图[17]

n_{gx} 和 n_{gy} 随交变电场频率变化的曲线。T_s 和 T_r 分别代表液晶样品盒和空液晶盒(参考)时域信号的主峰对应的时间。

$$n_g = \frac{(T_s - T_r) \cdot c}{d} + 1 \tag{8.6}$$

n_{gx} 从电场频率为 30 kHz 时开始增加到 80 kHz 处达到最大值,变化范围 $n_{gx}(100\,\text{kHz}) - n_{gx}(1\,\text{kHz}) = 1.80 - 1.66 = 0.14$。$n_{gy}$ 从 40 kHz 处开始减小到 90 kHz 处达到最小值,变化范围 $n_{gy}(100\,\text{kHz}) - n_{gy}(1\,\text{kHz}) = 1.66 - 1.86 = -0.2$。随着交变电场频率增加,$n_{gx}$ 和 n_{gy} 的变化趋势正好相反,因此双频液晶在太赫兹波段的光学各向异性也与交变电场频率 f_M 有关,可以通过改变 f_M 调控双频液晶的双折射系数 $\Delta n_g = n_{gy} - n_{gx}$,在交变电场频率为 1 kHz 时双折射系数最大为 0.2,在 100 kHz 时最小为 -0.14,当频率为 63 kHz 时,n_{gx} 与 n_{gy} 相等。

由于液晶分子在电场作用下趋向于沿着同一方向排列,这时就会表现出光学各向异性,液晶分子长轴方向即是单轴晶体的光轴方向,并且长轴方向的折射率比短轴平面的折射率大,表现出正单轴晶体 ($n_e > n_o$) 的性质。因此双频液晶的折射率椭球是一个以分子长轴方向为对称轴的旋转椭球。在交变电场频率为 1 kHz 时,如图 8.13(c)所示,与传统向列液晶类似,双频液晶的折射率椭球的长轴沿着电场方向,此时 $n_y > n_x$,$\Delta n > 0$。当交变电场频率为 100 kHz 时,如图 8.13(e)所示,折射率椭球的长轴平行于 x 轴,此时 $n_x > n_y$,$\Delta n < 0$。所以通过改变交变电场频率可以改变液晶的折射率椭球,进而调控双频液晶的各向异性,利用这种特性可以在太赫兹波段实现电控波片和相移器。

图 8.14(a)、图 8.14(b)中的曲线是实验得到的 600 μm 厚的双频液晶在交变电场强度为 30 kV/m、频率为 1 kHz 和 100 kHz 时的双折射和相位差 $\Delta\delta(\omega)$ 曲线。$f_M = 100$ kHz 时在 1.01 THz 处相位差达到 0.5π rad,$f_M = 1$ kHz 时在 0.68 THz 处相位差为 -0.5π rad,这样就可以在大于 0.68 THz 时实现四分之一波片的功能,工作频率可以通过改变交变电场频率 f_M 进行调控,在大于 1.01 THz 时可以通过改变 f_M 来选择由线偏光转化为圆偏光的旋转方向。$f_M = 100$ kHz 时在 1.57 THz 处可以得到 π rad 的相位差,$f_M = 1$ kHz 时在 1.33 THz

处的相位差为−π rad,这样可以通过改变 f_M 在 1.33 THz 以上频率时实现半波片的功能,以及在 1.57 THz 以上频率时实现任意的偏振变化。

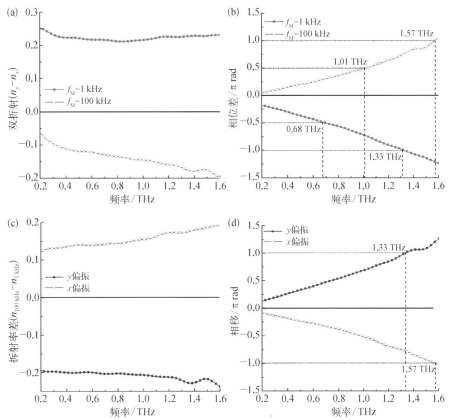

(a,b) 外加电场频率为 1 kHz 和 100 kHz 时的双折射曲线和两个正交的偏振态之间的相位差;(c,d) 在同一偏振态下,外加电场频率为 1 kHz 和 100 kHz 的折射率差和相移曲线,红色曲线对应 x 偏振,蓝色曲线对应 y 偏振[17]

此外,双频液晶也可以实现电控相移器的功能。如图 8.14(c)所示,由于双频液晶的光学各向异性,x 和 y 两个偏振态的折射率变化范围[$\Delta n_d = n(100\,\text{kHz}) - n(1\,\text{kHz})$]是不同的。例如在 1 THz 处,$\Delta n_{dy}$ 和 Δn_{dx} 分别为 −0.2 和 0.15,所以对 1.33 THz 频率以上的 y 偏振的太赫兹波来说,可以控制相移在 0~π rad 变化,而对 x 偏振的太赫兹波,则能在大于 1.57 THz 时控制相移在 0~−π rad 变化。为了得到更大的相移,可以增加双频液晶的厚度,但这将增加器件的插入损耗,降低透过率。

除了双频液晶对交变电场频率的响应,本小节也研究了电场强度对双频液晶的作用。为了确定液晶层的初始状态,我们预先给液晶施加了强度为 30 kV/m、频率为 100 kHz 的交变电场,此时液晶分子的排列方式如图 8.14(d)所示,然后撤掉电场。之后在电极上施加频率为 1 kHz 的交变电场,强度从 0 逐渐增加到 30 kV/m。

图 8.15 是实验得到的群折射率曲线,n_{gy} 从 10 kV/m 处开始增加,到 20 kV/m 处达到最大值,而 n_{gx} 在 7 kV/m 处开始减小,直到 20 kV/m 处达到最小值。由此可以推断,双频液晶分子的排列也类似于传统向列液晶,可以通过改变交变电场的强度进行调节。双频液晶对太赫兹波相位进行主动调控,不仅可以通过改变外加电场的频率,也可以通过改变强度来实现,但相比之下,后者有一些缺点。首先,需要用较强的电场对液晶进行预处理以确定液晶的初始状态。其次,这种调控方法是单向过程,虽然增加电场强度可以改变双频液晶分子的排列方向,但是降低强度却不能使其恢复初始排列状态。

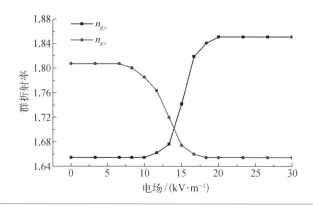

图 8.15
电场强度增加时群折射率 n_{gy}(黑色)、n_{gx}(红色)曲线[17]

利用双频液晶设计和制备 THz 主动调控器件具有非常多的优点,与传统向列液晶相比,不仅不需要制作锚定层,也不需要复杂的透明电极,尤其对于比较厚的液晶层,制作难度大大降低,更重要的是这种调控方法是可逆的,而且可以进行连续稳定的控制。总之,双频液晶在 THz 波段是一种低色散、低吸收、宽工作带宽的材料,为实现太赫兹波偏振和相位的主动调控提供了一种重要的功能材料和技术手段。

8.4　电控太赫兹 EIT 与 EIA 超材料器件的研究

本节重点介绍液晶-超材料复合结构器件的电磁致诱导透明(Electromagnetically Induced Transparency，EIT) 和电磁致诱导吸收（Electromagnetically Induced Absorption，EIA)现象及其产生的物理机理。首先设计和制备了液晶-金属超材料的复合结构器件，然后通过外电场对液晶分子取向的调控，观察到了 EIT 和 EIA 现象，并对 EIT 和 EIA 现象产生的机理进行了解释。

8.4.1　液晶超材料的制备

设计和制备的液晶-超材料复合结构器件中的超材料采用金属双开口谐振环结构，如图 8.17(a)所示，具体结构参数为 $a=48\ \mu m$，$b=10\ \mu m$，$g=5\ \mu m$，$w=5\ \mu m$。超材料的制备工艺流程包括标准的光刻、金属沉积和剥离等步骤，具体如下。

（1）制备掩膜版。首先根据设计结构的材料、尺寸参数，利用 L－Edit 软件绘制光刻板版图，然后利用电子束曝光法制备掩膜版，如图 8.16 所示。

（2）基板选取。使用 $500\ \mu m$ 厚度、$10\ k\Omega \cdot cm$ 高电阻率的 Si 片作基底。

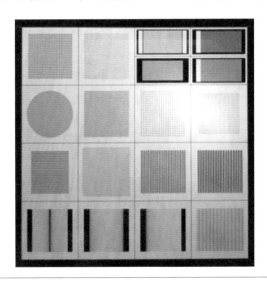

图 8.16
掩膜版照片

（3）基片清洗。将硅片和掩膜版用硫酸和双氧水的清洗液清洗 2 h。

（4）涂光刻胶：AR－N－4340（负胶）。旋转涂胶，转速为 4 000 r/s，胶厚为 1.68 μm。

（5）前烘。涂胶后的片子放于恒温干燥箱中进行烘干。

（6）曝光。利用已制备的掩膜版对烘好的片子进行曝光。

（7）后烘。将恒温干燥箱温度设定为 100℃，对曝光后的片子进行烘干。

（8）显影。选取配套光刻胶型号的显影液 AR－300－475，显影 90 s。

（9）去胶。用等离子去胶机去掉显影后残留的薄膜胶层。

（10）镀膜。利用热蒸发方法蒸镀 50 nm 后的 Cr 金属作为黏附层，在黏附层上蒸镀 200 nm 厚度的 Cu。

（11）剥离。使用丙酮浸泡和超声去掉基板上的光刻胶。

（12）划片。利用高精度划片机，沿划片槽把 4 寸①高阻硅片分割为多个 15 cm×15 cm 的样品。使用台阶仪探针对样品进行测量，金属层厚度为 255 nm。

制备的双开口谐振环超材料样品的显微照片如图 8.17(c)所示。为了制备液晶-超材料复合结构，首先利用紫外胶粘合石英基片与超材料基片，器件结构如图 8.17(b)所示，其中 $c=0.5$ mm，$d=1.2$ mm，$e=0.2$ μm，$f=0.5$ mm。整个实验样品的尺寸为 15 mm×15 mm，大于 THz－TDS 系统的 THz 光斑直径，符合实验要求，实验光路如图 8.17(e)所示。其中，上下基板由两根直径为 1.2 mm 的金属丝作为间隔，同时也作为导电电极使用，电极间的距离为 10 mm。然后，在上下基板的间隔空隙中注入液晶材料，形成如图 8.17(d)所示的液晶-超材料复合结构器件。

8.4.2　液晶 E7 在 THz 波段的电场驱动特性

液晶是一种非线性介电材料，整体的折射率能够随着偏置电场的变化而变化。这里使用的液晶型号为 E7，是一种常见的商用液晶混合物，具有正介电各

---

①　1 寸=3.33 厘米。

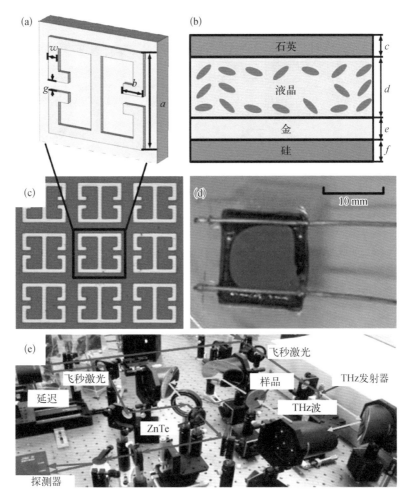

(a) 超材料谐振单元结构示意图; (b) 谐振单元侧视图; (c) 超材料的显微照片; (d) 集成液晶层的超材料器件照片; (e) 实验所用 THz - TDS 系统照片[18]

图 8.17

向异性($\Delta\varepsilon>0$)。下面讨论一下 E7 液晶在 THz 波段的光电特性。如图 8.18(a)所示,把待测液晶注入参考样品盒中,参考样品盒与图 8.17(b)所示的器件的尺寸完全相同,只是硅基底上没有金属结构。当入射 THz 波偏振方向平行于样品偏置电场时,得到 THz 时域信号如图 8.18(b)所示,其中使用空的液晶盒信号作为参考信号。样品信号的延迟时间对应着液晶折射率的大小,而样品信号的振幅大小对应着液晶在 THz 段的吸收系数。

利用式(8.4)和式(8.5),经计算分别得到不同电场强度下的液晶折射率和

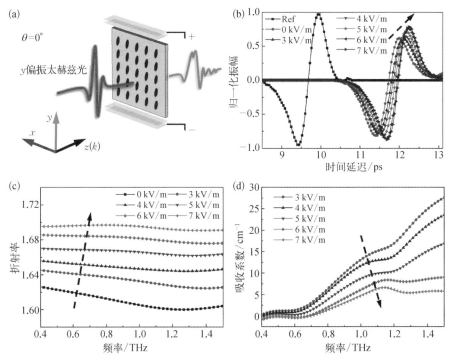

(a) 电场驱动下E7液晶光学参数测量的示意图;(b) 不同电场强度下的时域信号;(c) 不同电场强度下的折射率;(d) 不同电场强度下的吸收系数[18]

图 8.18

吸收系数的谱线,如图 8.18(c)和图 8.18(d)所示。由图 8.18(c)可知,在电场强度从 0 升高至 7 kV/m 的过程中,E7 液晶在 1 THz 的折射率从 1.61 增加到 1.70,并且伴随着液晶材料较小的色散。这是因为在未施加偏压时,液晶分子随机排列,液晶层整体呈现光学各向同性,此时液晶的折射率(n_{iso})为 1.61。当器件施加直流偏压后,液晶分子逐渐沿外电场方向排列,此时的液晶层成为一个光学各向异性的介质。当电场强度大于 7 kV/m 时,液晶分子均一同向排列,液晶材料的折射率出现一个极大值,即非寻常光折射率(n_e = 1.70)。由公式 $n_o^2 = (3n_{iso}^2 - n_e^2)/2$ 计算可得 E7 液晶在 1 THz 的寻常光折射率为 1.56。上述测量结果与 Yang 等报道[4]的实验数值相符,从而证明了本实验数据的正确性。

图 8.18(d)给出了 E7 液晶的吸收系数谱线。随着电场强度的增加(由 3 kV/m 提高至 7 kV/m),材料的吸收系数呈现逐渐降低的趋势,在 1 THz 频率处从最初的 13.0 cm^{-1} 降至 4.60 cm^{-1},这也意味着 E7 材料在 THz 频段具有较

小的吸收损耗。因此，E7 液晶可以作为一种低损耗和低色散的功能材料，并且其折射率能够在驱动电场的作用下实现连续调控。

8.4.3　液晶超材料在 THz 波段的 EIT 和 EIA 效应

下面将研究双开口谐振环超材料在 THz 波段的传输特性。对于 THz 波垂直入射超材料的情况，当入射光的电场分量与谐振环开口方向夹角 θ 分别为 $0°$、$40°$ 和 $90°$ 时，得到了如图 8.19(a)所示的透射光谱线。对于 $\theta=0°$ 的情况，器件的透射光谱线在 0.86 THz 处存在一个带宽为 400 GHz 的谐振谷。通过 CST Microwave Studio 软件模拟了谐振环的表面电流分布，如图 8.19(b)所示。此时的振荡电流主要集中在谐振环的上下两部分，形成了电偶极共振模型，定义这种情况为明模式。对于 $\theta=90°$ 的情况，器件的透射光谱线在 0.86 THz 处存在一个透射峰，并且在 0.4 THz 和 1.1 THz 处分别出现谐振谷。通过模拟 0.86 THz 频率处的表面电流分布发现，振荡电流通过谐振环的中心线后分别流向左右两部分，最终形成两个环形回路，如图 8.19(c)所示。这意味着破坏了原有的电偶极共振模式，定义为暗模式。当夹角处于中间值时，例如 $\theta=40°$ 时，由于同时存在两个谐振模式，相比 $\theta=0°$ 的透射光谱线，位于 0.86 THz 的谐振位置和透射率都

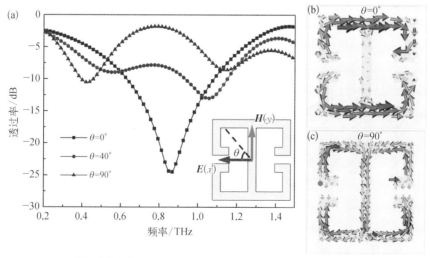

　　(a) 不同入射角度的超材料透射光谱；(b) $\theta=0°$ 时超材料谐振单元的表面电流分布；(c) $\theta=90°$ 时超材料谐振单元的表面电流分布[18]

图 8.19

出现了变化。由此可以看到,双开口谐振环超材料对入射光的偏振态十分敏感。

当施加 y 方向的电场时,如图 8.20(a) 所示,对于 $\theta=0°$ 的情况,器件透过率随着驱动电场的强度变化而改变。在电场强度从 0 变化到 9 kV/m 的过程中,谱线谐振位置出现红移,从 0.86 THz 移至 0.81 THz,如图 8.20(b) 所示;随着电场强度继续增高至 17 kV/m,谱线的谐振位置逐渐发生分裂,并分别向低频和高频移动。定义功率透射比为 $T=20\lg(t)$,在上述谱线变化过程中,在 0.86 THz 频率处的功率透射比从初始的谐振谷 -25.3 dB 逐渐升高至 -7.0 dB,经历了一个从谐振谷到透射峰的转变。此时该超材料器件出现了可调控电磁致诱导透明现象,中心频率在 0.86 THz,带宽为 260 GHz,调制深度为 18.3 dB,并且谐振分裂过程和调制深度能够同时随着驱动电场的增加而增大。

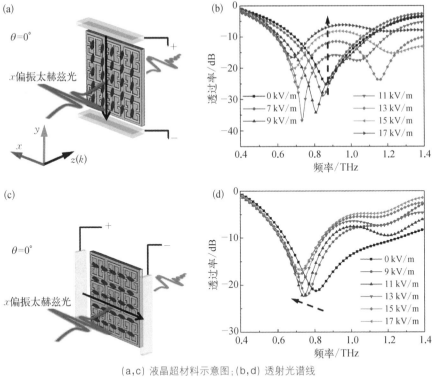

(a,c) 液晶超材料示意图;(b,d) 透射光谱线

图 8.20
$\theta = 0°$ 时,液晶超材料示意图及其对应的透射光谱线[18]

当外电场改为沿 x 轴方向且 $\theta=0°$ 时,如图 8.20(c) 所示。实验结果表明,在电场强度自 0 增加到 17 kV/m 的过程中,初始谐振位置从 0.81 THz 红移至

0.72 THz，并伴随着谐振强度轻微降低，对应的光功率谱线如图 8.20(d)所示。在此条件下，未发现电磁致诱导透明现象。

由于超材料结构的谐振对入射光的偏振态具有依赖特性，如果入射 THz 波的偏振态或是相位在液晶层发生改变，该器件的功率透射光谱线和谐振位置就会发生变化。对于该器件，没有施加电场时，超材料的表面结构对液晶分子存在锚定作用，因此在器件交界面处液晶分子沿着谐振环开口方向排列。然而，在毫米厚液晶盒中液晶分子的预取向排列几乎不可能具有均匀一致性，尤其在另一面硅基底没有取向层的条件下。这意味着未施加电场时，液晶分子在器件里整体呈现随机分布；当偏置电压增大时，液晶分子将趋向电场线方向排列。如果偏置电场与谐振环开口方向相互垂直，液晶分子将会形成扭曲排列，如图 8.21(a)所示，此时的液晶层可以作为电控相位延迟器和偏振旋转器。然而，当偏置电压沿着谐振环开口方向时，液晶分子将会沿外电场方向逐渐形成均匀一致的排列，如图 8.21(b)。在这种情况下，液晶层仅仅起到相位延迟器的作用。

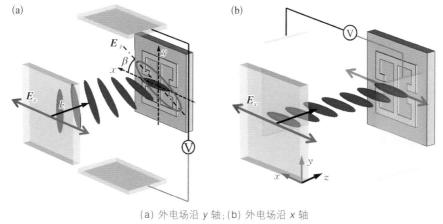

图 8.21
不同外电场方向的液晶超材料工作原理示意图

(a) 外电场沿 y 轴；(b) 外电场沿 x 轴

因此由于液晶层的旋光效应和双折射效应，入射 THz 波的线偏振态能够转变为椭圆偏振态，随后与超材料相互作用，器件工作原理示意图如图 8.22(a)所示。假设入射光的偏振态沿 x 轴方向，通过液晶层后各个电场分量如图8.22(b)所示，对应分量的表达式为

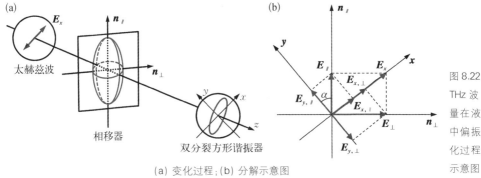

(a) 变化过程;(b) 分解示意图

图 8.22
THz 波电场分量在液晶器件中偏振态的变化过程和分解示意图

$$\begin{cases} \boldsymbol{E}_{\perp} = \boldsymbol{E}_x \cos\beta \\ \boldsymbol{E}_{/\!/} = \boldsymbol{E}_x \sin\beta \cdot \mathrm{e}^{\mathrm{i}\Delta\delta} \end{cases} \tag{8.7a}$$

$$\begin{cases} \boldsymbol{E}_{x,\perp} = \boldsymbol{E}_{\perp} \cos\beta \\ \boldsymbol{E}_{y,\perp} = \boldsymbol{E}_{\perp} \sin\beta \end{cases} \tag{8.7b}$$

$$\begin{cases} \boldsymbol{E}_{x,/\!/} = \boldsymbol{E}_{/\!/} \sin\beta \cdot \mathrm{e}^{\mathrm{i}\Delta\delta} \\ \boldsymbol{E}_{y,/\!/} = \boldsymbol{E}_{/\!/} \cos\beta \cdot \mathrm{e}^{\mathrm{i}\Delta\delta} \end{cases} \tag{8.7c}$$

$$\Delta\delta = \frac{2\pi}{\lambda}\Delta nd \tag{8.8}$$

$$\beta = \frac{\pi d\,(\Delta n)^2 P}{4\lambda^2} \tag{8.9}$$

式中,$\boldsymbol{E}_{/\!/}$ 和 $\boldsymbol{E}_{\perp}$ 表示入射光电场分量 $\boldsymbol{E}_x$ 分别平行和垂直于长轴的分量;λ 表示波长;$\Delta\delta$ 是由液晶引起的相移;β 是液晶偏振旋转器引起的偏振旋转角;P 是液晶由驱动电场形成的有效螺距;Δn 表示液晶材料的双折射系数。利用上述公式,可以得到光场强度 I 在笛卡尔坐标系中各坐标轴分量的相干耦合强度 I_x、I_y 分别为

$$I_x = |\,\boldsymbol{E}_{x,/\!/} + \boldsymbol{E}_{x,\perp}\,|^2 = \boldsymbol{E}_x^2 \left(1 - \sin^2 2\beta \sin^2 \frac{\Delta\delta}{2}\right) \tag{8.10}$$

$$I_y = |\boldsymbol{E}_{y,/\!/} + \boldsymbol{E}_{y,\perp}|^2 = E_x^2 \sin^2 2\beta \sin^2 \frac{\Delta\delta}{2} \tag{8.11}$$

式中，$E_{i,/\!/}$ 和 $E_{i,\perp}$（$i = x$，y）分别是电场分量 $\boldsymbol{E}_{/\!/}$ 和 $\boldsymbol{E}_{\perp}$ 在笛卡尔坐标系中的坐标轴分量。

根据式(8.10)和式(8.11)可知，光强度 I_i 是偏振旋转角 β 和相移 $\Delta\delta$ 的函数，并且由电场驱动的液晶分子排列方向决定 β 和 $\Delta\delta$ 的大小，而不仅仅取决于液晶折射率的变化。光强度分量 I_x 对应于 $\theta = 0°$ 的明模式，分量 I_y 对应 $\theta = 90°$ 时的暗模式，并且通过上述两个模式的相干耦合产生了如图 8.20(b)所示的电磁致诱导透明现象。

对于图 8.20(a)的情况，当未施加偏置电压时，只存在 I_x 分量与超材料相互作用，所以仅在 0.86 THz 处存在电偶极谐振。当施加沿 y 轴方向的电场后，液晶表层分子逐渐沿 y 轴转向且在液晶盒中形成扭曲形结构。当扭曲液晶层形成最大的螺距时，令 $P_{\max} = 4d$，$d = 1.2$ mm，$\Delta n = 0.15$ 并代入式(8.9)，可以得到在 0.86 THz 处偏振旋转角 β 的极大值为 0.26π rad。同时，由于液晶的双折射效应，相移 $\Delta\delta$ 在 0.86 THz 处从 0 逐渐增至 π rad。根据式(8.10)和式(8.11)可知，越来越多的能量逐渐由 I_x 分量转移到 I_y 分量，呈现单调递增的趋势。正是由于椭圆偏振光分量间的相互作用，导致了明模式 E_x 分量和暗模式 E_y 分量在超材料表面形成相消干涉，从而形成了电磁致诱导透明的现象。

对于图 8.20(c)的情况，当未施加电压时，初始谐振状态与图 8.20(a)的情况相同。但是在施加沿 x 轴方向的电压后，随着电场强度的增加，相移 $\Delta\delta$ 仅发生很小的变化。由式(8.11)可知，没有能量转移到 I_y 分量。当电场强度足够大时，液晶分子形成沿 x 轴的均一排列，液晶层将不具有旋光效应，偏振旋转角 β 等于 0。最终，在整个施加电场的过程中，在光强度 I_x 和 I_y 分量之间没有发生能量转移。所以，在这种情况下，仅仅是电偶极谐振位置随着液晶分子折射率的变化向低频移动，而没有产生电磁致诱导透明现象。

8.4.4 电场调控器件 EIA 效应的实验结果及原理分析

为了印证上述分析，进一步研究了在 $\theta = 90°$ 时该超材料器件的电场调控特性,原理示意图如图 8.23(a)所示。在这种情况下,入射光偏振态垂直于谐振环的开口方向,所以当 $E=0$ kV/m 时,在 0.86 THz 频率处有谐振峰出现。当偏置电场平行于 y 轴时,液晶层由光学各向同性介质转变为各向异性介质,偏振旋转角 β 不为 0。结合式(8.10)和式(8.11)可得,在 I_x 和 I_y 分量之间存在能量转移过程,并且由于液晶层的相移 $\Delta\delta$ 相同,两模式之间形成相长干涉。可以预测,随着偏置电压的增大,超材料的透射光谱线将会逐渐降低,并且在原有的透射光谱线中出现一个谐振谷。

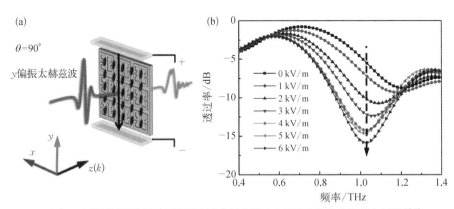

(a) $\theta=90°$ 时液晶超材料电磁致诱导吸收的示意图;(b) 不同电场强度的透过率谱线[18]   图 8.23

透射光谱的实验结果如图 8.23(b)所示,在电场强度 E 从 0 增至 6 kV/m 的过程中,在 1.02 THz 处逐渐形成一个谐振谷,调制深度为 10.5 dB,带宽为 320 GHz。实验表明该器件实现了电磁致诱导吸收现象,并与理论预期吻合。所以,利用本章设计的超材料器件可以实现对电磁致诱导透明和电磁致诱导吸收现象的有效调控。

本小节设计并制备了一种涂覆液晶层的超材料器件,实现了对 THz 波电磁致诱导透明和电磁致诱导吸收的主动调控功能。利用外加电场的调控方式对该超材料器件的调控特性进行了实验研究,结果表明,在 THz 波段该器件 EIT 和 EIA 的调制深度分别为 18.3 dB 和 10.5 dB。进一步的理论分析发现,上述现象是由于在超材料结构中明模式和暗模式的相干耦合导致的,并且对应的相干过程可以通过液晶层进行电场调控。在该器件中,电场驱动的液晶层起到了相位延迟器和偏振转换器的作用。

8.5 THz 人工高双折射及其相移器的研究

8.5.1 栅-格复合介质超表面结构的 EIT 效应和人工高双折射效应

本小节介绍通过介质超表面来增强液晶对 THz 波的相位调控,实现可调谐 THz 相移器。根据超材料中类 EIT 效应的基本原理,复合介质超表面结构可以实现偏振相关的 EIT 效应,且具有大的双折射效应。这里选取了基于栅单元和格单元的复合介质超表面结构,如图 8.24(a)和图 8.24(b)所示。经过详细地优化几何参数之后,使得该复合介质超表面的 EIT 效应在 0.6~0.9 THz 内具有最大的模式双折射,其中单元周期 P_x 和 P_y 分别为 200 μm 和 440 μm,栅的宽度和格的边长均为 120 μm,格与格之间的间隔为 80 μm,格与栅之间的间隔为 100 μm,该复合介质超表面结构是在 500 μm 厚的 10 kΩ·cm 高阻硅上进行刻蚀的,刻蚀深度 $h=120$ μm,加工所涉及的 MEMS 工艺的具体步骤如下。

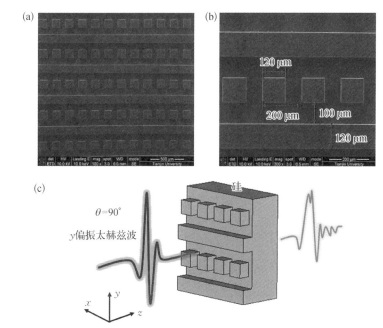

图 8.24
栅-格复合介质超表面的结构图[19]

(a) 超表面的 SEM 图;(b) 超表面的栅-格单元结构的 SEM 图;(c) 实验配置中该超表面的 3D 结构示意图

（1）制作掩膜版。利用 L－Edit 软件来绘制器件结构的表面图，并用电子束曝光法制成掩膜版。

（2）基片的选取和清洗。将选取的高阻硅片和掩膜版放入硫酸和双氧水清洗液中进行清洗。

（3）旋涂光刻胶。光刻胶分为正胶和负胶，其中曝光后溶解在显影液中的光刻胶为正胶，不溶解的为负胶。使用甩胶机将光刻胶旋涂到硅晶圆上，并通过甩胶机的转速和时间来控制胶的厚度。

（4）前烘。将涂胶之后的样品放入烘干机中烘干。

（5）光刻。将烘干后的样品在已制备好的掩膜版下进行紫外曝光，曝光时间取决于光刻胶的敏感度、厚度以及紫外光的功率。

（6）后烘。将曝光后的样品再次放进烘干机中烘干定型。

（7）显影。将样品放进显影液中，被曝光的光刻胶溶解于显影液中（正胶）或者未被曝光的光刻胶溶解于显影液中（负胶）。再次对样品进行烘烤定型，去除残留的显影液。

（8）电感耦合等离子体（Inductively Coupled Plasma，ICP）刻蚀。通过 ICP 刻蚀对硅片进行深刻蚀，裸露的硅片则被刻蚀掉，刻蚀时间决定了刻蚀的深度。由于刻蚀并非垂直推进的，而是向外侧不断拓宽进行的刻蚀，因此为了保证结构不发生断裂，最大的刻蚀深度为 $120\ \mu m$。

（9）去除光刻胶后激光划片。利用等离子体法将氧气在高电压下电离产生氧离子来对光刻胶进行氧化去除，然后用激光划开。

利用 THz－TDS 系统对样品器件进行测量研究，图 8.24（c）所示为复合介质超表面结构的 3D 结构示意图，一束 y 偏振的 THz 波沿着 z 方向正入射超表面，定义复合介质超表面的栅脊方向与偏振方向的夹角为 θ，并通过旋转复合介质超表面结构来探测不同偏振方向下的透射信号。

测量得到的 θ 为 0°、45°和 90°不同偏振方向下的时域脉冲信号以及参考信号如图 8.25（a）所示，对时域脉冲信号做傅里叶变换之后，可根据式（8.12）得到图 8.25（c）所示的不同偏振方向下的透射率：

$$\mid P(\omega)\mid = 20\lg(\mid E_{sam}(\omega)\mid / \mid E_{ref}(\omega)\mid) \tag{8.12}$$

式中，$E_{sam}(\omega)$ 和 $E_{ref}(\omega)$ 分别为样品和参考信号的振幅。从图中可以看出，当 $\theta=0°$ 时，在 0.75 THz 处出现一个深为 -20 dB 的谐振谷。随着偏振旋转角度的增加，在相同频率点该谐振谷逐渐变成谐振峰，并同时产生两个新的共振吸收峰。当 $\theta=90°$ 时，该透射峰位于 0.72 THz，两个谐振谷分别位于 0.63 THz 和 0.84 THz。这是典型的 EIT 效应的光谱线型。

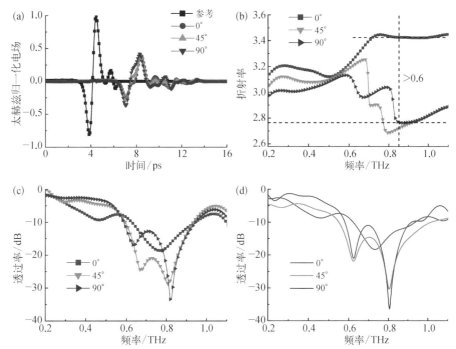

　　(a) 不同偏振方向下复合介质超表面的 THz-TDS 时域脉冲信号和参考信号；(b,c) 在不同偏振方向下，复合介质超表面的有效折射率和透射光谱；(d) 不同偏振方向下超表面的模拟透射光谱[19]

图 8.25

　　图 8.25(b) 为不同偏振方向下的有效折射率。当 $\theta=0°$ 时，在 $0.5\sim0.7$ THz 内，复合介质超表面的有效折射率从 3.2 增加到 3.4；而随着偏振旋转角度的增加，特别是当 $\theta=90°$ 时，有效折射率在 0.7 THz 附近从 3.2 降到 3.0，在 0.8 THz 附近继续从 3.0 降到 2.8。该现象也对应着 EIT 效应，并且该 EIT 效应中的每个共振均伴随着折射率的急剧变化。也就是说，这种基于栅-格单元的复合介质超表面结构在两个正交偏振方向之间实现了偏振相关的 EIT 效应和高的人工双折射。当频率大于 0.8 THz 时，该介质超表面的人工双折射系数超过 0.6($\theta=0°$

偏振下为 3.4，$\theta=90°$ 偏振下为 2.8）。

图 8.25(d)为用 FDTD 算法对复合介质超表面仿真模拟得到的透射光谱，从图中可以看出仿真模拟与实验结果相吻合。为了进一步研究 EIT 效应的机理，我们还模拟了不同结构在 0.72 THz 处 $\theta=0°$ 和 $\theta=90°$ 的场分布图，包括栅-格复合结构、格单元结构和栅单元结构，如图 8.26 所示。在图 8.26(c)和图 8.26(d)中，不管是 $\theta=0°$ 还是 $\theta=90°$，都可在格单元结构中激发模式，我们把这种模式称为强共振模式（也称为明模式）。而对于栅单元结构则只有 $\theta=90°$ 时才可在其中激发模式，我们把这种模式称为弱谐振模式（也称为暗模式），在 $\theta=0°$ 时栅单元结构中是没有模式的，如图 8.26(e)和图 8.26(f)所示。如图 8.26(a)和图 8.26(b)所示为栅-格复合结构的场分布图，当 $\theta=0°$ 时，由于栅单元结构中没有模式，因此这种情况下不存在模式耦合；但当 $\theta=90°$ 时，格单元结构中的明模式和栅单元结构中的暗模式同时存在，这两个模式场在空间上非常接近，且具有相同的相位，导致两个模式之间发生耦合和相干叠加，由于模式之间的干涉相长，原本的谐振谷变为透射峰。因此，该复合介质超表面的 EIT 效应取决于格单元结构和栅单元结构之间的模式耦合和干涉。

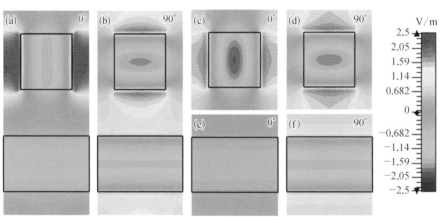

（a,b）$\theta=0°$ 和 $\theta=90°$ 的栅-格复合结构；(c,d) $\theta=0°$ 和 $\theta=90°$ 的格单元结构；(e,f) $\theta=0°$ 和 $\theta=90°$ 的栅单元结构

图 8.26
不同结构和偏振方向下复合介质超表面在 0.72 THz 处的模拟场分布图[19]

总而言之，栅-格复合介质超表面结构由于其人工高双折射的优点，可以广泛地应用于太赫兹波片和可调谐相移器当中。

8.5.2　基于栅-格复合介质超表面结构的液晶相移器研究

　　上一小节讨论并分析了栅-格复合介质超表面的偏振相关的 EIT 效应和人工高双折射效应,本小节将进一步研究该复合介质超表面与液晶相结合后的可调谐相移功能。将液晶填充到栅-格复合介质超表面(称为下基板)和二氧化硅基底(称为上基板)之间,形成电控液晶相移器,如图 8.27(a)所示。用两根直径为 1 mm 的细金属线将上下基板隔开,上下基板的厚度均为 500 μm,这两根金属线也同时作为一对导电电极,两根导电电极之间的距离为 10 mm,利用光敏紫外胶对其进行密封形成液晶盒。因此,液晶层的厚度为 1 mm,器件的总厚度为 2 mm,如图 8.27(b)所示。实验中采用的液晶材料是 E7,它是一种具有正介电各向异性($\Delta\varepsilon>0$)的液晶混合物,在没有施加外电压的情况下,液晶分子是随机分布的,而当施加外电压时,液晶分子的取向将发生改变,进而对 THz 波的相位实现主动调控。

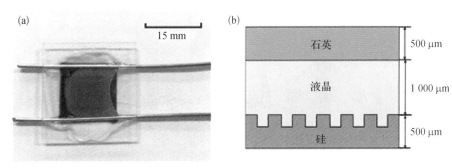

图 8.27　(a) 栅-格复合介质超表面结构的液晶盒的照片;(b) 液晶盒的横向截面示意图[19]

　　为了对比分析,制备和测量了三种不同介质下基板的电控液晶相移器,这三种基板是裸硅片基板、$\theta=90°$ 的复合介质超表面基板和 $\theta=0°$ 的复合介质超表面基板(上基板均为石英)。实验配置中的 3D 结构示意图以及通过 THz - TDS 系统测量得到的折射率谱如图 8.28 所示。一束 y 偏振的 THz 波沿着 z 方向正入射器件,其偏振方向与外加电场的方向相互垂直。对于裸硅片基板的液晶相移器,当偏置电场从 0 增加到 11 kV/m 时,其在 0.7 THz 频率处的折射率从 2.192 降低到 2.166,折射率的最大可调范围为 -0.026,如图 8.28(a)所示。对于 $\theta=90°$ 的复合介质超表面基板的液晶相移器,其在同一频率点的折射率从 2.180 降

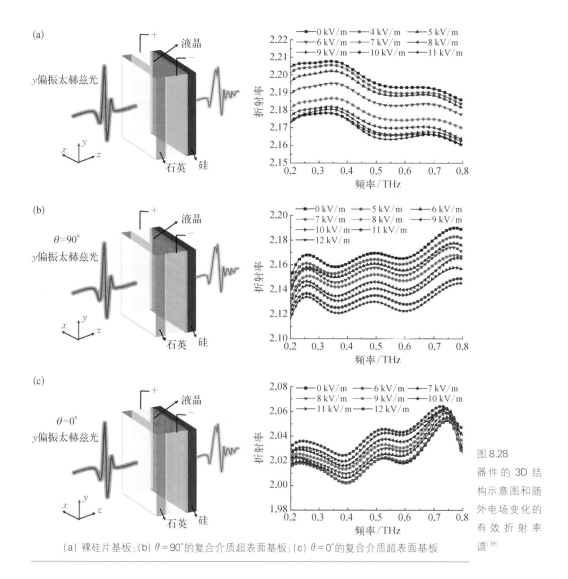

图 8.28 器件的 3D 结构示意图和随外电场变化的有效折射率谱[19]

（a）裸硅片基板；（b）$\theta = 90°$的复合介质超表面基板；（c）$\theta = 0°$的复合介质超表面基板

低到 2.135,折射率的最大可调范围为 -0.045,远远大于同一偏置电场下的裸硅片基板的液晶相移器,如图 8.28(b)所示。结果表明当液晶与该复合介质超表面相结合时,可有效地增加折射率的调谐范围。此外,由于该复合介质超表面本身具有偏振相关特性,因此这种基于复合介质超表面的 THz 液晶相移器也具有偏振相关特性。在相同的条件下,$\theta = 0°$的复合介质超表面基板的液晶相移器在 0.7 THz 处的折射率从 2.039 增加到 2.062,折射率的最大可调范围仅为 $+0.023$,与裸硅片基板的液晶相移器相比没有得到增强,如图 8.28(c)所示。

这种现象在相移图中也能得到验证,如图 8.29 所示为三种不同介质基板的电控液晶相移器随偏置电场变化的相移曲线。相移 $\Delta\delta$ 可通过式(8.13)计算:

$$\Delta\delta = \delta(E) - \delta(0) \tag{8.13}$$

式中,$\delta(0)$ 是未施加偏置电场下被测样品的相位;$\delta(E)$ 是施加偏置电场下被测样品的相位。在 0.7 THz 处,$\theta = 90°$ 的复合介质超表面基板的液晶相移器的相移为 $+0.332\pi$ rad,该相移大小是裸硅片基板的液晶相移器(相移 $+0.185\pi$ rad)的 1.8 倍。类似地,$\theta = 0°$ 的复合介质超表面基板的液晶相移器的相移为 -0.162π rad。结果表明,只有 $\theta = 90°$ 的复合介质超表面基板的液晶相移器可以有效地增加液晶的相移,这也证实了在有限的偏置电场下,液晶与复合介质超表面相结合可以有效地增强对 THz 波的相位调控。

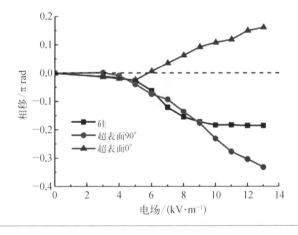

图 8.29
电控液晶相移器随偏置电场变化的相移图(在 0.7 THz 处)[19]

　　下面进一步分析这种现象产生的原因,在外电场的作用下,复合介质超表面的栅-格复合晶格强烈影响液晶分子的分布和取向。当没有偏置电场时,液晶分子是随机排列的,对其施加电场后,液晶分子开始沿着栅脊的方向旋转。有两个力对液晶分子的取向起作用:电场力(使液晶分子旋转到电场方向)和表面锚定力(使液晶分子向栅脊的方向旋转)。当电场较小时,表面锚定力大于电场力,因此对于裸硅片基板和 $\theta = 90°$ 的复合介质超表面基板的液晶相移器,液晶分子旋转到 x 轴方向(即栅脊的方向),且器件的相位随电场的增大而不断地减小,而且当 $\theta=90°$ 时,液晶相移器中的两个力沿相同的方向,所以与裸硅片基板的液晶相移器相比,相同电场下的相移效应得到增强。而对于 $\theta=0°$ 的复合介质超表面基板的液晶相移器,液晶分子同样旋转到栅脊的方向,即 y 轴方向,且器件的相位随电场的增大而不断地增加,原因是这两个力是相互正交的,并且表面锚定力起主导作用,所以相移向反方向变化,在相同的电场下液晶的相移效应变弱。

参考文献

[1] 谢毓章.液晶物理学.北京:科学出版社,1998:310 - 320.

[2] Pan R P,Hsieh C F,Pan C L,et al. Temperature-dependent optical constants and birefringence of nematic liquid crystal 5CB in the terahertz frequency range. Journal of Applied Physics,2008,103(9):093523.

[3] Wilk R,Vieweg N,Kopschinski O,et al. THz spectroscopy of liquid crystals from the CB family. Journal of Infrared,Millimeter,and Terahertz Waves,2009,30(11):1139 - 1147.

[4] Yang C S,Lin C J,Pan R P,et al. The complex refractive indices of the liquid crystal mixture E7 in the terahertz frequency range. Journal of the Optical Society of America B,2010,27(9):1866 - 1873.

[5] Wang L,Lin X W,Liang X,et al. Large birefringence liquid crystal material in terahertz range. Optical Materials Express,2012,2(10):1314 - 1319.

[6] Reuter M,Vieweg N,Fischer B M,et al. Highly birefringent,low-loss liquid crystals for terahertz applications. APL Materials,2013,1(1):012107.

[7] Hsieh C F,Pan R P,Tang T T,et al. Voltage-controlled liquid-crystal terahertz phase shifter and quarter-wave plate. Optics Letters,2006,31(8):1112 - 1114.

[8] Lin X W,Wu J B,Hu W,et al. Self-polarizing terahertz liquid crystal phase shifter. AIP Advances,2011,1(3):032133.

[9] Wu Y,Ruan X Z,Chen C H,et al. Graphene/liquid crystal based terahertz phase shifters. Optics Express,2013,21(18):21395 - 21402.

[10] Yang C S,Tang T T,Pan R P,et al. Liquid crystal terahertz phase shifters with functional indium-tin-oxide nanostructures for biasing and alignment. Applied Physics Letters,2014,104(14):141106.

[11] Wang L,Lin X W,Hu W,et al. Broadband tunable liquid crystal terahertz waveplates driven with porous graphene electrodes. Light:Science & Applications,

2015, 4(2): e253.

[12] Isić G, Vasić B, Zografopoulos D C, et al. Electrically tunable critically coupled terahertz metamaterial absorber based on nematic liquid crystals. Physical Review Applied, 2015, 3(6): 064007.

[13] Savo S, Shrekenhamer D, Padilla W J. Liquid crystal metamaterial absorber spatial light modulator for THz applications. Advanced Optical Materials, 2014, 2(3): 275 – 279.

[14] Chen C C, Chiang W F, Tsai M C, et al. Continuously tunable and fast-response terahertz metamaterials using in-plane-switching dual-frequency liquid crystal cells. Optics Letters, 2015, 40(9): 2021 – 2024.

[15] Shen Z X, Zhou S H, Ge S J, et al. Liquid crystal enabled dynamic cloaking of terahertz Fano resonators. Applied Physics Letters, 2019, 114(4): 041106.

[16] Yang L, Fan F, Chen M, et al. Magnetically induced birefringence of randomly aligned liquid crystals in the terahertz regime under a weak magnetic field. Optical Materials Express, 2016, 6(9): 2803 – 2811.

[17] Yu J P, Chen S, Fan F, et al. Tunable terahertz wave-plate based on dual-frequency liquid crystal controlled by alternating electric field. Optics Express, 2018, 26(2): 663 – 673.

[18] Yang L, Fan F, Chen M, et al. Active terahertz metamaterials based on liquid-crystal induced transparency and absorption. Optics Communications, 2017, 382: 42 – 48.

[19] Ji Y Y, Fan F, Chen M, et al. Terahertz artificial birefringence and tunable phase shifter based on dielectric metasurface with compound lattice. Optics Express, 2017, 25(10): 11405 – 11413.

太赫兹
石墨烯主动
调控器件

在 THz 波段，石墨烯具有非常好的可调控电磁性质的特性，因而常被用作主动调控器件的核心材料。而在合适的外界条件下，可以实现石墨烯粒子数反转，因而石墨烯还可以作为 THz 波段的增益介质。本章在详细分析石墨烯电磁性质的基础上，重点介绍基于石墨烯的 THz 定向发射器、THz 放大器和窄带四分之一波片。

9.1 石墨烯在 THz 波段的电磁性质

由单层原子或分子构成的平面材料被称为二维材料，常见的有石墨烯、二硫化钼、二硫化钨等。作为第一种被广泛研究的二维材料，石墨烯由单层碳原子构成，如图 9.1(a)所示。虽然单层石墨烯的厚度只有 0.34 nm，但其却展现出许多传统材料不具备的优越性质[1,2]。在电学性质方面，石墨烯具有超高的电子迁移率，理论上可以达到 $1\,000\,000\ cm^2/(V \cdot s)$。在力学性质方面，石墨烯的断裂强度约为钢的 200 倍，是目前人类测量过的最硬的材料。由于全部由碳碳键构成，石墨烯的化学性质非常稳定。在光学性质方面，在可见光波段和近红外波段，石墨烯的吸收率仅为 2.3%，因此可以用来代替 ITO 制作透明电极；而在 THz 波段，石墨烯的电磁性质可以通过电压调控或者温度调控的手段来进行控制，这使其在微结构器件制备方面具有广泛的应用潜力。

9.1.1 石墨烯的能带结构与电导率

石墨烯的能带结构如图 9.1(b)所示。图中上方红色区域为其导带，下方蓝色区域为其价带，导带与价带交汇于狄拉克点处。对于本征石墨烯，在绝对零度下，这一点所处的平面即为费米面，费米能级 $E_F = 0\ eV$，此时价带为满带，导带则不存在电子。电子在价带中的跃迁称为带内跃迁，在价带和导带之间的跃迁称为带间跃迁，石墨烯的电导率即由这两部分构成。从 THz 波段到红外波段，通过随机相位近似，石墨烯的电导率可以通过久保(Kubo)公式来计算[3]：

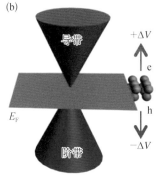

图 9.1
石墨烯的构成
及能带结构

$$\sigma_g = \sigma_{\text{intra}} + \sigma_{\text{inter}} = \frac{e^2 (\omega + \mathrm{i}\tau^{-1})}{\mathrm{i}\pi \hbar^2 t} \frac{1}{(\omega + \mathrm{i}\tau^{-1})^2}$$

$$\times \left[\int_0^\infty \varepsilon \left(\frac{\partial F(\varepsilon)}{\partial \varepsilon} - \frac{\partial(-\varepsilon)}{\partial \varepsilon} \right) \mathrm{d}\varepsilon - \int_0^\infty \frac{F(-\varepsilon) - F(\varepsilon)}{(\omega + \mathrm{i}\tau^{-1})^2 - 4 (\varepsilon / \hbar^2} \mathrm{d}\varepsilon \right]$$

$$(9.1)$$

式中,$F(\varepsilon) = \{1 + \exp[(\varepsilon - E_{\text{F}})/K_{\text{B}}T]\}^{-1}$ 为费米-狄拉克分布函数,其中 K_{B} 为玻耳兹曼常数,T 为石墨烯的绝对温度;σ_{intra} 和 σ_{inter} 为电子的带内跃迁和带间跃迁贡献的电导率;e 为电子电荷量;$\hbar$ 为约化普朗克常数;ω 为电磁波的圆频率;τ 为电子的弛豫时间,这里取 $\tau = 10^{-12}$ s。 在常温下,当石墨烯的费米能级 E_{F} 满足 $E_{\text{F}} \gg K_{\text{B}}T$ 时,可以用石墨烯的载流子浓度来估算其费米能级:

$$E_{\text{F}} = \hbar v_{\text{F}} \sqrt{\pi N} \qquad (9.2)$$

式中,$v_{\text{F}} = 10^6$ m/s 为石墨烯中电子的费米速度;N 为载流子浓度。

通过化学掺杂或者外加电压可以对石墨烯的载流子浓度进行调控,从而调节其费米能级,实现对其电导率的调制,这也是制备主动可调谐器件的基本原理。2011 年,Hugen 等测试了化学掺杂对石墨烯在红外波段吸收率的影响,掺杂前石墨烯的载流子浓度为 7.1×10^{12} cm^{-2},掺杂后达到了 1.9×10^{13} cm^{-2},在 1.2 THz 处的吸收率增大了 40%[4]。2012 年,Berardi 等利用石墨烯制备了 THz 透射式调制器和反射式调制器,并利用电压调控的方法对 THz 波的振幅进行了调制,其中基于单层石墨烯的 THz 透射式调制器在 50 V 偏压下获得了 15% 的调制深度[5,6]。此外,通过温度调控和光调控的手段也可以实现对石墨烯电磁性质的控制。Lei 等通过对石墨烯进行热处理实现了对其电导率的调控，在经过 30 min、200℃的处理后，石墨烯的电导率降低至常温下的一半[7]。Peter 等则测试了光泵条件下硅基底-石墨烯结构在 THz 波段的透过率，结果表明，石墨烯的存在大大增加了光泵调制效率，在 40 mW 光功率下实现了高达 78% 的调制深度，这一结果远远大于空白硅基底的调制深度[8]。

9.1.2　石墨烯的制备

对于石墨烯的制备，目前常用的方法有机械剥离法、液相剥离法、SiC 外延生长法、化学气相沉积法和有机合成法等[9]，如图 9.2 所示。机械剥离法是最早获得石墨烯的方法，其利用外加物理作用力克服石墨片层之间的范德瓦尔斯力，从而得到剥离的石墨烯。这种方法可以得到目前已知的最高质量的石墨烯，但其制备的偶然性大，得到的石墨稀尺寸小，难以满足大面积、大量制备的要求。液相剥离法是将石墨分散到溶剂中，通过物理和化学手段辅助剥离石墨烯的方法。这种方法可以得到石墨烯分散液，但其质量比较低。SiC 外延生长法是通

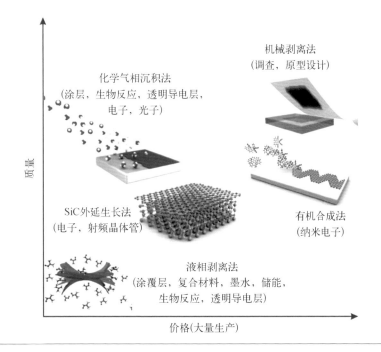

图 9.2
石墨烯制备方法的比较[9]

过对 SiC 加高温,使其表面的 Si 原子升华,剩余 C 原子在冷却时重新堆积形成石墨烯的方法。这种方法得到的石墨稀的质量比较高,面积也可以比较大,但是其具有制备温度高、石墨烯形貌难以控制的缺点。直接对碳源进行加热使其分解,用载气运输 C 原子进入反应区,并在催化金属表面生长石墨烯的方法即化学气相沉积法。这种方法具有制备容易、成本低,石墨烯面积大、质量高、层数可控、带隙可调的优点,因此成为目前最有前景的制备办法。但这种方法得到的石墨稀的质量仍然不及机械剥离法。此外,还可以利用有机合成法,用碳原子或小分子合成石墨烯,这样可以精确地控制石墨烯的结构,但是该方法复杂且产率很低。

9.2　基于石墨烯的 THz 定向发射器

定向发射器可以实现电磁波束在自由空间中的定向发射,是雷达、成像系统中的核心部件。在可见光波段和微波波段,定向发射器技术已经相对成熟,但在 THz 波段还有待完善。这主要体现在两个方面:一是大多数 THz 定向发射装置依赖结构形状的设计,一旦结构加工完成,定向发射的方位角也随之确定,无法进行后续的主动调控和光束扫描;二是光束可偏转角度不够大,而增大光束的偏转角度往往会带来光束质量下降、传输损耗过大等问题。2015 年,美国莱斯大学的 Mittleman 等提出了用平行平板波导开缝的方法来实现 THz 波的定向发射和耦合,这种装置制作简单,理论上可以实现任意角度的光束偏转,但其光束质量较差,强度也只有入射光的 20%[10]。

在可见光波段,Lee 等提出了基于亚波长栅格结构表面等离子体谐振效应的光束定向发射装置,其通过改变光束出射端口两侧电介质-金属栅的形状或介电性质,实现了对 SPP 波耦合条件的调控,最终完成了对出射光偏转角度的控制[11,12]。这种方法可以在实现大角度光束偏转的同时保证光束质量,缺点在于其调控方法仍然要依靠结构的形状或尺寸,无法实现器件的连续调控。而在 THz 波段,利用化学掺杂或电注入的方法可以使石墨烯显示出金属性质,从而可以替代金属来激发并传导 THz 波段的 SPP 波。其电磁性质可以通过外加电压来进行调控,因此,由石墨烯材料构建的 SPP 波导还具有可主动调控的优越性质。本节主要介绍如何利用石墨烯材料和亚波长栅格结构来设计可主动调控的 THz 定向发射器。

9.2.1 器件的结构及 THz 波段石墨烯的电控性质

下面具体讨论石墨烯的电磁性质。根据式(9.1)可以计算得到不同费米能级下石墨烯的电导率色散关系曲线,如图 9.3 所示,这里取温度 $T = 300$ K。由图可知,随着费米能级从 0.1 eV 增大到 0.4 eV,石墨烯电导率的实部 σ_r 不断增大,表明其金属性不断增强,而强的金属性意味着对 SPP 波局域场限制的增强。虚部 σ_i 对应于介电常数和折射率的实部,也随费米能级的增大而增大,且变化幅度十分明显,从而将对 SPP 波的相位匹配条件造成影响。综上,通过调控石墨烯的费米能级,可以有力地控制其电磁性质,由此可以进一步增强对沿石墨烯传播的 SPP 波的调制效果。

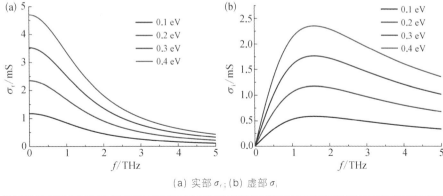

图 9.3
不同费米能级下石墨烯的电导率色散关系曲线[13]

(a) 实部 σ_r;(b) 虚部 σ_i

在本小节中,主要介绍两种 THz 定向发射器,一种为单侧栅格结构,另一种为双侧栅格结构,两种器件的结构示意图如图 9.4(a)和图 9.4(b)所示。其中灰色部分表示器件的 Ag 基底,中间留有一条宽 $w = 100$ μm 的狭缝作为出射端口。在 Ag 基底上制作一系列高 $t = 100$ μm、单元周期尺寸 $p = 440$ μm、占空比 $f = 0.5$ 的 SiO_2 栅格,并在 SiO_2 栅格顶部覆盖一层单层石墨烯。这样就形成了一种 SiO_2-石墨烯-空气的亚波长等离子体阵列结构,可以用于耦合产生 SPP 波。将石墨烯与 Ag 基底并联并施加电压 V_g,用来调控石墨烯的费米能级。对于双侧

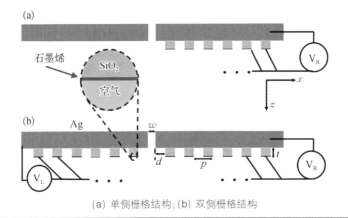

图 9.4

THz 定向发射
器 的 结 构 示
意图[13]

(a) 单侧栅格结构;(b) 双侧栅格结构

栅格结构,对出射端口两侧的 SiO_2-石墨烯栅格分别施加不同的偏置电压,以便对其进行独立调控。

由于在 SiO_2-石墨烯栅格两侧施加了偏置电压,其内部将形成 $E=V_g/t$ 的电场。可以将该结构看作一个电容器,电荷将聚集在作为电极的石墨烯上,引起石墨烯费米能级的变化。在这一过程中,石墨烯的载流子浓度可以根据以下公式计算:

$$n = \frac{\varepsilon_d \varepsilon_0}{et} V_g \tag{9.3}$$

式中,$t=100\ \mu m$ 为电极间的栅格高度;$\varepsilon_d=3.6$ 为 SiO_2 的介电常数。再结合式(9.1)和式(9.2),可以求出不同外加电压下石墨烯的电导率,从而进一步计算 SiO_2-石墨烯-空气结构中 SPP 波的色散关系,其即为电介质-金属-电介质型波导中 SPP 波的色散公式:

$$\frac{\varepsilon_d}{\sqrt{\beta^2 - \dfrac{\varepsilon_d \omega^2}{c^2}}} + \frac{\varepsilon_{空气}}{\sqrt{\beta^2 - \dfrac{\varepsilon_{空气} \omega^2}{c^2}}} + \frac{i\sigma}{\omega \varepsilon_0} = 0 \tag{9.4}$$

式中,β 为 SPP 波的波矢。其等效折射率定义为

$$n_{eff} = \beta c / \omega \tag{9.5}$$

结合式(9.1)~式(9.5)可以求出不同频率处 n_{eff} 随外加电压的变化情况,如图 9.5 所示。由图可知,有效折射率随频率的增大而增大,随外加电压的增大而

减小。以 0.5 THz 曲线为例,随着外加电压从 50 mV 增加到 400 mV,其有效折射率从 2.7 下降到 1.1。

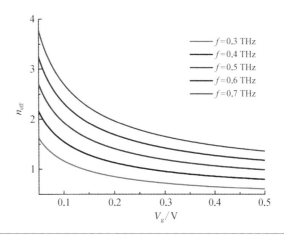

图 9.5
不同频率处有效折射率与外加电压的关系曲线[13]

对于上述器件结构,THz 波从 Ag 基底中间的狭缝端口出射。一部分入射光将通过 SiO₂-石墨烯栅格耦合形成 SPP 波,沿栅格周期方向传播或在其表面形成表面等离子体谐振,其具体形式取决于相位匹配条件。另一部分入射光将直接泄漏到自由空间中,而其出射方向则受到入射光与表面模式之间耦合与解耦的影响。通过合理地设计栅格的结构形状及调控石墨烯的介电性质,可以改变表面模式的相位匹配条件,进而控制泄漏模式的发射方向。如果从衍射的角度来分析这个过程,则泄漏模式是所有 SiO₂-石墨烯栅格衍射模叠加的结果。在一阶近似条件下,形成平行光束出射的相位匹配条件为

$$(k_{SPP}c + \sin\theta\omega)d = 2\pi mc \qquad (9.6)$$

式中,θ 为出射光束的偏转角度;$m(=0,1,2,\cdots)$ 为衍射级次;k_{SPP} 是沿 SiO₂-石墨烯栅格结构传输的 SPP 波的波矢,其取决于器件的几何结构及材料的性质,如栅格高度、周期、占空比,石墨烯的电导率等。因此,通过控制外加电压的大小即可以实现对波矢 k_{SPP} 的调控,进而实现对光束偏转角度的控制。

9.2.2 器件性能模拟与结果分析

式(9.6)表明,对于上述器件结构,狭缝两侧的栅格作用相同且互不影响。

因此,这里首先讨论单侧栅格结构器件的性质,再进一步优化双侧栅格结构器件。使用 COMSOL 软件对器件在不同等效折射率时的衍射场分布进行数值模拟,设电磁波频率为 0.5 THz,使用开放式边界条件、局部非均匀网格划分,在 SiO_2-石墨烯栅格附近的最小网格尺寸为 0.1 nm。单侧栅格结构器件对应的模拟结果如图 9.6 所示。THz 波从上端口入射,一部分耦合成表面模式,另一部分则泄漏到自由空间中。在图 9.6(e) 中,用一条白色虚线将 $z=25$ mm 处场强最大值点与狭缝中点相连,定义这条白色虚线为光束出射的方向,它与狭缝中垂线的夹角 θ 为光束偏转角,并且定义光束向左侧偏转时 θ 为正,反之则为负。这里 n_R 为 SPP 波沿狭缝右侧栅格传输时的等效折射率,其从图 9.6(a) 中的 1.27 逐渐增大到图 9.6(f) 中的 2.60,对应外加电压从 256.5 mV 逐渐减小到 53.2 mV。在这一过程中,出射光束逐渐由向左偏转变为向右偏转,对应 θ 从 18° 逐渐减小到 $-18°$。图 9.7 给出了 θ 与等效折射率的关系曲线。从图中可以看出,两者呈单调负相关。当等效折射率在 1.10~2.60 变化时,θ 可以达到 $-18°$~18°。

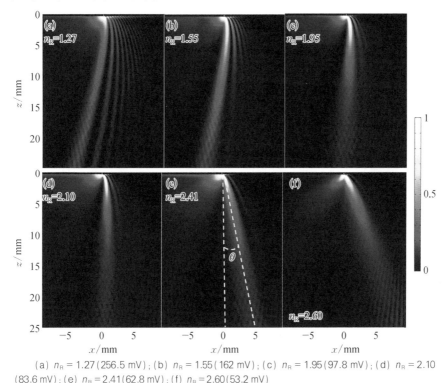

(a) $n_R = 1.27$(256.5 mV);(b) $n_R = 1.55$(162 mV);(c) $n_R = 1.95$(97.8 mV);(d) $n_R = 2.10$ (83.6 mV);(e) $n_R = 2.41$(62.8 mV);(f) $n_R = 2.60$(53.2 mV)

图 9.6
单侧栅格结构器件在不同等效折射率时的衍射场分布[13]

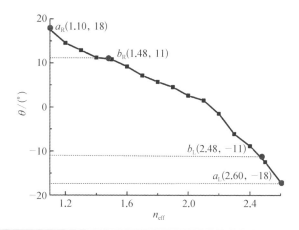

图 9.7
光束偏转角与
等效折射率的
关系曲线[13]

然而,图 9.6 中存在明显的衍射旁瓣,其场强甚至与出射光束的主级衍射相仿,这是由表面模式在不同的栅格处发生解耦合产生的。为了增强衍射主瓣的场强,采用双侧栅格结构器件是一个可行的方法。双侧栅格结构器件的衍射场分布可以视为两个独立单侧栅格结构器件的叠加,如图 9.8 所示。当由左右两

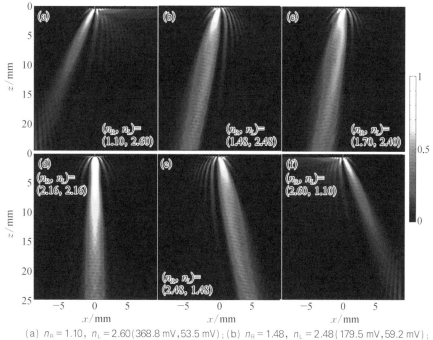

图 9.8
双侧栅格结构
器件在不同等
效折射率时的
衍射场分布[13]

(a) $n_R = 1.10$, $n_L = 2.60$(368.8 mV, 53.5 mV); (b) $n_R = 1.48$, $n_L = 2.48$(179.5 mV, 59.2 mV);
(c) $n_R = 1.70$, $n_L = 2.40$(131.9 mV, 63.3 mV); (d) $n_R = 2.16$, $n_L = 2.16$(79.0 mV, 79.0 mV);
(e) $n_R = 2.48$, $n_L = 1.48$(59.2 mV, 179.5 mV); (f) $n_R = 2.60$, $n_L = 1.10$(53.5 mV, 368.8 mV)

个单侧栅格结构引起的光束偏转角满足 $\theta(n_L) = -\theta(n_R)$ 时,衍射主瓣将会获得极大的增强,此时光束偏转角 $\theta = -\theta(n_L) = \theta(n_R)$,这里 n_L、n_R 分别为左右两侧结构对应的等效折射率。以图 9.8(a) 为例,控制外加电压,使得左侧结构引起的偏转角 $\theta(2.60) = -18°$,右侧结构引起的偏转角 $\theta(1.10) = 18°$,此时左右两侧结构的衍射主瓣相互叠加,从而形成了均匀而强烈的衍射主瓣。同样地,如果 n_L、n_R 分别取图 9.7 中 b_R、b_L 两点对应的值,也可以实现主级衍射的增强,对应的光速偏转角 $\theta = 11°$。随着 n_L、n_R 的改变,衍射主瓣实现了从左向右的扫描。当 $n_L = n_R = 2.16$ 时,$\theta = 0°$,光束将沿狭缝中垂线向外出射,如图 9.8(d) 所示。在这之后,光束将继续向右偏转,直到 $\theta = 18°$。从图 9.8 中一系列的模拟结果可以看出,双侧栅格结构所产生的出射光束的主级衍射较单侧栅格结构获得了显著的增强。总之,利用石墨烯材料和双侧亚波长栅格结构实现了大角度、可调控的 THz 定向发射器。

9.3　基于石墨烯等离子体阵列结构的 THz 放大器

第 1 章介绍了近些年来 THz 辐射源发展的现状和趋势,如果按照所产生 THz 辐射的频段来归纳,可以发现,基于固态电子学和真空电子学器件产生的 THz 辐射集中在 0.3 THz 以下频段,而在 2~2.5 THz 或更高的频段,量子级联激光器的发展正逐步满足相关辐射源的需求。然而,在 0.3~2 THz 这个经典的 THz 频段上,大功率、高转化效率、易调谐的 THz 辐射源,尤其是相干辐射源仍然非常匮乏。

9.3.1　器件的研究背景及其结构

近年来,对石墨烯性质的深入研究揭示出其在 THz 辐射源和 THz 放大器方面具有巨大的应用潜力。2012 年,Li 等使用红外飞秒激光泵浦石墨烯,发现其可以在极短的时间内产生受激辐射,并向外辐射出大量近红外光子[14]。同年,Taiichi 等通过飞秒激光泵浦单层石墨烯,观察到了受激辐射现象,并且其发生集居数反转的能带恰好位于 THz 波段[15]。许多类似的工作也提到,在特定的温度条件下,通过光泵浦或者电注入的手段,可以使石墨烯产生集居数反转,

即其电导率出现负值。因此,石墨烯可以作为增益介质应用在 THz 辐射源和
THz 放大器中。为方便讨论起见,本小节首先定义增益倍率

$$G = 10\lg(I/I_0) = 10\lg[\exp(gl)] \tag{9.7}$$

式中,G 为用 dB 表示的增益倍率;I_0 和 I 分别为增益前和增益后电磁辐射的强
度;g 为增益系数,主要由增益介质决定;l 表示电磁波与增益介质相互作用的有
效距离。从式(9.7)可以看出,增益系数越大,有效作用距离越长,电磁波获得的增
益倍率就越大。然而,单层石墨烯的厚度非常小,仅为 0.34 nm,它与电磁波作用
的有效距离非常短,这极大地限制了其作为增益介质的放大效率。Takatsuka 等
设计了一种基于金属孔阵列结构的 THz 放大器,将单层石墨烯覆盖在金属孔上
作为增益介质,并在器件的背面放置一块金属反射镜以形成反射式 F‐P 谐振
腔,利用金属孔阵列形成的 SPP 波和反射谐振腔来增强 THz 波与石墨烯相互作
用的强度,在 3 THz 处获得了 2 倍的增益[16]。

  这里重点介绍一种基于亚波长等离子体阵列结构的 THz 放大器,其结构示
意图如图 9.9 所示,由单层石墨烯与硅基底周期性交替排布而构成。整个器件
共有 25 个周期,每一个周期包含一层 20 μm 厚的硅基底和一层带有电极结构的
单层石墨烯。电极为正方环形,边长为 3 mm,铜环线宽为 20 μm、厚为 100 nm,
偏置电压的接入方式如图 9.9(a)所示。这样就可以通过调控偏置电压来控制石
墨烯的费米能级,进而控制其电磁性质。THz 波自上而下垂直入射,其光斑尺

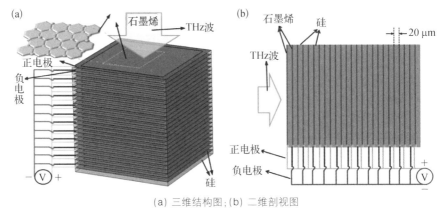

图 9.9
THz 放大器的
结构示意图[17]

(a) 三维结构图;(b) 二维剖视图

寸小于铜环电极的孔径,因而可以通过石墨烯放大后出射。

9.3.2　石墨烯的负电导率性质

当偏置电压作用于上述器件时,石墨烯的电子密度和空穴密度均会超过其均衡值。在经过强烈的载流子散射引起的快速载流子热化后,石墨烯中电子和空穴可以使用同一有效温度 T 来表征,而其费米能级则分别为 E_F 和 $-E_F$,对应于载流子的集居数反转。如果电子和空穴激发的光学声子的特征时间小于载流子的碰撞时间,则由偏置电压激发的电子和空穴将会激发出一系列的声子,并转而分别占据价带和导带的低能级。因此,石墨烯不仅能起到电极的作用,而且充当了 THz 放大器的增益介质。由式(9.1)可知,石墨烯的电导率由两部分构成: σ_{intra} 对应于载流子的带内电光散射过程,其形式类似于 Drude 模型,实部恒为正值,代表着石墨烯对电磁波的吸收; σ_{inter} 则源于载流子的带间直接跃迁过程,在外加光泵浦或电压的作用下可以转变为负值。如果给予足够的外部激励,带间受激辐射所发射的光子可以弥补带内电光散射导致的吸收而居于主导地位,此时石墨烯将表现出负的电导率值。

假设器件中石墨烯的电导率是温度 T、偏置电压 V 和光子频率 ω 的函数。根据上两节中的式(9.1)~式(9.3)可以求出石墨烯在不同温度及不同偏置电压下的电导率。这里取石墨烯中电子的弛豫时间 $\tau = 10^{-12}$ s,费米速度 $v_F = 10^6$ m/s,硅基底的厚度和介电常数分别取 20 μm 和 11.7。温度 $T = 40$ K 时不同偏置电压下石墨烯的电导率实部分布如图 9.10(a)所示。在虚线的右上方有 $\sigma_g <$ 0 S/m,表示此时石墨烯中带间受激辐射居于主导地位,从而可以实现集居数反转。在虚线($\sigma_g = 0$ S/m)附近,电导率变化剧烈,由负转正,并且其频率随着偏置电压的增大而增大。图 9.10(c)所示为偏置电压为 30 V 时不同温度下石墨烯的电导率实部分布。图中蓝色区域有 $\sigma_g < 0$ S/m,表示石墨烯可以用作增益介质。

进一步计算石墨烯的介电常数和折射率:

$$\varepsilon = 1 + \frac{i\sigma}{\varepsilon_0 \omega} = \varepsilon_1 + i\varepsilon_2 \tag{9.8}$$

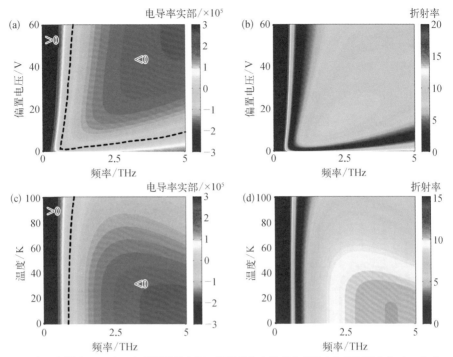

图 9.10

(a,b) 温度 $T=40\,\mathrm{K}$ 时,不同偏置电压下石墨烯的电导率实部分布与折射率变化;(c,d) 偏置电压为 $30\,\mathrm{V}$ 时,不同温度下石墨烯的电导率实部分布与折射率变化,其中(a)与(c)中虚线表示电导率 $\sigma_\mathrm{g}=0\,\mathrm{S/m}$[17]

$$n_\mathrm{g}^2 = \frac{\varepsilon_1}{2} + \frac{1}{2}\sqrt{\varepsilon_1^2 + \varepsilon_2^2} \tag{9.9}$$

图 9.10(b)和图 9.10(d)分别为不同偏置电压和不同温度下石墨烯的折射率变化。在之后的讨论中可以发现,折射率的变化将会影响传输模式的频率。综合上述讨论可以得到结论:通过调控偏置电压或者温度可以有效地控制石墨烯的电磁性质。对于 $1\sim2\,\mathrm{THz}$ 的频段,在低温条件下,使用几十伏的偏置电压即可使其电导率变为负值;随着偏置电压从 $10\,\mathrm{V}$ 增加到 $60\,\mathrm{V}$,石墨烯电导率负值区域的实部和折射率都会减小。这些计算得到的数据将会被应用到后续的模拟计算中。

9.3.3　器件的物理机理

这里利用 FDTD 算法计算了器件在 $90\,\mathrm{K}$、$30\,\mathrm{V}$ 条件下的强度透过率谱,如图 9.11(c)所示。在计算中,考虑到 THz 光斑的尺寸小于铜环电极的孔径,因而平行于 THz 波传输方向的边界可以设置为周期性边界,入射端口和出射端口则设置为完美匹配层。采用非线性网格进行区域划分,最小网格尺寸为 0.01 nm。硅的折射率设为 3.4,而石墨烯的电磁参数来自图 9.10。例如,在 90 K、30 V 条件下,1.5 THz 处对应的石墨烯电导率为 -9.28×10^5 S/m,折射率为 5.66。图 9.11(c)表明,器件存在两个传输通带,分别位于 1.72 THz 以下和 2.19 THz 以上处。在 1.72～2.19 THz 存在一个传输禁带,而在 1.72 THz 附近存在一个带边模式,其带宽非常窄而透过率非常高。

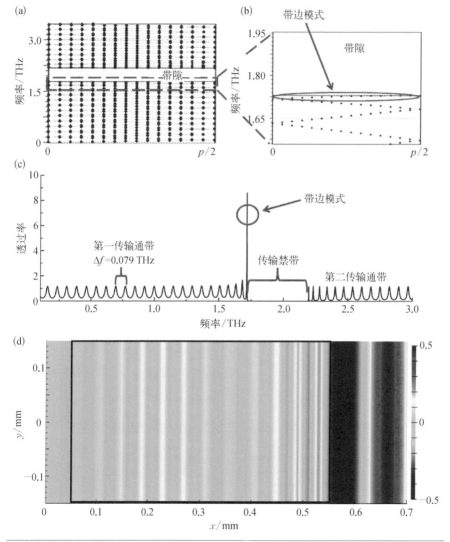

图 9.11
在 90 K、30 V 条件下,器件的色散关系曲线、带边模式的局部放大图、强度透过率谱和 1.72 THz 处电场分布,其中黑框代表器件[17]

利用 FDTD 算法还可以计算出器件的色散关系曲线,如图 9.11(a) 和图 9.11(b) 所示。对于求解这种本征值问题,在沿 THz 波传播的方向上需设置弗洛奎特边界条件,而在其他边界仍设置周期性边界条件。通过对比可以发现,图 9.11(a) 中传输模式的频率位置及其带宽与图 9.11(c) 中完全吻合。这些传输模式是由器件多层结构之间的级联干涉引起的。由于器件具有 25 个周期,因此在每一个通带中存在 24 个传输模式,并且这些传输模式之间的频率间隔完全相同。这些频率间隔可以通过式(9.10)计算得到。

$$\Delta f = c/2Nnp \tag{9.10}$$

式中,c 为真空中的光速;N 为器件的周期个数;n 是硅的折射率;p 为器件的周期。与硅基底相比,单层石墨烯非常薄,因而这里计算反射干涉引起的传输模式频率间隔时只考虑硅基底。在图 9.11(c) 中,除了靠近传输禁带的少数传输模式外,其余传输模式的频率间隔平均为 0.079 THz,这和式(9.10)的计算结果一致。

图 9.11(b) 是图 9.11(a) 中带边模式的局部放大图,在图中靠近传输禁带的位置存在一个带边模式,如图 9.11(b) 中红圈标示。其色散关系曲线极其扁平,甚至接近于一条水平线。这表明该带边模式的群速度非常小、带宽非常窄,即在 1.72 THz 处产生了强烈的慢光效应。图 9.11(d) 给出了器件在 1.72 THz 处的电场分布,可以发现,能量在器件中反复谐振从而被明显地放大。由此可以进一步确认,带边模式的慢光效应正是由 THz 波在器件中的反复振荡而引发的,其将会极大地增加 THz 波与石墨烯的有效作用距离。对于该带边模式,这种 Si - 石墨烯等离子体阵列结构在其放大过程中起到了类似于激光谐振腔的作用。同时,在反复振荡过程中发生的 F - P 干涉和模式竞争还起到了模式选择的作用,使得只有带边模式可以获得有效放大,并提高了光束质量,使得出射模式能够维持高斯线型,最终获得了高增益倍率、高 Q 值的单频输出。

9.3.4 器件的可调谐性及其优化

通过调节偏置电压或者温度,可以实现对 σ_g 及 n_g 的有效调控。其中,n_g 影响器件的带隙结构及带边模式的频率位置,而 σ_g 则直接决定了石墨烯的增益倍率,进而影响了器件的放大效率。因此,对器件结构进行优化并选择合适的外部条件可以进一步改善器件的性能,进而获得较高的增益倍率及较大的可调谐带宽。图9.12(a)所示为30 V偏置电压下,温度在30~80 K变化时器件的输出功率谱。为了方便比较,利用式(9.7)将各条谱线的增益倍率用dB表示,并计算增益倍率G和传输模式的频率f_0与温度T的关系曲线,如图9.13(a)所示。随着

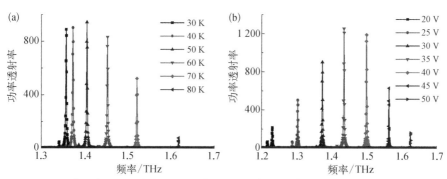

(a) 30 V偏置电压下,温度在30~80 K变化时器件的输出功率谱;(b) 40 K温度下,偏置电压在20~50 V变化时器件的输出功率谱[17]

图9.12

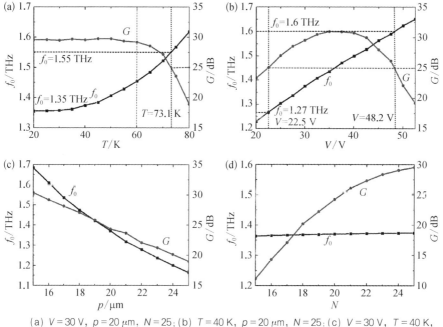

(a) $V=30$ V, $p=20$ μm, $N=25$;(b) $T=40$ K, $p=20$ μm, $N=25$;(c) $V=30$ V, $T=40$ K, $N=25$;(d) $V=30$ V, $T=40$ K, $p=20$ μm

图9.13
传输模式的频率 f_0、增益倍率 G 与温度 T、电压 V、器件单元周期尺寸 p 和器件周期个数 N 之间的关系曲线[17]

温度的增加,可以发现传输模式的频率发生蓝移,这是 n_g 增大所导致的。在温度小于 60 K 时,增益倍率几乎不随温度变化,而当温度大于 60 K 之后则迅速下降。通过观察图 9.10(c) 可以发现,在温度上升的过程中,σ_g 负值区域的实部一直处于单调上升状态。由此可知,器件的放大效率不只取决于增益介质的增益倍率,还会受到器件的带隙结构及传输模式的频率位置的影响。图 9.13(a) 中红色虚线所标示处的增益倍率 $G=25$ dB,对应的传输模式的频率 $f_0=1.55$ THz,温度 $T=73.1$ K。当温度小于 73.1 K 时,增益倍率变化不大且始终大于 25 dB。因此,当温度小于 73.1 K 时,器件可以在 1.35~1.55 THz 获得非常好的放大效果,并实现了可调谐带宽输出的功能。

温度为 40 K 下,偏置电压在 20~50 V 变化时器件的输出结果如图 9.12(b) 和图 9.13(b) 所示。随着偏置电压的增加,传输模式的频率呈线性蓝移,而增益倍率则先增大后减小。当偏置电压在 22.5~48.2 V 变化时,增益倍率始终大于 25 dB,此时传输模式的频率处于 1.27~1.6 THz。当偏置电压取 35 V 时,输出功率达到最大值,对应的增益倍率为 31 dB,带宽为 2 GHz,Q 值高达 720。综合图 9.13(a) 和图 9.13(b),可知器件的传输模式可以在 1.3~1.7 THz 调节,其增益倍率始终大于 18 dB,最高可达到 31 dB。传输模式的频率与偏置电压和温度均呈正相关,而增益倍率则需要平衡温度、偏置电压及传输模式的频率来取得最大值。

除外部因素的作用之外,器件本身的结构参数也将影响其放大效果。图 9.13(c) 所示为 30 V、40 K 条件下,传输模式的频率 f_0 和增益倍率 G 与器件单元周期尺寸 p 的关系曲线。随着 p 的增大,f_0 和 G 都线性减小。很明显地,随着 Si-石墨烯等离子体阵列结构形成的谐振腔尺寸增大,谐振频率将发生红移,而 THz 波与石墨烯的相互作用强度也将减弱。图 9.13(d) 则表明,当器件周期个数 N 足够大时,f_0 不受 N 变化的影响,而 G 则随着 N 的增加而增大。这是由于改变器件的周期个数并不会影响其带隙结构,因此 f_0 并不随之改变,而增大器件的周期个数相当于增加了石墨烯与 THz 波的有效作用距离,因此 G 将会增大。然而 G 随 N 增大的过程却并非线性,而是类似于对数线型,这和普通的无反馈级联放大系统不同。对于后者,增益倍率 G 和器件周期个数 N 将呈线性正相关,可以通过公式 $G=\exp(gNl)$ 推导得出,其中 g 和 l 分别为增益介质的增益系数和单层增益介质的厚度。而这里所提出的器件并不依靠增益介质的简单堆加,主要依赖于 Si-石墨烯等离子体阵列带边模式的慢光效应。随着 N 的增加,整个器件的带隙结构逐渐具有完美周期性,带边模式的群速度则更趋近于零。在此过程中,慢光效应对增益倍率的贡献将逐渐趋于饱和,G 也逐渐达到一个稳定值。

综合上述分析,在器件的性能优化方面可以得出以下结论。首先,为了增大器件的增益倍率,应使得器件单元周期尺寸尽量小,但同时会使得传输模式的频率发生蓝移。而且如果器件单元周期尺寸过小,还将产生许多更高级次的振荡,最终影响器件输出 THz 波的信噪比。其次,另一种增大器件的增益倍率的方法是增加器件周期个数,这样做的优点是不会改变传输模式的频率,并且在器件周期个数较小时的放大效果非常显著。然而当器件周期个数足够大时,继续增加将无法有效地增大器件的增益倍率。因此,器件周期个数应该综合考虑其增益倍率和制备成本。在带隙结构确定之后,器件可以通过两种手段来进行调控。当温度低于 60 K 时,增益倍率几乎不随温度的变化而改变,因此利用温度调控的手段可以在 1.35~1.55 THz 实现 30 dB 左右的稳定放大输出,在这一点上温度调控优于电压调控。然而在实际操作中,电压调控的方式要比温度调控更加简单和灵活。

下面将讨论器件的损耗机制,其主要分为两个方面:材料损耗和结构损耗。高阻硅在 THz 波段的吸收损耗非常小,在 1.5 THz 处的吸收系数仅为 $6.28\times10^5\ \mu m^{-1}$,因此在这里可以忽略其吸收对器件的影响。石墨烯在器件中起到增益介质的作用,放大效果大于损耗。因此,该器件的主要损耗来自结构损耗。一方面,自由空间的 THz 波进入器件时将在器件和空气的界面处发生反射,这部分反射损耗应该被归入结构损耗,虽然该损耗与器件巨大的放大效果相比微不足道。另一方面,THz 波在器件内部各个界面处的反射不能算作损耗,因为这些反射波并没有溢出器件之外,而是在器件内部反复振荡。正是这种反复振荡的过程极大地增加了 THz 波与增益介质之间的有效作用距离,从而提高了器件的放大效果并完成了模式选择。因此,这种内部反射是该器件的主要工作机制,而非其损耗。从器件的放大效果和传输模式的带宽来看,该器件具有构建激光器的潜力。如果能将具有自发辐射机制的 THz 辐射源,例如超短激光泵浦石墨烯构成的 THz 辐射源,合理地引入该器件中,就可以组合成一套简单的 THz 激光器系统。

虽然存在来自加工工艺和成本等多方面的原因,本节所提出的 THz 放大器没有实际加工完成,但这里仍将对其合理的加工流程进行讨论。首先,单层石墨烯可以通过化学气相沉积法来进行生长,生长所使用的基底一般为金属基底,要求生长面积大于 $0.5 \ \mathrm{cm}^2$。其次,使用高密度聚乙烯基底将石墨烯转移到 $20 \ \mu \mathrm{m}$ 厚的硅基底上,并用湿法刻蚀的工艺去除金属基底,这里需要测量其拉曼光谱来监督石墨烯的生长质量。再次,通过金属蒸镀、光刻、剥离等工艺将铜环电极制作在石墨烯上,这样就制成了一个完整的器件周期。最后,在其上键合另一个硅基底,并重复上述制作过程,直到获得所需要的周期数量。

前三节首先对石墨烯材料的性质、制备进行了介绍,在此基础上,重点介绍了两种可主动调控的 THz 功能器件。对于 THz 定向发射器,通过控制器件的外加电压,实现了对 $\mathrm{SiO_2}$-石墨烯栅格结构表面模式的有效调节,进而利用表面模式和泄漏模式之间的耦合和解耦合对泄漏模式的出射方位角实现了主动调控。这一新的 THz 定向发射装置可以实现大角度、高光束质量的 THz 波束扫描,并为之后的定向发射器件设计提供了新的思路。对于 THz 放大器,利用石墨烯在低温和特定费米能级下的集居数反转特性,实现了 Si-石墨烯等离子体阵列器件的 THz 波放大功能。其色散关系曲线显示,这种阵列结构所产生的带边模式具有极低的群速度,可以极大地增强 THz 波与石墨烯之间的相互作用强度,进而有效地解决了石墨烯厚度太薄导致的低增益倍率这一瓶颈问题。

9.4 基于石墨烯和液晶的宽带可调谐四分之一波片

本节介绍两种基于双层石墨烯光栅结构的窄带四分之一波片(Quarter-Wave Plate, QWP),即基于石墨烯等周期光栅(Equal-Periodic Grating, EPG)结构的 QWP 和基于石墨烯周期渐变梯度光栅(Periodic Gradient Grating, PGG)结构的 QWP。与前面介绍的亚波长栅格一样,通过在石墨烯光栅中引入空间梯度分布就构成了石墨烯 PGG。与石墨烯 EPG 结构相比，基于石墨烯 PGG 结构的窄带 QWP 可以增大两个正交偏振分量的波矢差，使该窄带 QWP 的中心工作频率移至低频，且通过调控石墨烯的费米能级可使该窄带 QWP 实现开关功能。更进一步，将石墨烯与液晶材料相结合形成宽带可调谐的 QWP，结果表明，两种宽带可调谐 QWP 的工作频率范围相同，但基于石墨烯 PGG 结构的宽带可调谐 QWP 可以降低外场电压，提高器件性能。

9.4.1　基于电控石墨烯光栅的窄带 QWP

本节提出的两种基于双层石墨烯光栅结构的窄带 QWP 如图 9.14 所示，两层石墨烯光栅用厚度 $t_1 = 10 \ \mu m$ 的 SiO_2 隔开，基底 SiO_2 的厚度 $t_0 = 250 \ \mu m$，且石墨烯光栅的排布方向与 y 轴方向成 $45°$。入射光是沿着 z 轴传输的线偏振光，偏振方向沿 x 轴。对于传统的石墨烯 EPG 结构，石墨烯光栅的宽度（栅脊）$W = 12 \ \mu m$，光栅间隔 $g = 8 \ \mu m$，即光栅常数 $d = 20 \ \mu m$，如图 9.14(a) 所示。对于石墨烯 PGG 结构，石墨烯光栅的宽度是呈等差数列递增的，初始值 $W_1 = 24 \ \mu m$，递增量为 $4 \ \mu m$，即 $W_2 = 28 \ \mu m$，$W_3 = 32 \ \mu m$，$W_4 = 36 \ \mu m$，每 4 个非周期梯度单元形成一个大周期，每个大周期 $P = 200 \ \mu m$，因此石墨烯 PGG 仍然是一个周期性的结构，如图 9.14(b) 所示。另外，石墨烯 EPG 结构和石墨烯 PGG 结构具有相同的占空比：$f_{EPG} = f_{PGG} = 12/20$。

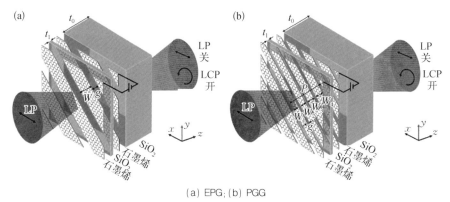

(a) EPG；(b) PGG

图 9.14
基于双层石墨烯光栅结构的窄带 QWP[18]

石墨烯的电导率可根据 Kubo 公式计算，通过调制石墨烯的费米能级来调控石墨烯的电导率，实现可主动调谐的功能。对于本节中的这两种双层石墨烯光栅,在 THz 波段,石墨烯的费米能级主要通过外加偏置电压的方式来调控。当没有外加偏置电压(即化学势 $\mu_c = 0$ eV)时,石墨烯的电导率非常小,可以看作是透明的电介质材料。因此,对于 x 偏振的入射光来说,这种情况下的双层石墨烯光栅并不具有双折射特性,也就无法输出 y 方向的偏振分量,我们把这种状态称为 OFF 态。而当施加偏置电压(即化学势 $\mu_c = 0.5$ eV)时,石墨烯的电导率非常大,类似于金属材料。此时,两个正交方向上的空间结构不对称性使得 x 偏振的入射光入射到双层石墨烯光栅上之后,由于双折射效应,y 方向的偏振分量得以输出,且两个偏振分量的幅值非常接近,相位则相差较大。因此,该双层石墨烯光栅表现出强烈的光学各向异性,在特定的频段可以实现四分之一波片的功能,我们把这种状态称为 ON 态。

利用基于 FDTD 算法的商业软件 FDTD Solutions 来对设计的两种基于双层石墨烯光栅结构的窄带 QWP 进行仿真模拟。在一个模拟单元中,在 x 和 y 方向上设置周期性边界条件,开放性边界条件设置在 z 方向上,平面波沿着 z 方向入射到结构上,且偏振方向沿着 x 轴,其中 SiO$_2$ 的折射率 $n = 1.95$。两个正交偏振分量的透过率 T_{xx} 和 T_{yx} 可通过公式 $T_{xx} = E_{xx}/E_{air}$ 和 $T_{yx} = E_{yx}/E_{空气}$ 来计算,且它们的相位差 $\varphi = \varphi_{yx} - \varphi_{xx} = \arg(T_{yx}) - \arg(T_{xx})$。我们依据 Stokes 参量来对 THz 波的偏振态进行描述:

$$S_0 = T_{xx}^2 + T_{yx}^2$$

$$S_1 = T_{xx}^2 - T_{yx}^2$$

$$S_2 = 2 T_{xx} T_{yx} \cos \varphi$$

$$S_3 = 2 T_{xx} T_{yx} \sin \varphi \qquad (9.11)$$

式中,S_0、S_1、S_2、S_3 均为 Stokes 参量。

QWP 的工作特性主要根据以下几个参数来判断:相对场强 S_0、相位差 φ、偏振方位角 α 及归一化的椭偏度 χ,其中 $\alpha = 0.5 \arctan(S_2/S_1)$,$\chi = S_3/S_0$。$\chi = 0$ 表示一个完美的线偏振(Linear Polarization,LP)光,$\chi = 1$ 或 $\chi = -1$ 分别表示完美的左旋圆偏振(Left-handed Circular Polarization,LCP)光或右旋圆偏振(Right-handed Circular Polarization,RCP)光。

结果表明,在 OFF 态上,如图 9.15 所示,不管是基于石墨烯 EPG 结构的窄带 QWP 还是基于石墨烯 PGG 结构的窄带 QWP,都只有 x 方向上的透射分量,且在一定的频率范围内,偏振方位角 α 及归一化的椭偏度 χ 均接近 0。因此,一束 LP 光入射,出射的还是 LP 光,不发生偏振转换。对于基于石墨烯 EPG 结构的窄带 QWP,其 OFF 态的工作频率大于 0.9 THz,而对于基于石墨烯 PGG 结构的窄带 QWP,其 OFF 态的工作频率大于 0.7 THz。当施加偏置电压时,对应于 ON 态,此时 x 偏振光入射,有 y 偏振分量的光出射,两个正交偏振分量的透过率、相位差和归一化的椭偏度如图 9.16 所示。当频率位于 1.2~1.55 THz(EPG,中心工作频率为 1.4 THz,带宽 350 GHz)或者 0.8~1.18 THz(PGG,中心工作频率为 1 THz,带宽 380 GHz)时,两个正交偏振分量的透过率 $T_{xx} \approx T_{yx}$,且归一化的椭偏度 $\chi > 0.95$,此时,一束 LP 光入射,出射光的偏振态将转变为 LCP。相比之下可以看出,基于石墨烯 PGG 结构的窄带 QWP 比基于传统的石墨烯 EPG 结构的窄带 QWP 具有更低的中心工作频率,即两个正交偏振分量的相位差更大,其能达到 $\pi/2$ 相位延迟的频率更低。

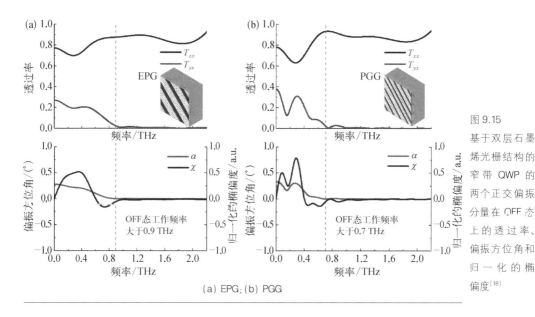

(a) EPG;(b) PGG

图 9.15
基于双层石墨烯光栅结构的窄带 QWP 的两个正交偏振分量在 OFF 态上的透过率、偏振方位角和归一化的椭偏度[18]

这种差异存在的原因是基于石墨烯 PGG 结构的空间梯度分布,这里我们将两个正交偏振分量的波矢差进行定量描述:

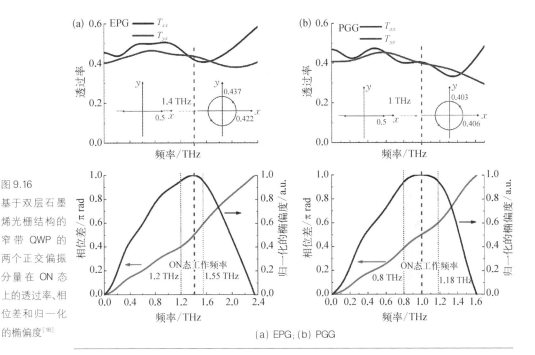

图 9.16
基于双层石墨烯光栅结构的窄带 QWP 的两个正交偏振分量在 ON 态上的透过率、相位差和归一化的椭偏度[18]

(a) EPG;(b) PGG

$$\Delta \boldsymbol{k} = \boldsymbol{k}_{\perp} - \boldsymbol{k}_{/\!/} = \Delta \boldsymbol{k}_{\mathrm{g}} + \Delta \boldsymbol{k}_{\mathrm{a}}, \mid \Delta \boldsymbol{k} \mid = \Delta n_{\mathrm{eff}} \frac{\omega}{c} \qquad (9.12)$$

式中,Δk_{g} 为结构单元的空间非对称性所引起的两个正交偏振分量 $k_{\perp}$ 和 $k_{/\!/}$ 的波矢差;Δk_{a} 为双层石墨烯光栅的空间梯度分布所引入的附加波矢差。这两种不同空间排布的光栅结构具有相同的占空比,因此它们的波矢差 Δk_{g} 是相同的。而石墨烯 PGG 结构的空间梯度分布引起了相位在空间上的梯度分布,这种梯度分布为其引入了附加波矢差 Δk_{a},传统的石墨烯 EPG 结构则没有附加波矢差 Δk_{a}。因此,在相同的频率范围内,对于这两个正交偏振分量,石墨烯 PGG 结构相比石墨烯 EPG 结构具有更大的相位差(或波矢差)。

另外,将双层石墨烯光栅的方向绕着 z 轴旋转 $90°$,则这种 QWP 可在相同频率范围内实现偏振态从 LP 到 RCP 的转变。但是,基于这两种不同结构的 QWP 的工作频率带宽都很窄($<0.4\ \mathrm{THz}$)。为了实现宽带可调谐 QWP,我们将引入可调谐的相移材料液晶,并在下一小节中详细讨论。

9.4.2 基于电控液晶-石墨烯光栅的宽带可调谐 QWP

图 9.17 所示为基于液晶-石墨烯光栅的宽带可调谐 QWP 结构,其中图 9.17(a) 为液晶-等周期石墨烯光栅(EPGLC)结构,图 9.17(b)为液晶-周期梯度渐变石墨烯光栅(PGGLC)结构。在双层石墨烯光栅和 SiO$_2$ 基底之间填充厚度 $t_2 =$ 250 μm 的液晶,本小节我们采用 NJU - LDn - 4 液晶(NLC),因为室温下它在 0.4~1.6 THz 均具有强烈的光学各向异性,其寻常光的折射率 n_{o} 和非寻常光的折射率 n_{e} 分别为1.5和1.8。当没有施加偏置电压时,用一个薄的取向层锚定液晶分子,使之沿 x 轴方向排布,此时我们把液晶分子的取向和 x 轴的夹角定义为 $\phi =$ 0°,然后对液晶分子施加 y 轴方向的偏置电压,液晶分子将沿偏置电压的方向发生扭转。在这里,液晶分子被看作一个单轴模型,其折射率可以表示为一个张量形式:

$$\boldsymbol{n}_{\mathrm{LC}} = \begin{bmatrix} n_{xx} = n_{\mathrm{eff}x} & 0 & 0 \\ 0 & n_{yy} = n_{\mathrm{eff}y} & 0 \\ 0 & 0 & n_{zz} = n_{\mathrm{o}} \end{bmatrix} \tag{9.13}$$

式中,x 和 y 方向上的有效折射率为

$$n_{\mathrm{eff}x} = n_{\mathrm{o}} n_{\mathrm{e}} \Big/ \sqrt{n_{\mathrm{o}}^2 \sin^2\theta + n_{\mathrm{e}}^2 \cos^2\theta}$$

$$n_{\mathrm{eff}y} = n_{\mathrm{o}} n_{\mathrm{e}} \Big/ \sqrt{n_{\mathrm{o}}^2 \cos^2\theta + n_{\mathrm{e}}^2 \sin^2\theta} \tag{9.14}$$

式中,n_{o} 为寻常光的折射率;n_{e} 为非寻常光的折射率。

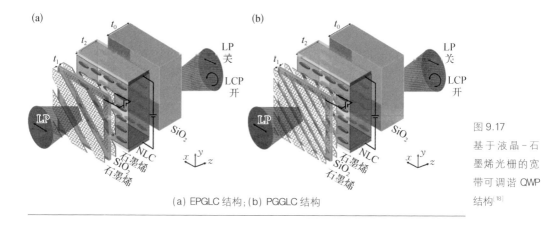

(a) EPGLC 结构;(b) PGGLC 结构

图 9.17
基于液晶-石墨烯光栅的宽带可调谐 QWP 结构[18]

需要说明的是,取向角 ϕ 是整个液晶层中液晶分子的平均取向角。两个正交偏振分量的相位差可用下式描述:

$$\varphi = \varphi_0 + 2 \times (n_{effy} - n_{effx}) \times t_2/(c/f) \tag{9.15}$$

式中,c 是真空中的光速;f 是频率;t_2 是液晶分子的厚度;φ_0 是 THz 波透过双层石墨烯光栅之后的相位差。

为了研究宽带 QWP 的可调谐特性,模拟计算了两个正交偏振分量的相位差随液晶分子取向角和频率的变化关系,发现相位差随着液相分子取向角和频率的增大而增大,如图 9.18 所示。在宽频率范围内,通过电控液晶分子的取向来实现 0.5π rad 和 1.5π rad 的相位延迟,实现 QWP 的功能,如图 9.18(a) 和图 9.18(b)中的红色实线和蓝色虚线所示。由该图可以看到,对于基于 EPGLC 结构的宽带 QWP,其工作频率范围的下限是 0.9 THz,而基于 PGGLC 结构的宽带 QWP 的工作频率范围下限是 0.7 THz。另外,考虑到当频率大于 1.6 THz

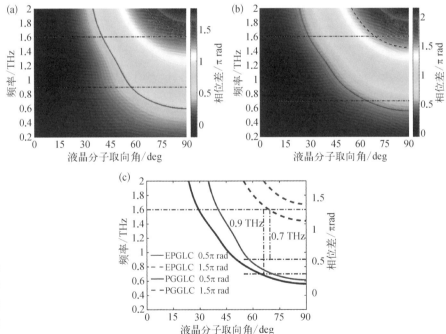

图 9.18
宽带 QWP 的两个正交偏振分量的相位差随液晶分子取向角和频率的变化关系[18]

(a,b) 分别对应于 EPGLC 和 PGGLC,其中红色实线表示相位差为 0.5π rad,蓝色虚线表示相位差为 1.5π rad;(c) 工作曲线对比图

时,两个正交偏振分量的透过率 $T_{xx} \neq T_{yx}$,出射光就不再是一个圆偏振光,而是一个椭偏光。因此,两种宽带 QWP 的工作频率范围上限是 1.6 THz。为了更好地比较两种宽带 QWP 的工作性能,我们将它们的工作曲线放在了同一幅图中,如图 9.18(c)所示。从图中可以看出,基于 EPGLC 结构的宽带 QWP 的工作频率为 0.9~1.6 THz(0.7 THz),而基于 PGGLC 结构的宽带 QWP 的工作频率为 0.7~1.6 THz(0.9 THz),后者的工作频率带宽大于前者;且在相同的条件下,基于 PGGLC 结构的宽带 QWP 在相同频率点工作时所需的液晶分子取向角比基于 EPGLC 结构的宽带 QWP 的更小。因此,扭转液晶分子所需要的偏置电压较低,器件的工作性能得到了提高。另外,基于 PGGLC 结构的宽带 QWP 还可在 1.45~1.6 THz 实现 1.5π rad 的相位延迟,使入射的 LP 光经该宽带 QWP 之后转变为 RCP 光。

下面进一步研究了宽带 QWP 在 ON 态上的偏振转换性能,选取并分析了两种宽带 QWP 在工作频率范围的两个端点位置的工作性能,包括出射的两个正交偏振分量的透过率、相位差、归一化的椭偏度及所需的液晶分子取向角,如图 9.19 所示。对于基于 EPGLC 结构的宽带 QWP,其工作在下限 0.9 THz 位置所需的液晶分子取向角 $\phi=58°$,两个正交偏振分量的透过率 $T_{xx}=0.487$、$T_{yx}=0.488$,相位差为 0.5π rad,归一化的椭偏度接近 1,这表明入射的 LP 光穿过器件之后变为 LCP 光,如图 9.19(a)所示;当其工作在上限 1.6 THz 位置时,液晶分子取向角 $\phi=43°$,同样实现了从 LP 光到 LCP 光的转变,此时,两个正交偏振分量的相位差为 0.5π rad,归一化的椭偏度接近 1,对应的透过率 $T_{xx}=0.424$、$T_{yx}=0.487$,如图 9.19(b)所示。对于基于 PGGLC 结构的宽带 QWP,其工作在下限 0.7 THz 位置时所需的液晶分子取向角 $\phi=63°$,出射的两个正交偏振分量的透过率 $T_{xx}=0.439$、$T_{yx}=0.483$,相位差为 0.5π rad,归一化的椭偏度接近 1,同样是将入射的 LP 光转变为 LCP 光,如图 9.19(c)所示;当其工作在上限 1.6 THz 位置时,所需的液晶分子取向角 $\phi=29°$,此时,两个正交偏振分量的透过率 $T_{xx}=0.4$、$T_{yx}=0.362$,相位差为 0.5π rad,归一化的椭偏度接近 1,同样实现了 LP 光转变为 LCP 光,如图 9.19(d)所示。结果表明,两种宽带 QWP 分别在 0.9~1.6 THz(EPGLC)和 0.7~1.6 THz(PGGLC)可以实现将 LP 光转变为 LCP 光的

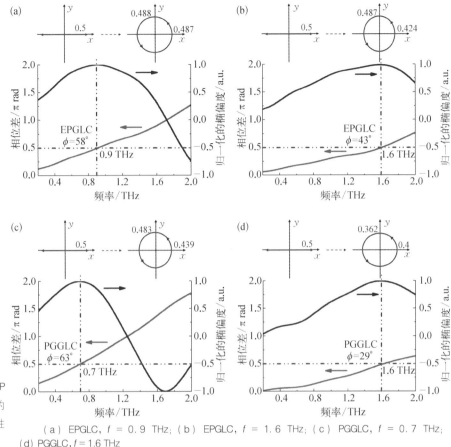

图 9.19
两种宽带 QWP
在 ON 态上的
偏振转换性
能[18]

（a）EPGLC, f = 0.9 THz；（b）EPGLC, f = 1.6 THz；（c）PGGLC, f = 0.7 THz；
（d）PGGLC, f = 1.6 THz

功能。另外，我们也可以将双层石墨烯光栅的方向绕着 z 轴旋转 90°，这种情况
下两种宽带 QWP 可在相同频率范围内实现将 LP 光转变为 RCP 光。

在 1.45～1.6 THz，基于 PGGLC 结构的宽带 QWP 也可以实现偏振态从 LP
转变为 RCP 的功能，对应的 $\chi \approx -1$，图 9.20 所示为其工作在 1.45 THz 和
1.6 THz 位置时 ON 态上的偏振转换性能，包括出射的两个正交偏振分量的透过
率、相位差、归一化的椭偏度及所需的液晶分子取向角。

综上所述，基于液晶-石墨烯光栅的宽带可调谐 QWP 有两个功能：一是开
关功能，即通过电控石墨烯光栅可使该 QWP 工作在 OFF 态或 ON 态，在 OFF
态上入射的 LP 光穿过器件出射时仍为 LP 光，而在 ON 态上可将入射的 LP 光

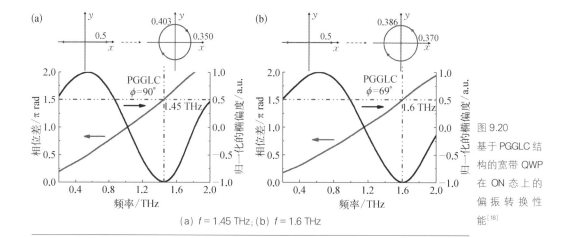

图 9.20 基于 PGGLC 结构的宽带 QWP 在 ON 态上的偏振转换性能[18]

(a) $f = 1.45$ THz;(b) $f = 1.6$ THz

转变为 LCP(或 RCP)光;二是可调谐功能,即在 ON 态上,通过电控液晶分子的取向使得两种宽带 QWP 分别工作于 $0.9 \sim 1.6$ THz 和 $0.7 \sim 1.6$ THz,实现 LP 光到 LCP(或 RCP)光的转变。

本节首先介绍了两种基于不同空间排布的双层石墨烯光栅结构的窄带 QWP,在结构单元的空间非对称性基础上,通过引入附加波矢差,基于石墨烯 PGG 结构的窄带 QWP 可以有效地增大两个正交偏振分量的波矢差,使器件的中心工作频率移至低频。为了解决器件工作频率带宽窄的缺点,引入了可调谐相移材料——液晶,形成基于电控液晶-石墨烯光栅的宽带可调谐 QWP,将石墨烯光栅的开关特性和液晶材料的可调谐特性相结合,在宽频率范围内实现了 LP 到 LCP(或 RCP)的偏振转换,且在相同的条件下,基于 PGGLC 结构的宽带 QWP 在相同频率点工作时所需的液晶分子取向角较小,即所需的偏置电压较低。

参考文献

［1］ Castro Neto A H,Guinea F,Peres N M R,et al. The electronic properties of graphene. Reviews of Modern Physics,2009,81(1):109 - 162.

［2］ Sarma S D,Adam S,Hwang E H,et al. Electronic transport in two-dimensional graphene. Reviews of Modern Physics,2011,83(2):407 - 470.

[3] Gan C H, Chu H S, Li E P. Synthesis of highly confined surface plasmon modes with doped graphene sheets in the midinfrared and terahertz frequencies. Physical Review B, 2012, 85(12): 125431.

[4] Yan H G, Xia F N, Zhu W J, et al. Infrared spectroscopy of wafer-scale graphene. ACS Nano, 2011, 5(12): 9854 – 9860.

[5] Sensale-Rodriguez B, Yan R S, Kelly M M, et al. Broadband graphene terahertz modulators enabled by intraband transitions. Nature Communications, 2012, 3: 780.

[6] Sensale-Rodriguez B, Yan R S, Rafique S, et al. Extraordinary control of terahertz beam reflectance in graphene electro-absorption modulators. Nano Letters, 2012, 12(9): 4518 – 4522.

[7] Ren L, Zhang Q, Yao J, et al. Terahertz and infrared spectroscopy of gated large-area graphene. Nano Letters, 2012, 12(7): 3711 – 3715.

[8] Weis P, Garcia-Pomar J L, Höh M, et al. Spectrally wide-band terahertz wave modulator based on optically tuned graphene. ACS Nano, 2012, 6(10): 9118 – 9124.

[9] Novoselov K S, Fal'ko V I, Colombo L, et al. A roadmap for graphene. Nature, 2012, 490: 192 – 200.

[10] Karl N J, McKinney R W, Monnai Y, et al. Frequency-division multiplexing in the terahertz range using a leaky-wave antenna. Nature Photonics, 2015, 9(11): 717 – 720.

[11] Song E Y, Kim H, Choi W Y, et al. Active directional beaming by mechanical actuation of double-sided plasmonic surface gratings. Optics Letters, 2013, 38(19): 3827 – 3829.

[12] Kim H, Park J, Lee B. Tunable directional beaming from subwavelength metal slits with metal-dielectric composite surface gratings. Optics Letters, 2009, 34(17): 2569 – 2571.

[13] Chen M, Fan F, Wu P F, et al. Active graphene plasmonic grating for terahertz beam scanning device. Optics Communications, 2015, 348: 66 – 70.

[14] Li T Q, Luo L, Hupalo M, et al. Femtosecond population inversion and stimulated emission of dense Dirac fermions in graphene. Physical Review Letters, 2012, 108(16): 167401.

[15] Boubanga-Tombet S, Chan S, Watanabe T, et al. Ultrafast carrier dynamics and terahertz emission in optically pumped graphene at room temperature. Physical Review B, 2012, 85(3): 035443.

[16] Takatsuka Y, Takahagi K, Sano E, et al. Gain enhancement in graphene terahertz amplifiers with resonant structures. Journal of Applied Physics, 2012, 112(3): 033103.

[17] Chen M, Fan F, Yang L, et al. Tunable terahertz amplifier based on slow light edge mode in graphene plasmonic crystal. IEEE Journal of Quantum Electronics,

2017, 53(1): 8500106.

[18] Ji Y Y, Fan F, Wang X H, et al. Broadband controllable terahertz quarter-wave plate based on graphene gratings with liquid crystals. Optics Express, 2018, 26(10): 12852 - 12862.

索
引

禁带 28，32，65，79—81，92，204，205，227，228，233，234，312，313